U0656355

技能型人才培训用书
国家职业资格培训教材

# 电镀工（高级）

国家职业资格培训教材编审委员会　编

李家柱　任　玮　主编

机械工业出版社

本书是依据《国家职业标准》高级镀层工中电镀部分的知识要求和技能要求，按照岗位培训需要的原则编写的。本书的主要内容包括：金属电沉积基础理论、电镀添加剂、电镀工艺流程的编制与电镀设备的选择、特殊材料工件的电镀、电镀工装及夹具设计制作、电镀液的分析、电镀工艺控制、镀层性能测试方法、电镀废水处理等9章，每章末附有复习思考题，全书末附有试题库和答案，还附有一套模拟试卷样例，以便于企业培训、考核鉴定和读者自测自查。

本书主要用作企业培训部门、职业技能鉴定培训机构的教材，也可作为高级技校、高职院校和各种短训班的教学用书。

## 图书在版编目（CIP）数据

电镀工（高级）/李家柱，任玮主编. —北京：机械工业出版社，2007.9（2025.8重印）

国家职业资格培训教材

ISBN 978-7-111-20517-3

Ⅰ. 电… Ⅱ. ①李…②任… Ⅲ. 电镀—技术培训—教材 Ⅳ. TQ153

中国版本图书馆 CIP 数据核字（2006）第 150562 号

机械工业出版社（北京市百万庄大街22号　邮政编码100037）

责任编辑：崔世荣　版式设计：霍永明　责任校对：陈延翔

封面设计：饶　薇　责任印制：张　博

北京建宏印刷有限公司印刷

2025 年 8 月第 1 版第 5 次印刷

148mm×210mm·9.875 印张·280 千字

标准书号：ISBN 978-7-111-20517-3

定价：59.80 元

电话服务　　　　　　　网络服务

客服电话：010-88361066　机　工　官　网：www.cmpbook.com

　　　　　010-88379833　机　工　官　博：weibo.com/cmp1952

　　　　　010-68326294　金　书　网：www.golden-book.com

**封底无防伪标均为盗版**　机工教育服务网：www.cmpedu.com

修橋普及科技知识，
全面提高工人素质

陽安江

二〇〇八年五月

（阳安江同志现任北京市政协主席，曾任北京市总工会主席）

# 国家职业资格培训教材
## 编审委员会

# 序 一

当前和今后一个时期，是我国全面建设小康社会、开创中国特色社会主义事业新局面的重要战略机遇期。建设小康社会需要科技创新，离不开技能型人才。"全国人才工作会议""全国职教工作会议"都强调要把"提高技术工人素质、培养高技能人才"作为重要任务来抓。当今世界，谁掌握了先进的科学技术并拥有大量技术娴熟、手艺高超的技能人才，谁就能生产出高质量的产品，创出自己的名牌；谁就能在激烈的市场竞争中立于不败之地。我国有近一亿技术工人，他们是社会物质财富的直接创造者。技术工人的劳动，是科技成果转化为生产力的关键环节，是经济发展的重要基础。

科学技术是财富，操作技能也是财富，而且是重要的财富。中华全国总工会始终把提高劳动者素质，作为一项重要任务，在职工中开展的"当好主力军，建功'十一五'，和谐奔小康"竞赛中，全国各级工会特别是各级工会职工技协组织注重加强职工技能开发，实施群众性经济技术创新工程，坚持从行业和企业实际出发，广泛开展岗位练兵、技术比赛、技术革新、技术协作等活动，不断提高职工的技术技能和操作水平，涌现出一大批掌握高超技能的能工巧匠。他们以自己的勤劳和智慧，在推动企业技术进步，促进产品更新换代和升级中发挥了积极的作用。

欣闻机械工业出版社配合新的《国家职业标准》，为技术工人编写了这套涵盖 41 个职业的 172 种"国家职业资格培训教材"。这套教材由全国各地技能培训和考评专家编写，具有权威性和代表性；将理论与技能有机结合，并紧紧围绕《国家职业标准》的知识点和技能鉴定点编写，实用性、针对性强；既有必备的理论和技能知识，又有考核鉴定的理论和技能题库及答案，编排科学、便于培训和检测。

这套教材的出版非常及时，为培养技能型人才做了一件大好事，我相信这套教材一定会为我们培养更多更好的高技能人才做出贡献！

（李永安　中国职工技术协会常务副会长）

# 序　二

为贯彻"全国职业教育工作会议"和"全国再就业会议"精神，落实国家人才发展战略目标，促进农村劳动力转移培训，全面推进技能振兴计划和高技能人才培养工程，加快培养一大批高素质的技能型人才，我们精心策划了这套与劳动和社会保障部最新颁布的《国家职业标准》配套的"国家职业资格培训教材"。

进入 21 世纪，我国制造业在世界上所占的比重越来越大，随着我国逐渐成为"世界制造业中心"进程的加快，制造业的主力军——技能人才，尤其是高级技能人才的严重缺乏已成为制约我国制造业快速发展的瓶颈，高级蓝领出现断层的消息屡屡见诸报端。据统计，我国技术工人中高级以上技工只占 3.5%，与发达国家 40% 的比例相去甚远。为此，国务院先后召开了"全国职业教育工作会议"和"全国再就业会议"，提出了"三年 50 万新技师的培养计划"，强调各地、各行业、各企业、各职业院校等要大力开展职业技术培训，以培训促就业，全面提高技术工人的素质。那么，开展职业培训的重要基础是什么呢？

众所周知，"教材是人们终身教育和职业生涯的重要学习工具"。顾名思义，作为职业培训的重要基础，职业培训教材当之无愧！编写出版优秀的职业培训教材，就等于为技能培训提供了一把开启就业之门的金钥匙，搭建了一座高技能人才培养的阶梯。

加快发展我国制造业，作为制造业龙头的机械行业责无旁贷。技术工人密集的机械行业历来高度重视技术工人的职业技能培训工作，尤其是技术工人培训教材的基础建设工作，并在几十年的实践中积累了丰富的教材建设经验。作为机械行业的专业出版社，机械工业出版社在"七五""八五""九五"期间，先后组织编写出版了"机械工人技术理论培训教材"149 种，"机械工人操作技能培训教材"85 种，"机械工人职业技能培训教材"66 种，"机械工业技师考评培训教材"22种，以及配套的习题集、试题库和各种辅导性教材约800种，基本满足了机械行业技术工人培训的需要。这些教材以其针对性、实用性强，覆盖面广，层次齐备，成龙配套等特点，受到全国各级培训、鉴定和考工部门和技术工人的欢迎。

2000年以来，我国相继颁布了《中华人民共和国职业分类大典》和新的《国家职业标准》，其中对我国职业技术工人的工种、等级、职业的活动范围、工作内容、技能要求和知识水平等根据实际需要进行了重新界定，将国家职业资格分为5个等级：初级（5级）、中级（4级）、高级（3级）、技师（2级）、高级技师（1级）。为与新的《国家职业标准》配套，更好地满足当前各级职业培训和技术工人考工取证的需要，我们精心策划编写了这套"国家职业资格培训教材"。

这套教材是依据劳动和社会保障部最新颁布的《国家职业标准》编写的，为满足各级培训考工部门和广大读者的需要，这次共编写了41个职业172种教材。在职业选择上，除机电行业通用职业外，还选择了建筑、汽车、家电等其他相近行业的热门职业。每个职业按《国家职业标准》规定的工作内容和技能要求编写初级、中级、高级、技师（含高级技师）四本教材，各等级合理衔接、步步提升，为高技能人才培养搭建了科学的阶梯型培训架构。为满足实际培训的需要，对多工种共同需求的基础知识我们还分别编写了《机械制图》《机械基础》《电工常识》《电工基础》《建筑装饰识图》等近20种公共基础教材。

在编写原则上，依据《国家职业标准》又不拘泥于《国家职业标准》是我们这套教材的创新。为满足沿海制造业发达地区对技能人才细分市场的需要，我们对模具、制冷、电梯等社会需求量大又已单独培训和考核的职业，从相应的职业标准中剥离出来单独编写了针对性较强的培训教材。

为满足培训、鉴定、考工和读者自学的需要，在编写时我们考虑了教材的配套性。教材的章首有培训要点、章末配复习思考题，书末有与之配套的试题库和答案，以及便于自检自测的理论和技能模拟试卷，同时还根据需求为20多种教材配制了VCD光盘。

增加教材的可读性、提升教材的品质是我们策划这套教材的又一亮点。为便于培训、鉴定、考工部门在有限的时间内把最需要的知识和技能传授给学员，同时也便于学员抓住重点，提高学习效率，对需要掌握的重点、难点、考点和知识鉴定点加有旁白提示并采用双色印刷。

为扩大教材的覆盖面和体现教材的权威性，我们组织了上海、江苏、广东、广西、北京、山东、吉林、河北、四川、内蒙古等地相关行业从事技能培训和考工的200多名专家、工程技术人员、教师、技师和高级技师参加编写。

这套教材在编写过程中力求突出"新"字，做到"知识新、工艺新、技术新、设备新、标准新"；增强实用性，重在教会读者掌握必需的专业知识和技能，是企业培训部门、各级职业技能鉴定培训机构、再就业和农民工培训机构的理想教材，也可作为技工学校、职业高中、各种短训班的专业课教材。

在这套教材的调研、策划、编写过程中，曾经得到广东省职业技能鉴定中心、上海市职业技能鉴定中心、江苏省机械工业联合会、中国第一汽车集团公司以及北京、上海、广东、广西、江苏、山东、河北、内蒙古等地许多企业和技工学校的有关领导、专家、工程技术人员、教师、技师和高级技师的大力支持和帮助，在此谨向为本套教材的策划、编写和出版付出艰辛劳动的全体人员表示衷心的感谢！

教材中难免存在不足之处，诚恳希望从事职业教育的专家和广大读者不吝赐教，提出批评指正。我们真诚希望与您携手，共同打造职业培训教材的精品。

**国家职业资格培训教材编审委员会**

# 前　　言

　　电镀是高端技术和现代工业体系不可缺少的组成部分，其在航空、航天、电子、兵器、通信、计算机、石油、化工、造船、五金工具和机械制造中得到了广泛的应用。它的应用提高了产品的抗腐蚀、耐磨损和装饰性能，赋予了许多工业产品特别是电子产品的特殊功能，电镀方法常被用来制备许多重要的工业材料和零部件，例如高密度集成电路、纳米金属粉、火箭燃烧室、波导管等，电镀大幅度地增加了产品的附加值，在我国国民经济的发展中起着十分重要的作用。

　　改革开放以来，我国电镀工业发展迅速，出现了年产值超过亿元以上的大型专业电镀企业。电镀企业迫切需要电镀技术工人，而电镀工人又迫切需要在技术方面得到培训和提高，从事电镀工作的技术工人的技术水平和技术等级资格也需要得到有关部门的认可。根据劳动和社会保障部的要求，技术工人应该培训考核，持证上岗。为此，由机械工业出版社和北京市职工技术协会联合组织编写了《国家职业资格培训教材——电镀工》，分为初级工、中级工、高级工和技师、高级技师四个分册。内容包括作为电镀技术工人应该掌握的基本知识，实际操作和故障排除等，每章都有复习思考题，每本书后面附有试题库(包括：判断题、选择题、计算题、简答题和答案)，还附有一套模拟试卷样例。根据对不同等级技术工人的不同要求编写内容有所侧重，由简到繁，由易到难。对于初级技术工人要求掌握一定的化学、物理基础知识，确实保证安全操作、快捷入门。对于中级技术工人要求能够独立进行常规的电镀操作，正确执行工艺，生产出合格产品。对于高级技术工人要求能够完成较复杂的电镀工作，并能够排除故障，解决生产实际问题。对于技师、高级技师要求其对电镀技术和其他表面处理技术有比较全面的了解，而且能够了解清洁生产等先进的工艺技术，并能够协助车间领导进行技术管理、生产管理和质量管理。

根据国家实现清洁生产、保护环境和持续发展战略的要求，全书增加了清洁生产、三废治理和节能节材的内容，特别是对于水处理的内容进行了详细介绍。

《电镀工》4册教材由北京蓝丽佳美化工科技中心总工程师、武汉大学兼职教授李家柱研究员担任总主编，北京北广集团表面精饰公司总经理、北京市电镀协会副理事长蒋胜利高级工程师担任主审，北京航空材料研究院陈孟成研究员、航天集团703所何仕桓高级工程师担任参审。

初级电镀工教材由中科院富迪新科技公司韩志忠高级工程师担任主编，中级电镀工教材由航天集团699厂侯富兴研究员担任主编，高级电镀工教材由北京长空机械有限责任公司热表处理厂厂长任玮高级工程师担任主编，技师、高级技师电镀工教材由原北京远东仪表厂总经理王茂高级工程师担任主编。

参加《电镀工》4册教材编写和审稿工作的有北京蓝丽佳美化工科技中心、北京北广集团表面精饰公司、中科院富迪新科技公司、北京长空机械有限责任公司、北京运载火箭研究院、航天集团699厂、中国有色金属研究院、北京远东仪表厂、北京航空材料研究院等单位的26名技术人员，在此对他们的辛勤付出及所在单位的大力支持表示由衷的感谢！

由于编者水平有限，书中错误在所难免，恳请广大电镀界同仁批评指正。

编　者

# 目 录
## MU LU

# 第一章

# 金属电沉积基础理论

培训学习目标 掌握电化学的基础知识，了解金属电沉积的基本理论，能够运用所学的理论知识，解释金属电沉积过程的一些常见现象。

## 第一节 电化学基本概念

### 一、电极电位

**1. 导体**

能导电的物质称为导体。一些导体依靠电子传送电流，称为电子导体或第一类导体。金属、石墨、某些金属的化合物(如 $PbO_2$)等均属于此类导体，半导体究其导电的本质也属于第一类导体。还有一些导体依靠离子的移动来导电，称为离子导体或第二类导体。所有的电解质溶液、熔融的电解质、固体电解质等都属于第二类导体。

**2. 电极反应**

第一类导体(例如金属导线)可以独立导电，而第二类导体(例如电解质溶液)则无法单独导电，只有在与第一类导体串联组成原电池或电解池的时候才可以导电。所谓电极指的是第一类导体与电解质溶液所组成的整个体系，任何金属浸在它的盐的电解质溶液中即组成电极，如甘汞电极、氯化银电极等；有时也指电极上所发生的特定反应，如氢电极、氧电极等。

当电流通过电极时，在两类导体的界面上必然要有电荷的传输，即发生得电子或失电子的化学反应。我们将这种在两类导体界面间进行的有电子参加的化学反应叫做电极反应（也叫电化学反应）。

在原电池和电解池的两个电极之间存在着电位差，其中电位较高的电极叫做正极，而电位较低的电极叫做负极。反应物于其上获得电子的电极，即发生还原反应的电极叫做阴极，反应物在其上失去电子的电极，即发生氧化反应的电极叫做阳极。在原电池中正极是阴极，负极是阳极；而在电解池中正好相反，正极是阳极，负极是阴极。在阴极和阳极上发生的电极反应分别叫做阴极反应和阳极反应。

实际上，电化学就是研究两类导体界面的性质及其界面上所发生变化的科学。其主要研究对象即电极和电极反应。

### 3. 电极电位

当把一种金属浸入电解质溶液中时，由于极性水分子的作用，金属表面的金属离子将发生水化。如果水化时所产生的水化能，足以克服金属晶格中金属离子与电子之间的引力，则一些离子将脱离金属晶格进入与金属表面相接触的溶液中，形成水化离子，而电子仍然留在金属表面，随着电子在金属表面上的积累，溶液中的金属离子与金属表面上的电子相结合，重新回到金属表面。当反应速度相等达到平衡时，金属表面上排列着一定量的过剩电子，而在电极表面的溶液中排列着等量水化金属离子。如果金属离子的水化能不足以克服金属晶格中金属离子与电子间的引力，则溶液中的金属离子可能被电极上的电子所吸引而进入晶格，从而金属表面带正电荷，而电极表面的溶液的负离子过剩带负电荷。这种在电极与溶液界面上存在着的大小相等、电荷符号相反的电荷层叫做双电层。实际上双电层的形成机理比较复杂，影响双电层的因素很多，上述情况只是其中之一。

由于双电层的存在，电极与溶液界面间存在着电位差，称为电极电位。而这个电位的绝对值是不可测的，因此，我们通常将以待测电极为正极，标准氢电极（标准氢电极是由分压为1atm的氢气饱和的镀铂黑的铂电极浸入 $\alpha_{H^+} = 1$ 的溶液中构成的）为负极组成的原电池的电动势，称为该电极的氢标准电极电位（也叫标准电极电位），简称电极电位。根据这一定义，标准氢电极的电极电位在任何温度下均为零。

通常我们将标准电极电位为负值的金属称为负电性金属，而将标准电极电位为正值的金属称为正电性金属。对于电镀来说，电位越正的金属（正电性金属），例如金、银、铜等越容易在阴极上镀出来，而电位越负的金属（负电性金属），例如铝、镁等则越不容易镀出来。

## 二、电极极化

### 1. 极化

（1）可逆电极与不可逆电极　在电解质溶液中，任何电极上都同时进行着氧化反应和还原反应。在平衡条件下（即电极上没有电流通过或所通过的电流无限小时），如果氧化反应和还原反应是可逆的，则该电极为可逆电极。也就是说，当氧化反应与还原反应速度相等时，在界面上物质和电荷都以反方向、等速度进行交换，即物质交换和电荷交换都是可逆的。如金属放在含有该金属盐的溶液中组成的电极、氢电极、甘汞电极等，都是可逆电极。

物质交换和电荷交换都不可逆的电极，称为不可逆电极。例如，纯锌放在稀盐酸中，溶液中开始时没有锌离子，只有氢离子，因此，这时的逆反应为 $H^+$ 离子的还原。但随着锌的溶解，溶液中锌离子增多，也开始进行锌离子的还原反应，但还原速度小于锌的氧化速度。同时，已还原的氢原子也开始重新氧化为氢离子，但其氧化速度也小于氢离子的还原速度。这样，电极上一共存在着两对反应（注意：可逆电极上只有一对反应），并且锌的溶解和沉积速度不相等，氢的氧化和还原速度也不相等，即物质的交换是不可逆的，因此是不可逆电极。金属放在酸、碱、盐溶液中，只有在满足构成可逆电极的条件下才能形成可逆电极；否则一般都形成不可逆电极。

没有电流通过时，可逆电极所具有的电极电位叫做平衡电极电位，简称平衡电位，也叫可逆电位。不可逆电极在没有电流通过时所具有的电极电位，称为非平衡电位。非平衡电位一般随着电极过程的进行而变化，如果最后达到一个完全稳定的数值，则该非平衡电位叫做稳定电位，否则就叫做非稳定电位。

（2）极化 对于可逆电极，在没有电流通过时，其电极电位为平衡电位，但在电极上有电流通过时，其电极电位就将发生改变，偏离其平衡电位值，这种现象叫做电极的极化。

对于具有稳定电位的不可逆电极，当电极上有电流通过时，其电极电位也将偏离其起始的稳定电位，这种现象也叫做极化。

当有电流通过时，阴极的电极电位向负的方向偏移的现象，称为阴极极化；阳极的电极电位向正的方向偏移的现象，称为阳极极化。

2. 过电位与极化值

在给定的电流密度下，某可逆电极的电极电位（$\varphi$）与其平衡电位（$\varphi_{平}$）之间的差值，叫做该电极在给定的电流密度下的过电位（$\eta$）。

$$\eta = \varphi - \varphi_{平}$$

阳极极化时，$\varphi > \varphi_{平}$，$\eta$ 为正值；阴极极化时，$\varphi < \varphi_{平}$，$\eta$ 为负值。但是一般所说的过电位值均指其绝对值，$\eta$ 绝对值的大小，表明极化作用程度的大小。

某电极在给定的电流密度下的电极电位（$\varphi$）与其起始电位（$\varphi_{起始}$）之差，叫做极化值（$\Delta\varphi$）。

$$\Delta\varphi = \varphi - \varphi_{起始}$$

过电位（$\eta$）与极化值（$\Delta\varphi$）都表示电极的极化，其含义大体上是相同的。但是，过电位只适用于可逆电极，而极化值不仅适用于可逆电极，也适用于不可逆电极。应当注意的是电极在不同的电流密度下，其过电位或极化值也是不相同的。

3. 电化学极化与浓差极化

根据产生极化作用原因的不同，可以大体上把极化分为电化学极化和浓差极化两类。

（1）电化学极化 电化学极化是由于电极过程中电化学反应受到阻滞而引起的极化，或者说是由于电极上的电化学反应速度小于电子运动速度而造成的极化。电流密度、温度、电解质溶液的浓度、电极材料及其表面状态等因素，对电化学极化都有重要的影响。

在电镀中，使阴极发生较大的电化学极化作用，对于获得高质量的细晶镀层是十分重要的。一般来说，在一些电镀溶液中加入络合剂和添加剂，以及在一定的范围内提高它们的浓度，都会不同程度地增加阴极的电化学极化作用，而升高溶液的温度，却会降低电化学极化作用。

（2）浓差极化　浓差极化是由于反应物或反应产物在溶液中的扩散过程受到阻滞而引起的极化，或者说是由于溶液中的物质扩散速度小于电化学反应速度而造成的极化。

若物质扩散速度很慢，则扩散到电极表面的反应粒子立即发生反应，从而使电极表面附近反应粒子浓度为零，这时的浓差极化叫做完全浓差极化。此时电极上的电流密度出现最大值，称为极限电流密度。

在电镀中，若使用的电流密度范围超过了这个极限电流密度，则在电极上会有其他的电化学反应发生，从而使阴极电流效率大大降低，此外还会形成不合格的镀层。因此，在电镀中往往要采用机械搅拌或压缩空气搅拌来加强溶液的对流，从而提高阴极极限电流密度，扩大允许使用的电流密度范围。

应当指出，在电镀时，电化学极化与浓差极化可能同时存在，只是在不同的情况下，它们各自所占的比重不同而已。一般情况是当电流密度较小时，以电化学极化为主，而在高电流密度下，浓差极化占主要地位。

4. 析出电位

金属和其他物质（如氢气）在阴极上开始析出的电位叫做析出电位，也叫做放电电位。析出电位值与平衡电位和过电位的数值有关。不同的金属，其析出电位也不同。凡析出电位较正的金属都能优先在阴极上被镀出来。如在镀锌时，溶液中的铜、铅等金属离子杂质常使锌镀层变粗、发黑，其原因就在于这些离子的析出电位比锌正，优先在阴极上析出而破坏了锌镀层有规则的沉积之故。为了去除溶液中的杂质，经常利用一些金属杂质离子具有较正的析出电位，用电解法将它们除去。电镀合金时，必须使两种金属离子的析出电位相同或相近，才能使它们共同放电而镀出合金镀层。

5. 极化曲线

表示电极电位随着电流密度而改变的关系曲线，叫做极化曲线。在极化曲线中，可以用横坐标表示阴极电流密度，纵坐标表示阴极电极电位；也可以用横坐标表示阴极电极电位，而纵坐标表示阴极电流密度，这要根据研究对象和研究方法而定。曲线上的每一个点都表示在该电流密度下的电极电位。图 1-1 所示的是一条阴极极化曲线。从该曲线上可看出，随着阴极电流密度的不断增大，阴极电位不断变负，过电位的绝对值也不断增大。

6. 极化度

所谓极化度是指电极电位随电流密度的变化率，也就是极化曲线上某一点切线的斜率。但在一般情况下，所指的往往是在某一电流密度区间内电位变化的平均值，即电流密度发生变化时，所引起的电极电位改变的程度。在一条极化曲线上，不同区间内的极化度是不同的。通过测定阴极极化度，可以判断电镀溶液的分散能力和覆盖能力。也往往通过提高阴极极化度来提高电镀溶液的分散能力和覆盖能力。

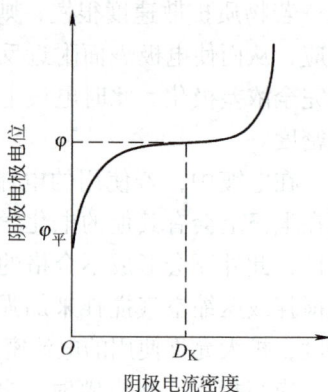

图 1-1 阴极极化曲线

## 三、电极过程的特征

电化学反应是在两类导体界面上发生的有电子参加的氧化还原反应。电极本身既是传递电子的介质，又是电化学反应的反应地点。通常将电流通过电极与溶液界面时，所发生的一连串变化的总合，称为电极过程。

电极过程是由一系列性质各异的单元步骤组成的。主要包括以下三个单元步骤：

1）反应物粒子自溶液内部或自液态电极内部向电极表面附近输送的单元步骤，称为液相传质步骤。

2）反应物粒子在电极与溶液两相界面间得电子或失电子的单元

步骤，称为电子转移步骤。

3）产物粒子自电极表面向溶液内部或向液态电极内部疏散的单元步骤（这是一个液相传质步骤），或者是电极反应生成气态或晶态的产物（例如形成金属晶体、析出氢气），称为新相生成步骤。

有时在液相传质步骤和电子转移步骤之间，还存在前置的表面转化步骤。例如，配位数较高的络离子在阴极上还原时，常常先电离成配位数较低的络离子（前置的表面转化步骤），再与电子相结合（电子转移步骤）。

在某些电极过程中，电子转移步骤新相生成步骤之间也可能存在着电子转移步骤产物进一步转化为其他物质的反应，称为后继的表面转化步骤。例如，氢离子在电极上取得电子变成氢原子（电子转移步骤）后，又进一步复合成氢分子。

因为反应物同时获得两个电子的几率很小，故一般情况下，多电子反应的电子转移步骤常常不只一个，而且其前置的表面转化步骤和后继的表面转化步骤也可能有好几个。所以，有些比较复杂的电极过程常常需要由许多个接续进行的单元步骤组成。电子转移步骤与其前后的表面转化步骤一起构成总的电化学反应，至于整个电极过程中究竟包含着哪些个单元步骤，应当通过实验结果来分析和推断。

电化学反应的速度用电流密度来表示。

## 四、电极过程的速度控制步骤

任何一个过程的进行或变化的发生，都需要有个推动力（例如水流需要有水压，电流需要有电压），但也必然还会存在着一定的阻力（例如水管中的摩擦阻力，导体中的电阻），因而使得过程得以一定的速度进行，维持一定的流量。如果只有推动力而无阻力，则过程的速度将是无穷大，如果只有阻力而无推动力，则速度为零。

电极过程中各个单元步骤进行的速度并不一样。在一定大小的推动力作用下，某个单元步骤的阻力越大，则它进行起来越困难，其速度也就越慢。几个单元步骤在稳态下连续进行时，各个单元步骤的速度都相同。这就意味着在这种情况下，某些单元步骤的反应能力得不到充分地发挥。

几个连续进行的单元步骤，如果有一个步骤的速度比其他步骤小得多，则电极过程中每个步骤的速度在稳态下都应当和这个最慢的步骤相等。即由最慢的步骤来控制整个电极过程的速度。这个控制着整个电极过程速度的单元步骤，称为电极过程的速度控制步骤。要想提高整个电极过程的速度，必须首先采取措施提高控制步骤的反应速度。

如果两个步骤的反应速度差别不大，那么这时电极反应将不是只有一个速度控制步骤，有可能是两个或更多个速度控制步骤同时起作用，不过这种情况并不多见。

速度控制步骤限制了整个电极过程的反应速度，为了使电极过程得以在我们所要求的速度下进行，必须增加对电极过程的推动力，即需要一定的过电位。电极过程的过电位可以是由各种不同原因引起的。根据电极过程中速度控制步骤的不同，可将过电位分为以下四类：

1）由于电子转移步骤控制整个电极过程速度而引起的过电位，称为电子转移过电位。

2）由于液相传质步骤控制整个电极过程速度而引起的过电位，称为浓度过电位。

3）由于表面转化步骤为速度控制步骤而引起的过电位，称为反应过电位。

4）由于原子进入电极的晶格存在困难而引起的过电位，称为结晶过电位。

应当注意，当电极过程受到几个步骤共同控制时的过电位，并不等于这几个步骤独自作为控制步骤时的过电位的总和。

因为改变速度控制步骤的速度，就可以改变整个电极过程的速度，所以在电极过程中找出它的速度控制步骤，显然具有很重要的意义。目前，只有通过电化学试验，才能找出某个电极反应的速度控制步骤。

## 第二节　金属的电沉积

### 一、电解液的导电过程

**1. 电解液的传质方式**

电解液是通过阴、阳离子的移动来导电的。其传质方式分为三种，即扩散、对流和电迁移。

（1）扩散　当电解液中某一成分存在着浓度差异时，由于分子热运动的结果，该成分会从浓度高的区域向浓度低的区域移动，这种移动称为扩散。而存在浓度差异的溶液层称为扩散层。扩散主要发生在电极表面附近极薄的扩散层溶液中。

随着扩散层中浓度差异的增大、温度升高和溶液粘度下降，该成分的扩散速度也会相应提高。

（2）对流　电解液中的溶质粒子随着溶液的流动一起运动，这一现象称为对流。对流发生在距离电极表面较远的溶液中。人为的搅拌、温度和浓度的差异，均可产生对流。

（3）电迁移　电解液中阴、阳离子各在外加电场的作用下，由于静电引力，阴离子向阳极移动，阳离子向阴极移动。这种阴、阳离子的移动称为电迁移。电解液中各种离子的浓度、运动速度以及它们所带的电荷不同，它们的迁移速度也不同，致使导电能力也不同。

**2. 电解液的导电过程**

电解液的导电过程是三种传质方式的统一体。当外加电流通过电解液时，溶液中心区域的离子通过对流和电迁移的方式移动到电极附近，在到达电极表面附近的扩散层时，通过扩散运动到达电极表面，金属阳离子在阴极表面获得电子而还原成金属单质。而在阳极，部分阴离子放电。而更多的情况是阳极溶解，溶解下来的金属离子向溶液内部扩散和对流，如此往复循环。在电解液的导电过程中，对流主要发生在溶液主体，扩散主要发生在阴、阳极附近，而离子的电迁移，在溶液中心和电极表面附近溶液都存在。

## 二、金属的阴极过程

### 1. 金属阴极过程的特点

金属阴极过程是指反应产物是金属的电极过程。金属的阴极过程一般应包括以下几个单元步骤：

1）反应物粒子由溶液内部向电极表面附近传送——液相传质步骤。

2）反应物粒子在电极表面上得电子的反应——电子转移步骤。

3）产物形成新相——电结晶步骤。

有时在液相传质步骤与电子转移步骤之间还可能存在前置的化学转化步骤。通常将在外电流的作用下，反应物粒子在阴极表面发生还原反应并形成新相——金属的过程，叫做金属的电沉积。

### 2. 金属离子阴极还原反应的影响因素

（1）金属本性的影响　金属不同，它们的离子进行还原反应的难易程度也不同。按照金属元素在周期表中排列的顺序，可以划分为表1-1所示的几个区域。

在区域Ⅰ中：金属的标准电极电位很负，即使加大电解液中金属离子的浓度，使平衡电位向正的方向移动，也难于从电解液中沉积出纯金属。

在区域Ⅱ和区域Ⅲ中：金属的标准电极电位比较正，因此都能从电解液中沉积出纯金属。而且越靠右边的金属，还原反应越容易进行。

**表1-1　金属元素在周期表中的排列顺序**

| 周期 | 元　　素 | | | | | | | | | | | | | | | | | |
|------|----|----|----|----|----|----|----|----|----|----|----|----|----|----|----|----|----|----|
| 第二 | Li | Be | | | | | | | | | | B | C | N | O | F | Ne |
| 第三 | Na | Mg | | | | | | | | | | Al | Si | P | S | Cl | Ar |
| 第四 | K | Ca | Se | Ti | V | Cr | Mn | Fe | Co | Ni | Cu | Zn | Ga | Ge | As | Se | Br | Kr |
| 第五 | Rb | Sr | Y | Zr | Nb | Mo | Te | Ru | Rh | Pd | Ag | Cd | In | Sn | Sb | Te | I | Xe |
| 第六 | Cs | Ba | La | Hf | Ta | W | Re | Os | Ir | Pt | Au | Hg | Tl | Pb | Bi | Po | At | Rn |
| 第七 | Fr | Ra | Ac | | | | | | | | | | | | | | |
| | 区域Ⅰ | | | 区域Ⅱ | | | 区域Ⅲ | | | | | | | | | 非金属 |

（2）溶液组成的影响

1）有机表面活性物质的影响：有机表面活性物质具有能吸附在电极表面的特性，因而使金属离子阴极还原的过电位发生变化，从而对金属离子阴极还原的过程产生影响。

2）溶剂性质的影响：在电化学研究当中，应用最广泛的离子导体是电解质水溶液。但是，研究发现从水溶液中不能沉积出的金属可以从其他溶剂的溶液中沉积出来。例如，从氯化丁基吡啶溶液中可沉积出金属铝，从醚溶液中可以沉积出铝和汞等金属。而这些碱土金属离子按其在水溶液中的标准电位是不可能被还原的。为什么在有机溶剂中能沉积出金属呢？这大概是由于这些金属离子在有机溶剂中的标准电极电位较水溶液体系的标准电极电位要正的缘故。

3）络合剂的影响：一些有机化合物或无机化合物能与金属离子形成络合物，使其平衡电位和过电位均发生变化，进而使金属的阴极过程发生改变。例如，铁系金属是可以从水溶液中电沉积的，但若与氰化物形成络合物，不仅平衡电位向负方向移动，过电位也同时增大，使电沉积过程变得相当困难。络合剂对金属离子阴极还原反应的影响比较复杂，不同的络合剂对同一金属的影响，同一络合剂对不同金属的影响都是不相同的。

4）局外电解质的影响：若在电解液中加入大量局外电解质，电解质总浓度的增加将使双电层被压缩，由于改变了过电位，使金属的阴极过程发生改变。

3. 金属的电结晶过程

固态的金属都是由金属原子组成的晶体。金属电沉积时，溶液中的简单金属离子或其络离子，在电极与溶液界面间获得电子，被还原成为具有一定结构的金属晶体，称为电结晶。

金属的电结晶过程是：首先是水化的金属离子失去部分水化膜，在晶面的任意地点与电子结合，形成部分失水并带有部分电荷的吸附原子（或叫吸附离子）——电子转移步骤；随后是吸附原子进行表面扩散，到达生长点或生长线，失去剩余的水化膜，并进入晶格。

在形成金属晶体时又可分为同时进行的两个过程：结晶核心（晶核）的生成和成长过程。这两个过程的速度决定着金属结晶的粗细程度。如果晶核的生成速度较快，而晶核生成后的成长速度较慢，则生成的晶核数目较多，晶粒较细。反之晶粒就较粗。也就是说，在电镀过程中当晶核的生成速度大于晶核的成长速度时，就能获得结晶细致、排列紧密的镀层。晶核的生成速度大于晶核成长速度的程度越大，镀层结晶越细致、越紧密。结晶组织较细的镀层，其防护性能和外观质量均较好。

电极处在平衡电位下是不会形成金属晶核的，只有在一定的过电位下才能形成晶核，阴极极化越大，晶核越容易形成。提高金属电结晶时的阴极极化作用，可以提高晶核的生成速度，便于获得结晶细致的镀层。但是不能认为阴极极化作用越大越好。因为阴极极化作用超过一定范围，会导致氢气的大量析出，从而使镀层变得多孔、粗糙、疏松、烧焦，质量反而下降。

### 三、金属的阳极过程

电沉积时发生氧化反应的电极为阳极。阳极可分为不溶性阳极及可溶性阳极两类。不溶性阳极的作用是导电和控制电流在阴极表面的分布；可溶性阳极除了有这两种作用外，还具有向镀液中补充放电的金属离子的作用。可溶性阳极在向镀液补充金属离子时，理想状态是溶解的金属离子的价态与溶液中的相同，同时阳极上溶解的金属离子的量与阴极上的消耗量基本相同，这样可以保持主盐浓度基本稳定。典型的金属电极阳极极化曲线如图1-2所示。

由图1-2可见，金属的阳极过程在不同的电位范围内有着不同的规律：

在 AB 段，随着电流密度的增加，电位向正的方向偏移，同时金属的溶解速度加大。这段表示阳极的正常溶解过程，阳极表面处于活化状态；当电位到达 B 点并继续向正向移动时，金属的溶解速度急剧下降，这种现象叫做金属的阳极钝化，B 点所对应的

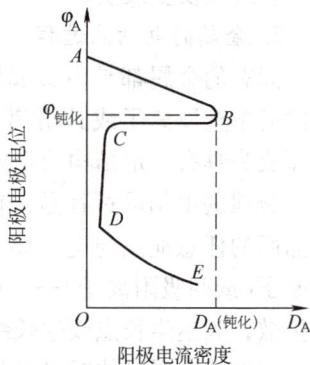

图1-2　金属电极阳极极化曲线

电流密度称为临界钝化电流密度。

$BC$ 段为过渡钝化区，阳极表面在这个范围内由活化状态逐渐达到钝化状态。

$CD$ 段叫做稳定钝化区，这时阳极的钝化状态达到稳定，金属的溶解速度降至最低。

继续增大阳极极化，到达 $DE$ 段，阳极电流又重新增大。这时，阳极金属以高价离子的形式氧化溶解在溶液中，发生所谓超钝化现象。也可能发生其他阳极反应，如 $OH^-$ 离子在阳极放电析出氧气。或者上述两种现象同时发生。

阳极钝化现象是阳极过程的一个特殊规律，在电镀生产中会经常遇到。例如，在碱性镀锡时，先要使阳极钝化，再进行电镀，以保证阳极溶解的是 $Sn^{4+}$ 而不是 $Sn^{2+}$；采用不锈钢或镍板在酸性溶液中作为不溶性阳极就是利用其钝化性能。

金属自溶解是阳极过程的另一个特殊规律。自溶解就是指在没有外电流作用下，金属与溶液直接接触而发生的金属溶解。金属自溶解有时也发生在被镀工件本身，由于金属晶体结构的缺陷、温度和压力状态的差别，以及金属本身含有杂质，使金属表面总会存在着一些电位不同的区域而引起金属的自溶腐蚀。我们有时发现，电沉积时金属阳极的电流效率大于 100%，这种现象就是由于阳极发生了自溶解。

在电镀过程中，影响阳极过程的主要因素有：

1）金属本性：有些金属比较容易钝化，如铬、镍、钛、钼等。而另一些金属，如铜、铁、银等则不容易钝化。

2）溶液成分：在电镀溶液中，一些成分能使阳极活化，促使阳极溶解，如络合物镀液中的络合剂和某些镀液中的阳极去极化剂（镀镍溶液中的氯化物和氰化镀铜溶液中的酒石酸盐等）。有一些成分会促使阳极电位变正，造成阳极钝化，如氰化镀液中积累过多的碳酸盐及存在氧化剂（重铬酸盐、高锰酸钾等）。

3）酸碱性：一般情况下，在酸性较强的溶液中，金属不易发生钝化。这往往与阳极反应产物的溶解度有关。在酸性溶液中，阳极一般不易生成难溶的物质。

4）工作条件：阳极电流密度是对阳极过程影响最大的一个因素。一般情况下，在不大于临界钝化电流密度的情况下，提高电流密度可以加速阳极的溶解。当电流密度大于临界值时，提高电流密度将显著地加速阳极的钝化过程。

5）镀液温度：低温有利于发生阳极钝化。因为这时的临界钝化电流密度值要比高温时小。

### 四、析氢对金属电沉积的影响

1. 氢过电位

在给定的阴极电流密度下，析氢的电极电位与其平衡电位之间的差值，叫做氢过电位。在不同的金属上的氢过电位是不同的。氢过电位越大，析氢越困难；反之，氢过电位越小，析氢越容易。

2. 析氢对金属电沉积的影响

由于水分子的离解，电镀液中永远会存在一定的氢离子。当金属在阴极析出时，往往都伴有氢气析出。析氢的原因，一是金属离子的沉积电位较负；二是氢的过电位很低。

析氢对金属电沉积的影响有以下几方面：

应掌握氢脆的产生原因和驱氢的方法。

1）氢脆：氢离子在阴极还原后大部分呈氢气逸出，一部分氢以原子状态渗入镀层和基体内，氢的渗入和驻留使金属或镀层晶格扭曲，产生很大的内应力，使基体金属和镀层韧性下降而变脆，形成"氢脆"。氢脆有时使零件脆裂或镀层脱落，危害极大。高强度钢和弹性零件对氢脆较敏感，而且其在使用时往往承受较大的外力，容易因氢脆发生断裂造成损失。镀层金属中以铬的吸氢量较大，铁族金属次之，锌较小，其他金属镀层的吸氢量更小，影响不大。为防止氢脆的危害，镀后应进行高温驱氢处理。

2）鼓泡：吸附在金属基体内的氢，随着温度升高，向外析出、膨胀而将镀层顶起，形成鼓泡。

3）针孔和麻点：电沉积时，氢气同时析出。当满足某些条件时（如电镀液中含有有机杂质、金属杂质、阴极表面有油污或其他污垢物未清除干净），或氢气泡滞留在阴极表面，都会影响金属的沉积，进而产生针孔和麻点。

3. 减少析氢的措施

提高过电位是减少析氢的有效措施。影响氢过电位的因素有如下几点：

1）阴极材料：不同的金属上氢的过电位不同。例如钛、铂、钯、铬等金属上氢过电位较低；而铅、汞、锌、镉、锡等金属上氢过电位较高；铁、钴、镍、铜、银等金属上氢过电位则介于上述两者之间。对氢过电位较低的金属，为减少析氢，应在电镀开始时采用冲击电流，使阴极表面迅速镀上一层氢过电位较高的镀层，然后再恢复到正常电流电镀。这样既可减少析氢，又不影响镀层质量。

2）阴极表面状态：表面粗糙的零件氢过电位低，易析氢；磨光、抛光零件氢过电位高，析氢难。过腐蚀零件易析氢。

3）电镀溶液：在含络合物溶液中，络合剂的性质和含量都会影响析氢的多少。一般来说，络合剂络合能力强，游离量多，析氢就多。pH 值对氢过电位也有明显的影响，对于酸性电镀液，随着 pH 值升高，氢的过电位增大。对于碱性电镀液，随着 pH 值升高，氢的过电位减小。因此，对弱酸或弱碱的电镀液控制 pH 值是很重要的。

4）电镀液的温度：提高电镀液的温度，加速电镀液的搅拌，均能使氢的过电位降低。

## 第三节　影响镀层性能的因素

影响镀层性能的因素很多，可归结为电镀液成分的影响和电镀工艺参数的影响。

### 一、电镀液成分的影响

电镀液的主要成分包括主盐、络合剂、导电盐、缓冲剂、添加剂等。不同的电镀液含有不同的组成。根据主盐性质的不同，可将电镀液分为单盐电镀液及络合物电镀液两大类。

1. 主盐的影响

　　主盐是指能在阴极上沉积出的镀层金属的盐。主盐浓度应保持在一个适宜的范围内，并与电镀液中其他成分维持适当的浓度比值。主盐浓度高，电镀液的导电性和阴极电流效率都较高，一般可采用较高的阴极电流密度，在光亮性电镀时可使镀层的光亮度和整平性较好。但主盐浓度高，电镀液的带出损失较大，成本较高，同时也增大了废水处理的负担，对环境的污染较大。主盐浓度低，可采用的阴极电流密度较低。一般来说，主盐浓度高的电镀液，其分散能力和覆盖能力较好。当电镀形状复杂的零件或用于预镀时，一般是采用主盐浓度较低的电镀液。

　　2. 导电盐

　　导电盐的加入主要作用是提高电镀液的电导率。碱金属或碱土金属的盐类(包括铵盐)是最常用的导电盐。导电盐除了能提高电镀液的电导率外，有时还能提高阴极极化，使镀层细致。但也有一些导电盐会降低阴极极化。导电盐的加入可扩大阴极电流密度范围，使槽电压降低，减少电能消耗，改善电镀质量。

　　3. 缓冲剂

　　缓冲剂一般是由弱酸和弱酸的酸式盐组成的。缓冲剂加入电镀液中，能使电镀液在遇到酸或碱时，其 pH 值变化幅度缩小。例如，为了防止 pH 值变化太快，在镀镍溶液中加入硼酸。任何缓冲剂都只能在一定的 pH 值范围内有较好的缓冲作用，超过了 pH 值范围，它的缓冲作用将较差或完全没有缓冲作用。硼酸在 pH 值为 4.3 ~ 6.0 时缓冲作用最好，而在强酸或强碱性溶液中则没有缓冲作用。

　　4. 阳极去极化剂

　　阳极去极化剂是指在电解时能使阳极电位变负、促进阳极活化的物质。如镀镍溶液中的氯化物，氰化镀铜溶液中的酒石酸盐和硫氰酸盐等，它们的加入可以降低阳极极化，促进阳极溶解。

　　5. 络合剂

　　络合剂是指能与主盐中金属离子络合形成稳定的络离子的物质。如氰化物镀液中的氰化钾或氰化钠，焦磷酸盐镀液中的焦磷酸钾、焦磷酸钠。

　　络合剂能增大阴极极化，使镀层结晶细致，并能促进阳极溶解。

但是络合剂的加入，使金属析出电位负移，氢析出的可能性增加，常会降低阴极电流效率。某些络合剂与金属离子结合牢固，采用常规的污水处理方法不易处理。

在电镀液中，络合剂常保持一定的游离量。游离络合剂含量高，阳极溶解好，阴极极化作用大，镀层结晶细致，电镀液的分散能力和覆盖能力较好，但是阴极电流效率降低，沉积速度减慢。游离络合剂含量过高时，会使镀件的低电流密度处镀不上镀层；络合剂含量低时，镀层的结晶粗，电镀液的分散能力和覆盖能力较差。

### 6. 添加剂

为了改善电镀液的性能和镀层质量，往往在电镀液中加入少量的添加剂。添加剂可以是有机物，也可以是无机物。添加剂用量很少，但可以显著改善电镀液性能，使镀层细致均匀，平整光亮。按照所起作用的不同，添加剂可分为如下几类：光亮剂、整平剂、润湿剂、应力消除剂、晶粒细化剂等。随着电镀技术的发展，添加剂的应用日益广泛，性能也越来越好，成为影响镀层性能的特别重要的因素。

## 二、工艺参数的影响

电镀工艺参数是指电镀时的操作变化因素，包括阴极电流密度、电镀液温度和搅拌以及电源波形等。

### 1. 阴极电流密度

当阴极电流密度过低时，阴极极化作用小，镀层的结晶晶粒较粗；阴极电流密度增大，阴极极化作用也随之增大，镀层结晶细致紧密。任何电镀液都有一个获得良好镀层的电流密度范围，当电流密度超过允许的上限值时，由于阴极附近严重缺乏金属离子，在阴极的尖端和凸出处会产生形状如树枝的金属镀层，或者在整个阴极表面上产生形状如海绵的疏松镀层，即发生"烧焦"现象。

### 2. 电镀液的温度

当其他条件不变时，升高电镀液的温度，通常会加快阴极反应速度和离子扩散速度，降低阴极极化作用，使镀层结晶变粗。但是升高电镀液温度可以提高允许的阴极电流密度上限值，阴极电流密度的增加会增大阴极极化作用，这样不但不会使镀层结晶变粗，而且会加快沉积速度，提高生产效率。此外升高电镀液温度还可以提高电镀液的导电性、促进阳极溶解、提高阴极电流效率（镀铬除外）、减少镀层针孔、降低镀层内应力。

电镀液的温度过低，金属的沉积速度慢，生产效率低，也无法获得合格的镀层。每种电镀液都有其合适的温度范围，超出这一范围，将影响镀层的质量。

3. 电镀液搅拌

电镀液搅拌会加速电镀液的对流，使阴极附近消耗了的金属离子得到及时补充，达到降低阴极浓差极化的作用，因而在其他条件相同的情况下，电镀液搅拌会使镀层结晶变粗。

然而，采用电镀液搅拌后，可以提高允许的阴极电流密度上限值，这样就可以克服因电镀液搅拌降低阴极极化作用而产生的镀层结晶变粗现象，采用电镀液搅拌可以在较高的电流密度和较高的电流效率下得到紧密细致的镀层。对某些光亮性镀液，如光亮硫酸盐镀铜和光亮镀镍，电镀液搅拌还可以提高镀层的整平性。采用搅拌的电镀液必须进行定期或连续过滤，以除去电镀液中的各种固体杂质和渣滓，否则会降低镀层的结合力并使镀层粗糙。

4. 电镀电源

生产中常用的电镀电源有整流器和直流发电机，实践证明，电源的波形对镀层的结晶组织、光亮度、电镀液的分散能力和覆盖能力、合金成分、添加剂的消耗等方面都有影响，故对电源波形的选择应予重视。

目前除采用一般的直流电外，根据实际的需要还可采用周期换向电源或脉冲电源。周期换向电源就是周期性地改变直流电流的方向，即在电镀时，直流电流的方向，一段时间是正向，接着的一段时间是反向。周期换向电源或脉冲电源用于氰化物镀铜和氰化物镀银及大部分贵金属电镀时，所获得的镀层质量比用一般直流电所获得的镀层好得多。而镀铬时，电源的波纹越小越好。在应用周期换向电镀时，镀件入槽最好先进行阴极电镀，以防止镀件在无镀层时作为阳极造成基体金属腐蚀而污染镀液。

### 三、镀层在阴极上的分布

影响镀层分布的主要因素是电镀液的阴极极化度、电导率、阴极电流效率、电极和镀槽的几何因素以及基体金属的表面状态等。

1. 阴极极化度

阴极极化度就是阴极极化曲线的斜率，也就是阴极电位随着阴极电流密度变化而变化的程度。由于任何一条阴极极化曲线上各点的斜率都不同，所以各点的极化度也不一样。当其他条件不变时，极化度较大的电镀液，其分散能力较好。所以，凡是能增大阴极极化的因素(如选择适当的络合剂及添加剂等)，均能改善镀层的分散能力及覆盖能力。

2. 电镀液的电导率

提高电镀液的电导率，能提高其覆盖能力。当电镀液的阴极极化度较大时，提高电镀液的电导率能显著地提高分散能力和覆盖能力。如果极化度极小甚至趋近于零，那么增大电镀液的电导率，对分散能力不可能有多大改善。例如，镀铬时的极化度几乎等于零，所以即使镀铬溶液的导电性能很好，其分散能力和覆盖能力也很差。

3. 阴极电流效率

阴极电流效率对分散能力的影响取决阴极电流效率随阴极电流密度的变化而变化的程度。一般可分为以下三种情况：

1) 阴极电流效率随着电流密度改变而几乎没有变化时(如硫酸盐镀铜、镀锌)，则电流效率几乎没有影响。

2) 阴极电流效率随着电流密度增大而降低时(例如一切采用络合剂的电镀液)，则阴极电流效率能够提高分散能力和覆盖能力。由于电流密度大的地方电流效率低，电流密度小的地方电流效率高，这样可使阴极各处的实际电流密度重新分布得更均匀些，也即分散能力提高了。

3) 阴极电流效率随着电流密度的增大而增大时(例如镀铬)，则会降低分散能力和覆盖能力。因为阴极上电流密度大的地方电流效率高，电流密度小的地方电流效率低，这样使阴极各处的实际电流密度重新分布得更不均匀了，也即分散能力降低了。

4. 电极和镀槽的几何因素

20

电极的形状和尺寸、电极间的距离、电极在镀槽中的位置和镀槽的形状等因素，都会影响镀层在阴极表面的均匀分布。为了改善由此而引起的电极上电流分布的不均匀状态，电镀生产中常采用辅助阴极和象形阳极，适当增大阴、阳极之间的距离等方法。

**5. 基体金属的表面状态**

由于氢在粗糙镀件表面上的过电位小于光滑表面，所以在粗糙镀件表面上氢容易析出，镀层就不容易沉积。因此，降低基体金属表面的粗糙度值往往可以改善覆盖能力。

基体金属中含有氢过电位较小的杂质(如铸铁中的碳杂质)，在这些杂质上氢容易析出，镀层就难以沉积。

如果氢在基体金属上的过电位小于镀层金属上的过电位，那么在刚入槽电镀时，将有较多的氢气逸出。倘若这时局部先镀上镀层，那么由于先镀上镀层的部位析氢少，电流效率高，这将使分散能力降低。此时，为了获得均匀连续的镀层，常在开始通电时采用短时间的大电流密度"冲击"，使基体金属表面很快地先镀上一层氢过电位大的镀层金属，然后再按正常规定的电流密度进行电镀，这就可以消除基体金属对分散能力和覆盖能力的不良影响。

综上所述，获得均匀镀层的措施主要有：

1）选择理想的络合剂和添加剂，以提高阴极极化度。

2）添加碱金属盐类或其他强电解质，以提高镀液的导电性。

3）加大镀件与阳极的距离。

4）设计挂具时，使镀件主要受镀面与阳极面平行。

5）采用象形阳极。

6）采用辅助阳极和保护阴极。

7）镀件在镀槽中应均匀布置。

## 复习思考题

1. 什么是电极和电极电位？

2. 什么是平衡电位、标准电位和析出电位？

3. 何谓电化学极化和浓差极化？

4. 电解质溶液有哪几种传质方式？电解质溶液的导电过程是怎样完成的？

5. 简述金属阴极还原过程及其影响因素。

6. 镀层性能的影响因素有哪些？如何获得均匀的镀层？

# 第二章

# 电镀添加剂

培训学习目标 了解电镀添加剂的种类和作用原理，能够正确使用和维护添加剂。

## 第一节 电镀添加剂的分类

### 一、电镀添加剂的概念

在只有主盐的电镀液中电镀，一些金属元素只能获得粗糙或疏松的镀层，而其他一些金属元素则无法沉积出来。在电镀液中加入某些无机化合物或有机化合物，即可获得性能良好的镀层。从广义上说，电镀液中加入的这些无机化合物或有机化合物，称为电镀添加剂。它包括导电盐、缓冲剂、络合剂等能够改善电镀液性能的化合物。但是平时生产中所指的添加剂，往往仅指那些添加量极少，可是作用非常大的有机化合物或无机化合物（如镀镍的光亮剂、润湿剂等）。

### 二、电镀添加剂的分类

1. 按电镀添加剂的组成分类

按电镀添加剂的组成可分为无机添加剂和有机添加剂。

（1）无机添加剂 在电镀液中，常添加一些无机化合物来改善电镀液的性能。添加的无机化合物种类很多，所起的作用也是多方面的，其中有的添加量很多，主要充当导电盐、阳极活化剂、辅助络合剂、缓冲剂等；有的添加量很小，但作用很显著，如光亮剂即为此例。

1）导电盐：主要是强酸、强碱或强酸、强碱的盐等强电解质，其作用是提高电镀液的电导率，降低槽电压。例如，硫酸盐镀铜溶液中，加入硫酸，主要作用就是导电。没有硫酸或硫酸含量不足，镀液的导电能力差，分散能力也差，覆盖能力更差。硫酸镍镀液中的硫酸钠也是起导电作用的。

2）阳极活化剂：它能使阳极正常溶解，保持电镀液成分稳定。例如，镀镍溶液中加入氯化钠或氯化镍，氯离子能使镍阳极溶解正常、镀液稳定。

3）辅助络合剂：能与主盐的金属离子生成络合物，使金属离子络合物稳定性增强，提高了阴极极化。例如，酒石酸钾钠在氰化镀铜溶液中起辅助络合剂的作用，同时还使阳极保持正常溶解。

4）缓冲剂：通常是弱酸、弱碱或弱酸、弱碱的盐，用于平衡电镀液的pH值，避免pH值的剧烈波动。每种缓冲剂只能在一定的pH值范围内起作用。

5）光亮剂：有一些无机盐或其氧化物，在电镀液中的添加量极小，但可使镀层产生明显的光亮作用。例如，焦磷酸盐镀铜溶液中添加二氧化硒，可以增加镀层的光亮程度。

（2）有机添加剂　相对于无机添加剂，有机添加剂的种类繁多，应用更加广泛。有机添加剂添加的量很少，但作用巨大。电镀液中加入有机添加剂，可以极大地改善电镀液的分散能力和深度能力，获得光亮、平整、结晶细致的镀层；还可以扩大阴极电流密度的范围，提高阴极电流效率，进而提高沉积速度。若将几种有机添加剂配合使用，会产生协同效应，效果更加显著。

有机添加剂按其作用分类，有光亮剂、整平剂、润湿剂、晶粒细化剂、应力消除剂等。

1）光亮剂：它能使镀层光亮，常用的有机添加剂有镀镍中的糖精及1,4-丁炔二醇；氯化物镀锌中的卞叉丙酮等。根据光亮剂的组成及在电镀液中的性能、作用和对镀层的影响等，可分为初级光亮剂和次级光亮剂，载体光亮剂和辅助光亮剂等。

2）整平剂：它能使镀件的微观谷处比微观峰处镀取更厚镀层，常用的整平剂有镀镍溶液中的香豆素和光亮硫酸盐镀铜溶液中的四氢噻唑硫酮及乙撑硫脲等。

3）润湿剂：它是能够降低电极和电镀液间界面张力的表面活性剂，能使电镀液易于在电极表面铺展，使气体容易析出，从而减少镀层针孔、麻点等缺陷。常用的润湿剂有镀镍溶液中的十二烷基硫酸钠等。

4）应力消除剂：它是能降低镀层内应力提高镀层韧性的添加剂。例如，以 DE 为添加剂的碱性镀锌溶液中的香豆素等。

5）晶粒细化剂：它是能使镀层结晶细致的添加剂。常用的晶粒细化剂有碱性镀锌溶液中的 DE 添加剂等。

**2. 按电镀添加剂的作用分类**

电镀添加剂按其作用可分为整平剂、光亮剂、晶粒细化剂、应力消除剂、润湿剂、缓冲剂、阳极活化剂、辅助络合剂、导电盐等。

## 第二节　电镀添加剂的作用原理

无机添加剂在电镀过程中所起的作用主要源于自身的特性，而有机添加剂的作用机理比较复杂，通常认为有机添加剂吸附于电极表面，通过改变电极反应的极化程度来改变镀层的性能。

### 一、无机添加剂的作用原理

**1. 缓冲剂、导电盐的作用原理**

导电盐多选用强电解质，一般为碱金属或碱土金属的盐，它们在电镀液中完全电离。在电场作用下，阳离子向阴极移动，阴离子向阳极移动，它们与阳极溶解下来的金属离子和阴极放电后的水化离子结合，迅速的完成电荷的传递过程，从而降低槽电压，促进电极反应的进行。

缓冲剂通常是弱酸、弱碱或弱酸、弱碱的盐，在电解液中的电离程度比较小，存在包括 $H^+$、$OH^-$ 的电离平衡。pH 值发生变化时，$H^+$、$OH^-$ 的浓度发生变化，电离平衡被打破，向左或向右移动，从

而抵消 $H^+$、$OH^-$ 的浓度变化，在一定的范围内可避免 pH 值的剧烈波动。例如，硼酸在镀镍溶液中就是一种很好的缓冲剂。硼酸是一种弱酸，它在电镀液中的电离不像强电解质的电离那么彻底，它在电镀液中存在如下的电离平衡：

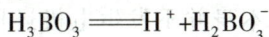

$$H_3BO_3 \Longrightarrow H^+ + H_2BO_3^-$$

当电镀液中氢离子浓度升高时，平衡向左移动，生成硼酸，从而消耗了多余的氢离子，使溶液的 pH 值保持稳定；当电镀液中氢氧根离子浓度升高时，电离平衡被打破，氢氧根离子与氢离子结合生成水，消耗了氢离子，这时平衡向右移动，离解出较多的氢离子弥补消耗的氢离子，使溶液的 pH 值保持稳定。每种缓冲剂只能在一定的 pH 值范围内起作用。

2. 阳极活化剂的作用原理

有些阳极活化剂和金属离子生成稳定的络合物，能迅速与阳极溶解下来的金属离子络合，使阳极表面保持活化状态，从而促进阳极溶解，这种情况以碱性镀液为多，如氰化镀铜溶液中的 $CN^-$；另一些阳极活化剂的阴离子能与阳极溶解下来的金属离子迅速生成水溶性极好的化合物，使金属离子迅速进入溶液主体中，避免阳极表面因金属离子浓度过高而钝化，保持阳极正常溶解。

3. 络合剂的作用原理

无机物作为络合剂的作用主要是与金属离子生成络合物，提高阴极极化，扩大电流密度范围，从而使镀层结晶细致。

4. 无机光亮剂的作用原理

某些无机硫化物（例如硫化钠、多硫化钠、硫氰酸钾、硫代硫酸钠等）和硒、碲化合物在电镀液中起光亮作用，常用的无机光亮剂或无机晶粒细化剂它们在阴极上能与金属离子同时被还原，对电极反应有阻化作用，使极化增大，镀层结晶细致、平整、光亮。

**二、有机添加剂的作用原理**

有机添加剂种类繁多，包括含有各种官能团的有机化合物，如炔醇、杂环化合物等，其中应用最广的是表面活性剂。它们的作用虽然各不相同，但其作用原理是相同的。

有机添加剂对金属电解析出过程的影响，都是通过在金属/溶液界面上的吸附作用来实现的。添加剂的吸附分为物理吸附和化学吸附。物理吸附时，添加剂只改变双电解层的结构，减少了电极的有效表面，同时也有妨碍金属离子接近电极表面进行还原的作用，结果使过电位增大，但其本身并不发生电极还原反应；化学吸附时，添加剂不仅改变双电解层结构和电极的有效面积，而且添加剂的 N、O、S 等原子可与将要在电极表面还原的金属配位离子形成配合物，使金属离子还原的速度明显下降，大部分表面活性剂和相对分子质量大的有机化合物属于此类。

另一类添加剂不仅可在电极表面活性部位吸附，细化结晶，而且本身在电极上可接受电子与金属离子或氢同时被还原析出。有许多人认为，有机添加剂的光亮作用是有机添加剂在阴极表面的吸附和阻挡作用的结果。然而许多实验事实却证明，添加剂的光亮作用是与其本身的电化学还原分不开的。例如，甲醛和乙醛在碱性锌酸盐镀液中，当它们处在不发生电化学还原的电位下进行定电位电镀时，它们均无光亮作用，虽然乙醛在锌阴极上有明显的吸附，而且其吸附作用比甲醛强。但当甲醛在可以电化学还原的电位下进行电镀时，显现出明显的光亮效果。由此可见，吸附强弱并非有机添加剂具有光亮作用的依据，而有机添加剂能否在阴极上被还原，才是有机添加剂是否具有光亮作用的依据。各种电镀液的主光亮剂几乎全是由可被阴极还原的有机物组成，例外的情况极为少见。

有机添加剂不断在阴极上被还原，结果是电镀液中添加剂的浓度逐渐下降，因而需要不断补加；同时镀层中也常夹杂添加剂的还原产物，使镀层的性能改变。有机添加剂对镀层的内应力有显著的影响，有的产生压应力（如镀镍溶液中的糖精），有的产生拉应力（如镀镍溶液中的丁炔二醇）。有机添加剂的还原产物在镀层中夹杂，改变了镀层金属的腐蚀电位，人们应用这一现象获得耐蚀性能更好的镀层。例如双层镍。

有机添加剂在阴极局部位置吸附较多，而在其他部位吸附较少，造成局部的阴极极化增大，从而达到整平效果。通常在金属阴极的表面是不平整的，存在许多"峰"和"谷"，作为整平剂的有机添加剂，在"峰"上的吸附大于在"谷"上的吸附，使得在"峰"处的阴极极化大于"谷"处，因而降低了该处金属离子的电沉积反应速度，使析出的晶粒变细，促使"峰""谷"处的电流分布趋于均匀，使电镀液的均一性和整平能力得到改善，从而获得光亮、平整、细致的镀层。

有机添加剂或无机添加剂能够吸附在阴极表面而形成紧密的吸附层，或选择性的吸附在阴极高电流密度区并在该处还原，以阻化金属离子的放电过程或金属吸附原子的表面扩散，使阴极反应的过电压升高，电极反应速度减慢，阴极极化提高，有利于晶核的生成，使得晶核的生成速度大于晶核的生长速度，从而获得晶粒细小而平滑的镀层。例如，DE 添加剂在锌的析出电位范围内紧密地吸附在阴极表面，提高了阴极极化，使镀层结晶细致。

在电镀过程中，或多或少的伴随着析氢反应，由于氢气泡在阳极表面滞留，造成镀层产生针孔、麻点等缺陷。为了克服这种缺陷，在电镀液中加入表面活性剂作为润湿剂，润湿剂一般是由两部分组成，一部分为憎水基团，另一部分为亲水基团，当表面活性剂在阴极表面吸附时，其亲水基团排列在阴极表面，达到润湿的目的；当氢气泡在阴极表面析出时，由于憎水基团对气体有良好的亲和力，使液－固界面上的张力减小，氢气泡难以滞留，从而减少了镀层针孔、麻点等缺陷。

### 三、添加剂的选择

由于添加剂种类繁多，它们对金属电解析出的影响是多方面的，十分复杂，同一添加剂用在某一金属析出时可能效果显著，但用于另一金属时则可能毫无效果；同一金属的析出，有的效果很好，有的效果则很差。由于添加剂对电极过程的影响十分复杂，因此到目前为止，电镀添加剂的选择仍主要是凭经验，没有规律可循，但了解并掌握一些共性的特点，对选择、研究添加剂会有所帮助。选择电镀添加剂时应遵循如下规律：

1）所选有机物质必须能被吸附在电极表面，有较宽的吸附电位范围。

2）分子内的憎水、亲水部分应有适当的比例，使得在能溶于水的情况下有尽可能高的活性。

3）最好是中性有机分子或有机阳离子。

4）若采用高分子表面活性剂，其相对分子质量应适当，不宜过大。

有些有机添加剂，例如聚乙二醇、聚乙烯醇、聚乙烯亚胺、烷基酚聚氧乙烯醚以及各种胺类与环氧化合物的缩聚物等，它们本身并不在电极上发生还原反应，然而在电极上有较强的吸附作用，是优良的晶粒细化剂。

能在金属离子还原的同时也被阴极还原的有机添加剂，这是电镀上常用的光亮剂或晶粒细化剂，属于此类的化合物有：醛类、酮类、硫酮、硫基化合物、酰胺、偶氮染料、炔类化合物、三苯甲烷染料、芳磺酸等，它们都含有易被还原的基团。

## 第三节　电镀添加剂的使用和电镀液的维护

添加剂的作用很大，但是用量却很少，而且随着添加剂在电极反应中不断被消耗和电镀液的带出损失，需要经常往电镀液中补加添加剂。由于电镀液中添加剂的含量难于测量，所以在使用和维护电镀液时应当严格按照工艺规范来进行。补加添加剂的方法如下：

1. 按照通过的电量(安时数)补加

通常添加剂在电极上发生反应生成其他化合物时自身被消耗，含量不断减少。由于添加剂的消耗量和电镀时通过的电量成正比，所以可以按照电镀时通过的电量(安时数)补加添加剂。由于镀件带出电镀液，损失了一部分添加剂，所以实际操作时要根据具体情况调整添加剂的补加量。

2. 用霍尔槽进行试验并根据试验结果补加

电镀过程中，有时会出现添加剂失调的情况，而添加剂多为复杂的有机化合物，添加量很少，通过分析其含量来补加有一定的困难。这时，可采用霍尔槽试验来确定添加剂的添加量。为了便于操作，我们可以预先做好各种不同情况的霍尔槽样片，将试验样片与其对照来确定添加剂的添加量。

3. 少加勤加、按比例添加

每一电镀工艺的添加剂往往有好几种，其含量、在电极上反应速度各不相同，补加添加剂时要按比例补加，以保证添加剂中各组分的平衡。具体操作时，要少加勤加，确保添加剂含量相对稳定，以获得满意的电镀质量。

## 复习思考题

1. 电镀添加剂是如何分类的？

2. 无机添加剂在电镀过程中的作用机理是什么？有机添加剂的作用机理是什么？

3. 如何选择和使用电镀添加剂？

## 第三章

# 电镀工艺流程的编制与电镀设备的选择

**培训学习目标** 通过本章学习，掌握编制电镀工艺流程的基本知识，学会常见镀种的工艺流程的编写方法，能够熟练编制电镀生产工艺流程。了解电镀设备的使用常识，学会选择适宜的电镀设备。

## 第一节 电镀工艺流程的编制

### 一、电镀工艺流程的编制依据

1）依据国际标准、国家标准和行业（部）标准。
2）依据企业标准和有关规定。
3）各企业可根据各自工艺条件和产品需要编制工艺流程。
4）工艺流程的格式和幅面应符合标准的规定。
5）工艺流程中所使用的术语、符号、代号和计量单位应符合相应标准。
6）工艺流程中的有关要求应符合安全生产和环保标准。

### 二、电镀工艺流程的设计

1. 工艺流程方案设计原则
1）设计工艺流程应在保证产品质量的同时，充分考虑生产周期、成本和环境保护。

2）根据本企业能力，积极采用国内外先进工艺技术和装备，以不断提高企业工艺水平。

2. 工艺流程方案的设计依据

1）产品图样及有关技术文件。

2）产品工艺方案。

3）产品生产大纲。

4）本企业现有生产条件。

5）国内外同类产品的有关工艺资料。

6）有关工艺标准。

7）企业有关技术领导对该产品工艺工作的要求及有关科室和车间的工艺会签内容。

3. 工艺流程的类型

1）专用工艺流程：针对每一个产品和零件所设计的工艺流程。

2）通用工艺流程：为一组镀种相同零件所设计的工艺流程。

3）标准工艺流程：以纳入标准的工艺流程。

4. 设计工艺流程的基本要求

1）工艺流程是直接指导现场生产操作的重要技术文件，应做到正确、完整、统一、协调、清晰。

2）在充分利用本企业现有生产条件的基础上，尽可能采用国内外先进工艺和经验。

3）在保证产品质量的前提下，能尽量提高生产率和降低能耗。

4）设计工艺流程必须考虑安全生产和工艺卫生措施。

5. 工艺流程的设计程序

1）按设计工艺流程的主要依据，熟悉设计工艺流程所需要的资料。

2）设计工艺流程(注意工艺流程的实施步骤)。

3）编制工艺定额。

### 三、电镀工艺流程的验证

1. 验证范围

尤其是新工艺一定要有工艺流程的验证过程

凡批量生产的新产品，在样机试制鉴定后批量生产前，均需通过小批量试生产进行工艺验证。

2. 基本任务

通过小批量试生产考核工艺文件和工艺装备的合理性和适应性，以确保今后批量生产中产品质量稳定，成本低廉，符合安全生产和环境保护要求。

3. 验证内容

1）关键件的工艺路线和工艺要求是否合理和可行。

2）所选用的设备和工艺装备是否能够满足工艺要求。

3）检验手段是否能满足要求。

4）安全生产和环保要求是否能达标。

## 第二节　电镀设备的选择

电镀设备包括电源设备、线路设备、镀前处理设备、镀槽设备、干燥设备、过滤设备以及其他电镀辅助设备等。

### 一、电源设备

1. 电源设备类型

电镀生产过程中需要直流电源，电源的种类比较多，可以根据具体的镀种以及生产要求来合理选择电源。电镀生产中直流电源除了具备自身的一些性能，如电压、电流波形、过载能力、功率等以外，还应具备电流电压无级调节、电流电压自动控制以及可以远距离操控、可靠、安全等特点。

（1）直流发电机　直流发电机属于早期的电镀电源，具有耗能大、效率低、噪声大、运行不经济等缺点，目前除了一些较小的电镀车间还在使用外，已经基本淘汰。临时生产用的小规模电镀用的小型机组多为自激式，功率大的多为他激式，它是由交流电动机、直流发电机和基座等部分组成。

（2）整流器 应用于电镀的整流器有硒整流器、氧化铜整流器、硅整流器等。各种整流器具有转换效率高、调节方便、噪声小以及无机械磨损等优点，并且可以直接安装在镀槽旁，因而节约导电金属材料，但它们通常具有耐热性能差、难以承受冲击负荷、功率比较小等缺点。

整流器一般由机壳、整流元件、变压器、电压调节装置以及降温设备所组成，在使用整流器时，一般应注意以下事项：

1）不应在负载情况下通断电源。

2）不能超负荷工作，特别要避免短路和冲击电流，以免击穿整流元件。

3）工作温度一般不宜超过 $70 \sim 80℃$ ，在没有降温装置或降温装置不能正常工作的情况下，禁止使用整流器。

4）防止漏电。

（3）晶闸管电源 晶闸管电源是近年迅速发展起来的一种用于淘汰硅整流的电源。其特点是体积小，效率高，调控特别方便，生产技术日趋完善，特别是核心元件晶闸管生产技术稳定，质量可靠，圆满解决了易烧坏问题，是未来电镀的主体电源。

（4）晶体管电源 晶体管电源又称为开关电源，是电源技术的一次革命，不仅性能优越，而且体积很小，纹波系数非常稳定而且不受输出电流的影响。

为了进一步提高整流设备效率，缩小整机体积和减轻重量，许多生产厂家推出了高频开关电源设备。高频开关电源具有可选择的恒压、恒流、恒电流密度控制功能，能保证全输出范围内的精度、纹波和效率等指标，有性能良好地输入电网滤波器，有可靠地保护和预防瞬时冲击能力，有能带负载启停的电路保护，可方便地并联使用。表 3-1 为 SPS 系列高频开关电源的技术参数。

**表 3-1　SPS 系列高频开关电源的技术参数**

| 输出电流/A | 输出电压/V | 交流输入 | 重量/kg | 外形尺寸 长/mm×宽/mm×高/mm |
|---|---|---|---|---|
| 100 | 024 | 单相，220V | 25 | 300×440×630 |
| 200 | 012 | 单相，220V | 25 | 300×440×630 |
| 200 | 024 | 单相，220V | 40 | 300×440×700 |
| 300 | 06 | 单相，220V | 25 | 300×440×630 |
| 300 | 012 | 单相，220V | 40 | 300×440×630 |
| 400 | 06 | 单相，220V | 25 | 300×440×630 |
| 400 | 012 | 单相，220V | 40 | 300×440×700 |
| 500 | 06 | 单相，220V | 40 | 300×440×700 |
| 1000 | 06 | 单相，220V | 40 | 300×440×700 |

（5）脉冲电镀电源　脉冲电镀与直流电镀的区别在于使用了脉冲电源，典型的脉冲电源提供的是方波脉冲电流，实质上脉冲电镀就是一种通断直流电镀。由于脉冲电源有三个独立参数可调（脉冲电流密度、导通时间和关断时间），因此，采用脉冲电镀工艺可为槽外控制镀层质量提供了有利条件。

常用的脉冲电镀电源采用的是稳电流脉冲或周期反向脉冲电流。稳电流脉冲提供的是稳定的正向脉冲电流，而周期反向脉冲电流则是在正向脉冲后紧接一个反向脉冲，正、反向脉冲电流的幅度通常是相等的。

表 3-2 是国内生产的 MDD 系列脉冲电镀电源的主要技术参数。

**表 3-2　MDD 系列脉冲电镀电源的主要技术参数**

| 型　　号 | 输出电流/A | | 电流波形 | 电流脉冲频率/Hz | 通断比 |
|---|---|---|---|---|---|
| | 峰值 | 平均 | | | |
| MDD—20 | 20 | 10 | 方波 | 50～1000 | 1/2 |
| MDD—50 | 50 | 20 | 方波 | 50～1000 | 2/5 |
| MDD—100 | 100 | 20 | 方波 | 50～1000 | 1/5 |
| MDD—200 | 200 | 20 | 方波 | 50～1000 | 1/10 |

2. 选择电源设备的要求

（1）电源输出功率　具体来说电源的输出电压、电流的大小应满足镀种特殊性和生产量的要求。根据生产量的大小决定电流的大小，不同镀种的特殊性影响电压的大小及其输出方式。例如，一般镀锌、镀镉、镀镍、镀铜等电压 +12V 就行；而镀铬电源的输出电压则要求 ±18V，以满足其反向、冲击电流的特性。

（2）纹波系数　我国有关标准规定，镀铬电源的纹波系数必须小于5%，其他电镀电源的纹波系数必须小于10%。纹波系数是直接影响镀层质量、衡量电源品质的主要技术数据，在选择电源时必须注意波纹系数与输出电流的关系。因为在同等条件下，电流越大，波纹系数越小；电流越小，波纹系数越大。因此，保证波纹系数在实际生产中满足最低输出电流时的要求是非常重要的。

（3）输出波形　输出波形可由用户根据工艺要求确定。例如硬质阳极化时，是直流还是交直流叠加，或者是脉冲方波等，应根据工艺进行选择。

（4）元器件的稳定性及市场情况　元器件的稳定性决定整机的可靠性，它受国内生产技术水平的制约。硅整流器所需的元器件国内生产技术成熟，质量稳定，市场广阔，价格低；而晶闸管整流器由于通过引进国外技术，国内技术改造取得了质的改变，完全克服了应用中遇到的困难。因此，晶闸管电源以其优良的性能迅速进入企业。另外，市场能否方便提供优质的元器件，直接影响到电源的维修和使用。

（5）调控使用方便，功能实用齐全　电镀生产过程中，电流是需要变化的，能否无级调控、自动控制、远距离遥控，对生产过程及生产线的建设均有直接影响。先进的电源不但要有可靠的优良的主机，而且要有实用齐备的控制功能，如温控、恒流、定时、记录、自控、短路保护等。这不仅能保证工艺的稳定，提高产品质量，还能降低劳动强度，提高企业技术水平。

（6）符合生产需要　必须慎重考虑电源选择应符合生产需要。对于产品单一、批量稳定的企业，由于其每槽施镀工件面积相近，电流需要稳定在一定程度的基准之上（例如电源全额电流的20%以上），因此对电源的纹波系数要求容易达到。但是对于产品变化频繁、单件施镀较多的企业，由于单槽施镀工件面积相差很大（如最小单槽工件面积在 $0.03dm^2$ 以下），这样对电源的纹波系数要求必须从零到全额电流均满足相应标准。而目前晶闸管电源生产厂家提供的技术数据表明：只有当输出电流在 20% 全额电流以上时，纹波系数才满足有关标准。显然，这不符合生产实际的要求，要满足这样的要求，必须支付昂贵的费用，加重了企业的负担。

（7）主机和辅助设备　同等情况下，主机和辅助设备必须占有的有效空间越小越好。例如晶闸管电源比硅整流器体积小，晶体管电源的体积更小。

## 二、线路设备

### 1. 汇流条

汇流条一般都用铜板、铝板制成，常涂以标色漆以示区别，阳极一般使用红色或黄色，阴极为蓝色或绿色。

汇流条的面积应该以通过的最大电流值进行选择，架设的方式有架空和地下两种，应以安全实用、距离近、整齐美观、不影响其他设备的安装、维修工作等为标准。

### 2. 配电盘

配电盘是调节电镀槽电流、电压的设备。它由电流表、电压表和可变电阻器以及绝缘安装板等组成。一般都安装在操作比较方便的槽侧。配电盘使用的可变电阻有多种形式，常用的有铡刀式电阻、线绕旋转式电阻以及石墨旋转式电阻等。在电流比较小的情况下，除了可以用滑线电阻外，还可以用励磁挡来控制镀槽的电压、电流。

配电盘上所用的支流电流表、电压表的规格应该根据实际的生产规模来选择。

## 三、镀前预处理设备

镀前预处理是待镀件表面进入电镀前的重要处理步骤，在实际生产中选择适宜的镀前预处理工艺以及镀前预处理设备是十分重要的。一般镀件的镀前预处理方法有机械法、化学法及电化学法。本节介绍机械法表面预处理所使用的设备。

1. 喷砂机

喷砂机是工厂中常用的机械除锈设备之一。喷砂机的主要工作原理是以压缩空气高速带动砂料喷击金属或非金属表面，使之成缎面(无光泽状态)或清除氧化皮、镀件表面的溶渣和其他杂质。喷砂属于镀前处理的粗加工工序，经过处理后的工件的表面不是很细致光滑，所以喷砂处理适用于精密工件涂漆前表面的预处理，以及作为涂漆底层、电镀、氧化、磷化等表面处理。喷砂工作是利用净化的压缩空气使砂粒形成高速流动的砂流并喷射到工件的表面，从而除掉工件表面的毛刺、锈蚀等。喷砂所使用的砂料要求洁净、干净，金属工件的表面也要求干燥、无油，否则喷砂的效果会受到一定程度的影响。除了对砂料和工件有干燥的要求外，通常使用的空气压力不宜超过300kPa，压力过大，砂子容易撞碎，影响工件的处理效果，生产效率降低，尤其是当工件比较薄、材料较软时，过高的压力可能会损坏工件，在这种情况下应适当减小空气压力。

2. 滚光机

滚光是表面处理的基本方法之一，是将工件装入盛有磨料和化学药品溶液的滚筒中，利用滚筒的旋转，使工件与磨料、工件与工件相互摩擦达到表面清理的目的。滚光工序适用于大批量的对表面粗糙度不做特殊要求时的表面处理，它可以部分乃至全部替代镀前处理和抛光工序。

(1) 钟形滚光机　对于特殊形状的工件，可以在钟形滚光机中进行处理。使用过程中应注意选择适宜的磨料：当滚光毛坯时，磨料采用含有80#金刚砂的特制陶瓷砂球与180#金刚砂；零件材料为不锈钢时，稀料用5#锭子油；滚抛工件时，磨料采用含有铬绿(氧化铬)的特制绿油珠，不用稀料。

(2) 振动抛光机　对于硬度较高、氧化层较厚、形状比较复杂以及表面粗糙度要求不高的中小型钢制工件可以采用振动抛光处理，以防清理时引起冲击形变。振动抛光机是由电动机通过V带带动曲轴旋转，使盛装工件的摇篮振动。最上层的工件用钢横担压紧，以避免工件与摇篮之间的相对运动。在振动作用下，工件与一定量的磨料（如抛光膏、皂角粉、小钢珠等）以及油料（如煤油或柴油）在密封的工作桶内互相摩擦，从而使工件抛光。

（3）刷光机　刷光也是一种常见的表面处理方法，它是在装有刷光轮子的刷光机上进行的，刷光的同时用清水连续冲洗金属工件表面的加工过程，刷光处理基本上不改变工件的几何形状。

（4）磨光机　磨光处理是借助粘有磨料的特殊的磨轮，在高速旋转下磨削金属工件表面的处理过程，通过去除工件表面的腐蚀痕、划痕、焊缝、砂眼、毛刺等宏观缺陷，以提高工件表面的平整性。

磨光轮的工作表面的磨料颗粒具有锋利的棱角和较高的硬度，根据金属工件的表面粗糙的程度，一般采用 $120^{\#}$、$180^{\#}$、$240^{\#}$、$320^{\#}$ 等不同粒度的金刚砂轮，以满足电镀前所要求的表面质量。

当磨料与金属工件表面高速摩擦时，不但能够使金属表面产生变形，摩擦产生的大量热还可以使金属工件的表面烧伤，形成蓝色的氧化膜。所以，使用中应该控制或掌握磨光轮的旋转速度。

（5）抛光机　抛光一般应用于工件镀上镀层以后的精加工，也可以用于金属制件的表面预处理，如对工件的磨光、抛光和刷光。抛光处理可以使工件表面光亮平整。

按照抛光机的结构和操作方式，可分为手工操作和自动操作；也可按照有无吸尘装置来划分；按照抛光机的工作原理，可分为平板抛光机和自动仿形抛光机。一般抛光机是由电动机、机体、主轴以及抽风罩组成。抛光机主轴的同心度要求较高。主轴的同心度越高，抛光时加工精度也越高。通常为了满足工件抛光对不同转速的需求，抛光机还有变速装置。

### 四、镀槽设备

按用途槽体可分为：冷水清洗槽、热水清洗槽、化学脱脂槽、电化学脱脂槽、有机溶剂脱脂槽、常温酸浸蚀槽、热酸浸蚀槽、常温酸性镀槽、热酸性镀槽、镀铬槽、阴极移动镀槽、常温碱性镀槽、化学镀镍槽、铝件阳极氧化槽、封闭槽、磷化槽、发蓝槽、浸油槽、除氢油槽、电泳涂装槽等。

1. 脱脂槽

脱脂的方法通常有化学脱脂、电解脱脂和有机溶剂脱脂。对于不同的处理工艺，应采用适宜的脱脂槽，特别是选用有机溶剂，如三氯乙烯、四氯化碳等脱脂时需要专用设备，对于化学脱脂槽和电解脱脂槽，其结构上大体相似，不过电解脱脂槽需要增加电解设备。

2. 清洗槽

清洗槽有冷水清洗槽和热水清洗槽两种，其结构上基本相同，热水清洗槽需要安装加热管。清洗槽按工艺过程还可分为单级清洗和多级清洗。一般清洗槽的漂洗方式采用逆流漂洗。逆流漂洗的特点是工件运动的方向与水流的方向相反，待镀工件在两级或多级逆流漂洗槽中清洗，即提高了清洗的质量，也减少了漂洗耗水量。

3. 浸蚀槽

浸蚀槽通常需要增加耐酸的衬里。耐酸衬里的材料种类较多，可以根据不同的浸蚀条件选择合适的衬里材料，见表3-3。如果浸蚀槽需要加温，可以增加内加热管加温或外加热水套加温。

表3-3 不同的浸蚀条件下可以选择的衬里材料

| 浸蚀液成分 | 浸时温度/℃ | 衬里材料 |
|---|---|---|
| 硫酸(200g~250g/L)铬酐(15%[①]) | 50~60 室温 | 铅，聚氯乙烯塑料 |
| 硫酸与硝酸混合液 | 50~70 | 软聚氯乙烯塑料 |
| 铬酸溶液 | 90 | 铅 |
| 盐酸溶液 | 室温 | 聚氯乙烯塑料 |
| 硫酸与盐酸混合液 | 40~60 室温 | 聚氯乙烯塑料 |
| 氢氟酸 | 室温 | 聚氯乙烯塑料 |
| 硫酸、盐酸、硝酸混合液 | 室温 | 聚氯乙烯塑料 |
| 硫酸、盐酸、硝酸混合液 | 50~65 | 聚氯乙烯塑料 |

① 15%为体积分数。

4. 电镀槽

（1）镀铬槽 镀铬槽是电镀槽中结构比较复杂的固定槽之一，一般都用蒸汽水浴加热。由于镀铬槽溶液工作时有大量的铬酸气体逸出，所以一般都安装有较强的抽风装置来保证工人的健康，避免空气污染。图 3-1 是一种采用蒸汽加温的镀铬槽外形图。它主要由铅衬里内槽、导电棒、蒸汽管道及抽风罩组成。热水浴加温的镀铬槽通过蒸汽加热时，机械振动比较大，铅衬里容易损坏。铅衬里破裂将导致镀铬溶液深入内槽，一方面振动力把铬酸液从铅衬里与槽内壁的缝隙间挤压出来，并沿外槽壁流出；另一方面，如果铅衬里不及时修补，铬

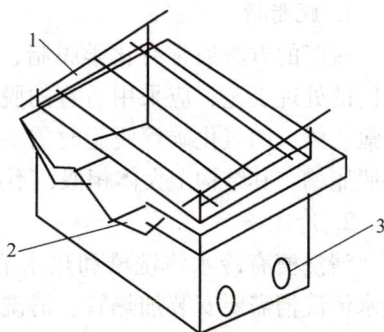

图 3-1　镀铬槽外形图
1—导电棒　2—抽风罩　3—蒸汽管道

酸将从水套中漏掉，即浪费了电镀液又造成了严重的水质污染。而把铅衬里改为硬聚氯乙烯塑料，把加热水套改为钛制蛇形加热管可以解决这一问题。

（2）化学镀镍槽　化学镀镍槽由槽体及加热装置组成，也是一个固定槽。由于化学镀镍槽工作温度约为 95℃，此温度下化学镀镍液的还原性很强，容易沉积在金属上，不宜用金属材料制作槽体及加热器，同时，电镀液对杂质很敏感，所以在实际生产中，常用化工搪瓷反应槽作为化学镀镍槽，由蒸汽管加热。对于小型的化学镀镍槽，可用耐酸搪瓷桶或耐热耐酸陶瓷槽，用水浴加热，同时槽内应松套衬一层塑料膜套，以方便除去沉积的金属。

（3）带有阴极移动装置的电镀槽　阴极移动电镀槽，由钢槽内衬聚氯乙烯塑料的槽体、导电装置、蒸汽加热管及阴极移动装置等组成。阴极移动装置则由充电机、减速器、偏心盘、连杆及极杆支撑滚轮组成。使用时应注意金属支承滚轮与钢槽壳需具有良好的绝缘。

（4）滚镀槽　滚镀槽适用于外形不复杂的小工件滚镀。滚镀的镀层比较薄，工艺时间较长，但是生产效率高，可以节约挂具费用，并且镀层表面光亮美观，应用比较广泛。对于容易产生"架桥"现象的枝杈类工件、容易相互粘贴或在滚筒中容易漂浮的薄片工件、孔内径要求有均匀镀层或者需要保持棱角的工件、要求镀层厚度超过 10μm 的工件一般不宜采用滚镀。

（5）浸渍槽　浸渍槽用来对镀后的工件浸油或浸有机膜，通常采用钢制浸渍槽。

（6）发蓝槽　发蓝槽的工作温度较高，为了保温，发蓝槽一般做成夹层的，中间填充隔热性能良好的石棉等材料。一般的加热方式为电加热。

5. 电镀槽常用的加热、导电和搅拌装置

（1）蒸汽加热　设计和使用时，可以根据升温速率、电镀液比热容以及加热管的传热系数计算所需要的加热管长度、蒸汽供应量等参数，并根据具体运行情况适当的进行调节。

（2）电加热　电加热成本高，通常应用于高温槽（如发蓝槽）及溶液性质需要使用石英玻璃管等加热时，或者电镀生产中只有少数槽需要加热而车间又没有蒸汽或其他热源时使用。

电加热设备有玻璃管电加热器、用碳钢或不锈钢制造的管状电加热元件、电热板等。电热板一般用作红外线发生器或安装在各种敞开或封闭的烘箱中作烘干用。

（3）导电装置　电镀槽或电解槽的导电杠一般是用黄铜棒、黄铜管或纯铜管制成，支撑在槽口的绝缘座上，用汇流条或软电缆连接到支流电源上。导电装置的形式常见的有两种：一种是把导电杠分别架在绝缘座上；另一种是把导电杠联成整体后架在绝缘座上。前者节约材料，高度较低。采用哪种导电装置的形式对实际电镀产品的质量没有直接影响，应根据具体情况选择。

对导电杠的一般要求是：能通过槽子所需要的电流和承受工件重量，便于擦去锈蚀。使用过程中，应在考虑电流和承重能力的一般情况下，选择适宜直径的黄铜棒或黄铜管做导电杠。在不同的电镀液介质中，还应考虑导电杠的腐蚀，应采取一定的防腐措施。例如在氯化铵型镀槽中的导电杠应经过浸锡或镀锡处理以防腐蚀。

（4）压缩空气搅拌　将经过净化的低压压缩空气，通过空气洗净塔再导入镀槽中的搅拌管道，让气泡从工件下方上升对电镀液进行搅拌。但是压缩空气搅拌有以下缺点：搅拌强弱不均匀，油和污物易与空气一起进入电镀液，使镀层易产生麻点；必须采取较大的过滤容量，不能用于含有易氧化物质的电镀液，含有润湿剂的电镀液的逸气泡有时可能产生噪声等。但对现有镀种而言，压缩空气搅拌易于获得充分搅拌，所以得到了广泛应用。

(5) 阴极移动搅拌　阴极移动一般是指阴极棒以减速电动机和凸轮为驱动在水平方向上的运动。虽然搅拌强度不高，但容易获得比较均匀的电镀液。还应指出利用阴极移动搅拌有时对某些形状的镀件可能会出现电镀液跟随工件运动而不发生扰动的搅拌死区。阴极移动搅拌主要应用在不适合于用空气搅拌的场合，有时还可以利用其上下运动来提高搅拌效果。阴极移动时，镀件表面的电镀液流动只是缓慢的流层。如果让阴极移动以振幅为 $1 \sim 100mm$、频率为 $10 \sim 1000Hz$ 振动，就可以获得电镀液的紊流，搅拌效果将会大大提高。电流密度上限也随之增大，并可以达到进行高速电镀的要求。

(6) 电镀液循环搅拌　让电镀液按一定方向流动，使工件附近的电镀液产生流动，这种搅拌程度较弱，效果不显著。当循环电镀液量大致是槽容量的 2 倍以上时，电镀液的流动方向可设计成多种形式以增加搅拌效果。

(7) 阴极旋转搅拌　阴极旋转搅拌是以 $100 \sim 200r/min$ 的速度旋转阴极进行电镀液的搅动。为了防止电镀液跟着旋转而降低搅拌效果，可同时采用空气搅拌和逆流循环电镀液相结合的方法，以获得强力搅拌。但此法适用的镀件形状是有限的。

(8) 其他搅拌方法　采用搅拌浆或超声波搅拌等方法在电镀液搅拌中也得到较多利用。前者是利用搅拌桨的旋转、上下、左右的移动进行搅拌。超声波搅拌是利用超声波对电镀液进行扰动，此法在脱脂方面的应用更为有效。

### 五、干燥设备

为了防止工件镀后锈蚀或表面有水迹影响镀层质量，一般电镀加工过程的最后一道工序是对工件进行干燥。常见的干燥方法有：大气干燥法、压缩空气干燥法、热空气吹干法、锯末干燥法、脱水剂法、远红外加热干燥法、离心干燥法等。

(1) 常见的干燥方法

1) 大气干燥法：大气干燥法又称自然干燥法，适用于允许有少量斑点的工件，例如铸件等。工件从热水中取出后，选择空气洁净、通风良好的场所，任其自然干燥。

2）压缩空气吹干法：压缩空气吹干法是用经过脱脂干燥的压缩空气通过喷嘴对工件喷吹，利用高压气体吹走水分，同时，快速流动的空气也会促使工件干燥。这是电镀中常用的方法。

3）热空气吹干法：热空气吹干法是将经电或蒸汽加热的空气吹向工件，使其表面迅速脱水而干燥。这是一种有效的干燥方法，操作简单，应用比较广泛。

4）离心干燥法：利用离心力使工件脱水达到干燥的目的，称为离心干燥法。此法对小工件的脱水较有效，但不适用于能互相紧贴或比较复杂的工件脱水。

（2）常见的干燥设备

1）离心干燥机：离心干燥机一般是由电动机、传送装置、机座、外壳、放筐套和工件筐等部件组成。使用过程中应注意工件在工件筐中的分布应均匀，比较复杂或容易损坏的工件不宜使用离心干燥法。

2）电热鼓风干燥箱：电热鼓风干燥箱在电镀生产中应用广泛。经电镀、清洗、烫干后的工件，放入干燥箱后一段时间，即可彻底除去水分。干燥箱主要由风机、电加热器、箱体、温控系统、保温层组成。工作时风机将工作室的空气及一部分新鲜空气吸入并送到电加热器加热后，再送入工作室中用于干燥工件。在工作室上方设置的排气管用于排放部分湿空气。

电热鼓风干燥箱内也可进行镀层的除氢处理。工件经过酸洗、电镀、磷化等处理后，由于有氢渗入镀层及基体金属从而有可能导致氢脆。为了消除氢脆，通常要将工件进行除氢处理。除氢温度和除氢时间一般按有关标准进行。

**六、过滤设备**

在工件电镀过程中，虽然工艺、控制及添加剂均正常，但是镀出来的工件仍然存在毛刺、麻点等缺陷，实践证明这与电镀液的清洁度有关。电镀液中所含有的机械杂质一般来源于空气中的尘埃、阳极溶解时生成的泥渣、工件前处理不净物的带入、落入镀槽中的工件腐蚀后形成的残渣，以及镀液中所含化学品生成的沉淀等，这些悬浮在电镀液中的杂质一旦粘附在工件表面并被镀层包裹后就形成毛刺，而杂质微粒粘附在工件表面一段时间后又被冲洗掉就形成麻点。因此，如果要获得光滑平整的镀层，除了合理的工艺外，电镀液必须保持洁净，而对电镀液进行循环过滤尤其重要。为了保证电镀液稳定，延长电镀液使用寿命，提高产品质量，减少损耗，就应合理地配置、使用循环过滤机，对电镀液过滤清除悬浮的杂质。

比较简单的过滤方法是自然沉降和常压过滤，这样的过滤方式电镀液的损耗很少，但是耗时较长，效率不高，因此只适用于少量贵金属电镀液的过滤。为了提高过滤效率，一般都使用加压过滤，可以进行加压过滤的设备较多，如板框过滤机、滤芯式过滤机、微孔塑料管过滤机等。

1. 过滤装置选择的原则

选择过滤装置应根据镀槽的容积、不同的电镀液、合理的选择机型、流量、滤芯种类、滤芯精度等，对于一些特殊的镀种，例如化学镀镍、镀铬溶液的循环过滤，对过滤机材料的耐温、耐酸程度都有一定的特殊要求。一般的过滤应参照下列原则进行：

（1）杂质及电镀液性质　首先要根据过滤电镀液的酸碱性以及其他化学性质选择过滤室、过滤介质和管道材料，这些材料应不被电镀液腐蚀和发生其他化学反应，应确定悬浮固体的性质、数量和大小，以选择过滤介质。

（2）过滤速度　电镀液流速的选择应能截流会引起镀层表面粗糙的 $3 \sim 10 \mu m$ 的颗粒。一般来说，选择过滤机的每小时的流量应为所有电镀液体积的 3 倍左右，这种循环量通常可以满足除去大部分固体杂质的要求，又可以提高生产效率，降低操作成本。

（3）过滤及净化的频率　如果需要电镀液较快地澄清，也可采用间歇过滤方法。如果需要确保镀层的质量稳定，应当采用连续过滤方法。一般来说，生产量较大的电镀生产采用连续过滤法，以确保电镀液长期处于清洁状态，有助于控制镀层的质量和提高生产效率。

2. 常用过滤机及滤芯类型

（1）筒式滤芯过滤机　筒式滤芯过滤机应用比较广泛。筒式滤芯过滤机是用纤维材质缠绕成的滤筒可以截留 $1 \sim 100 \mu m$ 的颗粒，尤其适用于固体含量高的电镀液过滤。过滤时，较大的固体颗粒被截留在滤芯的外层，而小颗粒则被选择地截留在滤芯的不同内层。一般来说，颗粒大的，每个滤芯在更换前截留的微粒量多；反之，则截留量少。由于致密的滤芯很快被团状微粒充填满，可长期在高流速下工作，因而电镀液的澄清速度也快。为了提高过滤速度，也可在加压方式下工作。

（2）预涂助滤剂的过滤机　预涂助滤剂的过滤机是把原过滤介质（如纸、棉布、缠绕式滤芯等）作为支撑体，在其上涂覆助滤剂，此时助滤剂也成为过滤介质，以控制滤芯的孔隙率并延长滤芯的使用寿命。

（3）蜂房式毛线滤芯　此种滤芯采用 PP 骨架，外用 PP 毛线绕制，根据线径大小一般缠绕 $6 \sim 8$ 层，从内往外一层比一层松，孔径外层大，内层小，起到深层过滤的作用。目前此种滤芯主要在循环过滤机上使用。

（4）高分子滤芯　这种滤芯采用超高分子粉末烘结而成。其毛细孔道细而弯曲，外表光洁，强度好，使用寿命长。清水阻力在 $6\% \sim 8\%$ 左右，特别适用于粉末活性炭的过滤，清洗方便。目前这种滤芯主要在周期性大处理过滤机上使用，同时适用于循环过滤。

### 七、其他电镀设备

1. 电镀挂具

电镀生产中，适当的电镀挂具对保证镀层质量、提高生产效率以及降低劳动强度都非常重要，对电镀挂具而言通常要求有较高的机械强度，良好的导电性能，质量轻，体积小，并且坚固耐用，装卸工件方便，装载量符合生产要求等。按照使用范围可以把电镀挂具分成通用挂具和专用挂具两大类。

（1）通用电镀挂具　通用电镀挂具一般是指应用范围比较广，可以用于多种电镀液体系中，并且对工件大小没有明确限制的挂具。

1）电镀挂具的结构：通用电镀挂具的结构和形状通常取决于工件的几何形状、镀层的质量要求、电镀工艺方法、电镀设备大小。通用电镀挂具一般都由 5 个部分组成，即吊钩、提杆、主杆、支杆和挂钩。这 5 个部分既可以焊接成固定形式的，也可以将挂钩和支杆分开做成可装配式的。

2）制造及使用要求：挂具底部距离电镀槽底部的距离通常为 150~200mm；工件沉入电镀液的深度为距离电镀液液面的 40~60mm；挂具距离槽壁应大于 50mm；挂具间距约 20~50mm；吊钩应有足够的导电性能，并与工件之间接触良好；对提杆、主杆、支杆同样有导电性能要求，且应有足够的机械强度，以承担工件重量；提杆的位置应高于电镀液面 80mm 以上；对于不同的电流密度，应采取适宜的挂钩形式，以免影响镀层质量，通常小电流密度采取悬挂法，电流密度较大时可采用加紧法，否则将产生气袋等缺陷，影响镀层质量。

（2）专用电镀挂具　对于几何尺寸形状比较复杂的工件，需要电镀的部位可能受到电镀液扩散、覆盖不均匀的影响，为了保证镀层的质量，通常采用比较复杂的装挂方式，如象形阳极、辅助阳极、保护阴极等。

1）辅助阳极、象形阳极电镀挂具：用于保证复杂工件、深孔件的镀层质量。

2）保护阴极挂具：防止和避免有棱角、棱边、尖顶等工件的镀层产生烧焦、粗糙和脱落等缺陷。

3）双极性内孔挂具：用于电镀内孔工件。

4）小工件电镀篮：可用于批量大的小工件电镀。

（3）挂具材料　对电镀挂具的材料一般要求成本低、机械强度高、导电性能良好、耐腐蚀等。常用的材料有钢、铜、铝等。以下介绍是几种常用的电镀挂具材料。

1）铜：铜的导电性能好，有良好的力学性能，但成本比较高，一般用于电镀挂具的挂钩。

2）钢：钢的资源丰富，成本较低，机械强度高，但导电性能较差，容易腐蚀，一般用于制作钢件的磷化、氧化、酸洗等挂具，电流密度不宜过大。

3）铝及铝合金：铝的导电性很好，质量比较轻，机械强度好，但在使用过程中容易发生表面氧化而影响其导电性能，在碱溶液中稳定性差。可以制作铝工件阳极氧化的挂具和铜工件混合酸洗的挂具。

（4）挂具的绝缘处理　为了减少电镀过程中电流在挂具上的分布，以增加工件的电流密度，加速镀层的生长，并减少挂具在退镀和酸浸蚀过程中的腐蚀，延长挂具的使用寿命，需要对电镀挂具的非接触导电的部位进行绝缘处理。对挂具的绝缘材料有如下要求：

1）耐热：当在加热的电镀液中工作时，绝缘层不应有起泡、开裂、脱落等现象。

2）绝缘：在电镀过程中以及长期在水溶液中浸泡的情况下，绝缘性能应保持良好。

3）物理化学稳定性：对电镀过程中的电镀液环境以及接触的各种化学材料应具有较好的化学稳定性，并且不溶解和发生其他物理变化。

4）较好的机械强度与表面结合能力：挂具的绝缘处理通常可以采用包扎、浸渍、沸腾硫化等方法，根据电镀生产的需要可以选择适当的绝缘处理方法。

2. 输送设备

在电镀生产中要用到大量的酸、碱、盐等化工材料。酸、碱的运输问题非常重要，不但对操作人员有潜在的危害，也容易造成环境污染，在电镀生产中应引起足够的重视。常用的输送设备有以下几种：安全运酸手推车及压缩空气输送装置、高位槽自流输送装置、负压吸酸装置。

## 第三节　电镀工艺参数的选择

电镀工艺参数的选择是重点，应掌握。

电镀中，一般由经验获得的最佳工艺参数应尽量保持不变，这样才不至于在实际使用中出现问题。电镀液的成分、预处理及后处理槽液的成分经常变化，各种各样的电镀工件其表面积大小往往也各式各样，因而需要使用不同的电镀电流或需要变更电镀时间。本节将简要介绍电镀工艺参数的选择方法。

## 一、电流密度

### 1. 局部电流密度和平均电流密度

给定金属镀层厚度的沉积所需要的电镀时间，只取决于电流密度和电流效率，但是任何电镀液只能在有限的电流密度范围内沉积出具有所要求性能的镀层，因而电流密度不能任意地选取，而必须调节电流，使工件的倾角、棱边处或工件凹处的局部电流密度都处于有效的电流密度范围内。而平均电流密度是电镀液的电镀电流除以电镀液中所有工件的总表面积而获得的商数。

### 2. 用测量探头控制电流密度

测量电流密度时，必须严格区分局部电流密度和平均电流密度。为了测量局部电流密度，研制了多种不同的探测传感器。但无论是磁探头还是双极性探头，都是为了获得等电位磁感应密度而设计的，只有在这类探头相当紧密、取向电流线空间位于所测工件相关部位前时，才能精密测出局部电流密度。由于探头恰好位于阴极表面和阳极之间，因而测量局部电流密度部位正好被阴极屏蔽。一旦探头和阴极表面的间距增大，探头的这种屏蔽效应减弱，此时，测量的不再是局部电流密度，所测结果接近于平均电流密度。所以，这种测量在实践中并没有多大意义。

### 3. 通过特性曲线控制电流密度

将已知表面积的工件以不同的件数挂在电镀液中，在相同的电流密度时，不断记下电流和电压的对应值。如果将镀槽电压和电镀液电流之间的关系用图表示，便得到所谓的特性曲线。这种方法适用于某些工件或形状相似的工件以及所具有的工作条件（如电镀液成分、电镀液温度、阳极面积、电极间距、电镀液运动、挂架的处理技术等）。如果这些条件能够很准确地保持恒定，在镀槽中任意装料时只需要注意电镀液特性曲线上的电流电压，就可以保持平均电流密度和特性曲线上的电流密度一致。

因为只有提高镀槽电压，才能提高槽液电流，从而得到这样的电压和电镀液电流的关系曲线。这一曲线表示通用的电镀液工作范围内恒定电压和与电流成比例。因此，可用这类特性曲线来确保电流密度的恒定。

4. 通过和表面积有关的参数控制电流密度

工件表面积也可以不通过计算而在实际中确定，这样便产生了能够自动保持平均电流密度的一种新的非常准确的方法。即在小型的模拟计算机上手动或自动调整决定电镀电流大小的一些参数（工件表面积、每次装料的工件数、所要求的平均电流密度），计算机迅速地从这些数据中获得结果值，此结果值相当于电镀电流的规定值。简单的电流调节器便根据规定值自动地调节电镀液电流的实际值，保证所要求的平均电流密度与其余参数无关。

5. 调整电流的其他方法

如果电镀同类工件，在一些实际情况中槽电压调整到一恒定值就可以了。如果确保每次装料的电镀工件的面积基本上相同，采用恒流调节就可以获得恒定的平均电流密度。电流稳定要求特别高时对于每个电镀工件甚至每个工件都要采用单独自动调整的电流电源。在铝的阳极氧化处理时，情况则完全不同。随着氧化层的出现，电镀电流下降而电阻上升，故阳极氧化处理的电压在开始时就应该不断增加，从而使所规定的阳极电流密度保持恒定在铝上产生固有色泽的氧化层时，需要比较特殊的电压-时间曲线图或电流-时间曲线图。不同处理方法所得的曲线图是不一样的，因而需根据具体情况具体解决。

## 二、镀层厚度

1. 电流密度-积分法检测镀层厚度

电镀金属时平均镀层厚度可以实现自动化检验。将平均电流密度进行积分，以电学方法乘上电流效率和当量质量，然后除以密度。这一计算过程所得到的结果是一个不断增加的电信号，它表示平均的镀层厚度。在预选计数器上调好镀层厚度的规定值，当积分结果达到规定值时，检测仪就发出信号。

2. 测量阴极法检测镀层厚度

如果在电镀液中使用和电镀工件相同电流密度的测量阴极，则电镀沉积期间镀层厚度的测量就可以在测量阴极上进行。对此，可以应用许多不同的测量镀层厚度的方法。这同样适用于化学还原沉积的镀层。

3. 通过测定沉积速度检测镀层厚度

这是一种判断获得某一镀层厚度所需沉积时间的可靠方法，将使电镀时的工作过程简化，因此采用这种方法能够准确地处理时间的顺序。

在检测沉积期间镀层厚度时，沉积速度是这样得到的：用电学方法测得在一定测量时间间隔内开始的层厚和结束时层厚的差值，然后用测得的差值自动地除以测量时间间隔。

### 三、镀液温度和液面高度

1. 槽液温度的控制

最佳电镀液温度的精确控制是操作监控的重要手段。氰化物镀锌液的电流效率和电镀液温度的特有变化关系对于任何一个实际操作者都是熟悉的。碱性清洗液的作用随着温度升高而显著地改变，甚至连光亮剂的消耗也受电镀液温度的影响。化学还原性金属电镀液的稳定性和沉积速度主要取决于温度。类似的情况很多。

电镀液温度的测量和调节可使用各种各样的测量传感器，如接触式温度计、电阻温度计和使用半导体测量传感器的电子测量装置等。

2. 电镀液液面高度的控制

如果将面积很大的电镀液加热，蒸发的水分很多，电镀液就需要不断地进行补充，因而电镀液液面调节非常重要。由于水分的蒸发，电镀液中所有成分的浓度也不断地增加，因此，在电镀液取样前，要不断地补充直到达到调整标注线。电镀液浓度的自动控制是以电镀液液面调整为前提的。可以用电镀液回收槽的水补充电镀液液面。

### 四、电镀时间

1）电镀时间与被镀金属的电沉积速度成正比。

2）电镀时间与所要求的镀层厚度成正比。

3）电镀时间与电流密度的大小成正比。

以上三个因素是我们给定电镀时间的基本依据，特别是镀种不同、镀层厚度要求不同电镀时间只能给出一个范围值，如果每次电镀的工件种类（面积和数量）是个定数，那么这时我们给出的电镀时间就可以是一个固定的值，当然这个值也不总是固定不变的，它也要根据工件镀后镀层的检验结果（特别是镀层厚度）随时调整电镀时间。

## 第四节　电镀技术要求

### 一、镀层种类的选择

金属镀层的分类可以按照镀层的使用范围来分类，也可以按照镀层与基体金属间的电化学关系来分类。各种镀层的应用范围则与它的物理化学性质有关。就镀层的使用目的来说，可以把金属镀层分为下述几种：

1. 防护性镀层

该镀层主要用于防止金属制件的锈蚀。应根据制品材料、使用环境及工作条件的具体情况，选用不同的金属镀层来防止制件腐蚀。如黑色金属制件，在一般湿热大气条件下可以用锌镀层来保护；在海洋性盐雾条件下可以用镉镀层保护。

2. 防护-装饰性镀层

要求该镀层不但能防止制件腐蚀，而且能赋予制件某种经久不变的光泽外观。这类镀层多为多层镀覆，即首先在制件基体上镀上底层，而后再镀表层，例如，电镀镍-铬即是典型的防护-装饰性镀层。

### 3. 耐磨和减摩镀层

前者是借提高表面硬度以增加其抗磨损能力，在工业上多采用镀硬铬。后者多用于滑动接触面，在这些接触面上镀上能起固体润滑剂作用的韧性金属（减摩合金），就可以减少滑动摩擦。

### 4. 热加工保护用镀层

不少机械零件为了改善它的表面物理性能，常常要进行热处理。但对零件来讲，某些部位不允许改变它原来的性能，那就要把该部位保护起来。例如防止局部渗碳即可采取镀铜。

### 5. 导电性镀层

在电子通信技术中，大量使用提高表面导电性能的镀层，如镀铜、镀银等。

### 6. 修复性镀层

一些重要的机械零部件磨损以后，可以采用电镀法予以修复，用于修复性的镀层有镀铜、镀铁、镀铬等。

### 7. 其他镀层

为了增加钢丝和橡胶热压时的粘合性，可在钢丝上镀上黄铜。为了抵抗硫酸和铬酸的腐蚀，可采取镀铅。为了增加反光能力，可采取镀铬、镀银等。

## 二、镀层质量要求

产品零件的耐蚀性能与镀层的合理选择以及镀层本身的质量密切相关。各种镀层应控制的质量项目见表3-4。

表3-4　镀层的质量控制项目

| 镀 层 类 别 | 质量控制项目 |
|---|---|
| 阳极性镀层 | 外观、厚度、耐蚀性、结合力 |
| 阴极性镀层 | 外观、厚度、耐蚀性、结合力、孔隙率 |
| 覆盖层 | 外观、膜厚、膜层重量 |
| 特殊用途 | 外观、硬度、耐磨性、绝缘性、导电性、焊接性 |
| 识别标记 | 外观、厚度、膜层重量、耐晒能力 |

1. 外观质量要求

1）镀层颜色应符合各镀种质量规定的外观要求。

2）镀层结晶应致密，表面光滑平整，有的要求具有一定的光亮度，能够在较长时间内保持镀层的良好装饰外观，而且可以更有效地发挥镀层所具有的各种功能。

2. 镀层厚度

根据产品的类型、特性、使用条件和寿命，确定镀层厚度。电镀液的性质、阴阳极的形状、距离、面积比都会影响镀层的厚度和均匀性。在同一零件上，内部镀层厚度比外部薄，凹陷部分比凸出部分薄；同一平面上，中间部分镀层厚度比边缘部分薄；小而深的孔、尤其是不通孔或槽、缝隙中，甚至没有镀层。检测镀层厚度时，零件上凡直径 19mm 的钢球所能接触到的部位，其镀层厚度均应符合厚度系列规定的最低值。

3. 镀层的结合力

镀层与基体之间的结合能力，取决于基体材料类别、工艺方法、镀前处理和工序间质量。镀层结合力的好坏，不仅影响其对基体金属的保护能力，有时甚至影响产品的使用性能。鉴定镀层结合力的方法有多种，根据零件的基体材料、形状、用途，选择适当的检验方法。镀层应与基体牢固结合，不能有气泡、剥落等现象。

4. 镀层的孔隙率

对阳极性镀层虽然也要求其均匀和致密，但在生产中一般不检测其孔隙率。阴极性镀层的孔隙率对其防护性能影响很大，但是通常作为工艺性镀层要求控制其孔隙率外（如防渗碳镀铜），各标准中通常都只控制装饰铬镀层的孔隙率。

5. 镀层的内应力

几乎所有的金属镀层都存在着内应力，但是其应力种类、应力值的大小，与被镀金属种类、表面状态、镀层的类型、电镀液成分、有机添加剂、电镀液温度、pH 值、电流密度有关。

6. 镀层的耐蚀性

镀层质量的主要指标是其耐蚀能力和保护性能。鉴定耐蚀性的常用方法有：

1）中性盐雾试验。

2）醋酸盐雾试验。

3）周期浸润腐蚀。

4）腐蚀膏。

5）点滴法。

6）电化学测试。

7）大气曝晒。

8）全浸试验。

## 第五节　编制不锈钢镀银工艺流程训练实例

不锈钢镀银简易通用工艺流程为：工件验收→水基清洗剂清洗→装挂→电化学脱脂→流动热水洗涤→流动冷水洗涤→预镀镍→流动冷水洗涤→中和→流动冷水洗涤→预镀银→镀银→流动冷水洗涤→流动热水洗涤→干燥→驱氢处理→检验。

## 复习思考题

1. 工艺流程方案设计的依据是什么？

2. 工艺流程验证的内容有哪些？

3. 在使用蒸馏器时，一般应注意哪些事项？

4. 电源选择应该注意什么要求？

5. 喷砂机的主要工作原理及适用范围是什么？

6. 电镀槽的导电杠有什么要求？

7. 常见的干燥方法有哪些？

8. 电镀挂具的制造与使用有什么要求？

9. 对电镀挂具的绝缘材料有什么要求？

10. 怎样通过特性曲线来控制电流密度？

11. 确定电镀时间的基本依据有哪些？

12. 镀层耐蚀性的鉴定方法有哪些？

# 第四章

# 特殊材料工件电镀

**培训学习目标** 了解常见特殊材料工件电镀的特点，熟练掌握铝、不锈钢等常见特殊材料的电镀工艺，能够独立进行操作。

## 第一节 铝件电镀

### 一、概述

铝及其合金是应用最广泛的金属材料之一，具有导电性能好，传热快，密度小，比强度高，易于成形等优点。但是铝及其合金也有硬度低，不耐磨，易发生晶间腐蚀，不易焊接等缺点，影响其应用范围和使用寿命。经过电镀之后可扬长避短，赋予防护-装饰和功能性用途，可延长使用寿命和扩大应用范围。

1. 铝及其合金电镀的主要性能特点

1）改善装饰性。

2）提高表面硬度与耐磨性。

3）降低摩擦因数，改善润滑性。

4）提高表面导电性能。

5）提高耐蚀性（包括与其他金属组合）。

6）易于焊接。

7）提高与橡胶热压合时的结合力。

8）提高反光率。

9）修复尺寸公差。

2. 铝及其合金电镀的问题

铝的电镀比其他金属的电镀要困难得多，主要是镀层结合力不良。其原因主要是：

1）铝的化学性质活泼，表面总有一层氧化膜存在。

2）铝是两性金属，没有适合直接电镀的电镀液。

3）铝的化学性质活泼，能与许多金属发生置换反应。

4）铝的线胀系数大。

5）铝基体与镀层之间常有氢气存在，容易产生鼓泡。

> 铝件电镀的关键之一是清除工件上的氧化膜并防止其重新生成。

因此，提高铝的镀层结合力的关键在于仔细清除铝件表面上的自然氧化膜，并防止它重新生成。通常要在铝基体上预镀一层与之结合强固的底层或中间层。铝和底层金属的结合要满足如下条件：①完全无氧化膜和油污的清洁表面。②与铝直接接触的底层金属要与铝的点阵常数比较接近，而且原子半径较小，如果是形成合金则要有较高的固溶度，以利于镀层在原沉积层上延伸。实践表明在洁净的铝表面上浸锌、锌铁合金、锌镍合金和浸镍等可满足上述要求，而与锌及锌合金底层有良好结合力的中间层是氰化镀铜。

## 二、铝件镀前预处理

铝及其合金电镀的好坏主要取决于镀前的表面预处理质量。

1. 脱脂

（1）有机溶剂脱脂　对于油污较多的铝件在化学脱脂前先用溶剂粗脱脂。常用的溶剂有煤油、汽油、三氯乙烯或四氯化碳等。由于有机溶剂易挥发，毒性大，易燃，现在已很少使用。市售的一些脱脂剂实际上是在某些有机溶剂中添加表面活性剂和水制成的乳化脱脂剂（如某些市售的冷脱脂剂）。

（2）化学脱脂　铝件的化学脱脂配方很多，不同的材质配方略有不同，一般不加氢氧化钠，脱脂时间不可过长。化学脱脂工艺规范见表4-1。

表4-1　化学脱脂工艺规范

| 配　方<br>溶液组成和操作条件/(g/L) | 1 | 2 | 3 |
|---|---|---|---|
| 氢氧化钠 | — | — | 15～20 |
| 磷酸三钠 | 23 | 30～40 | 25～30 |
| 碳酸钠 | 23 | 50～60 | 40～50 |
| 温度/℃ | 70～80 | 60～70 | 60～80 |
| 时间 | 1～3min | 产生气泡后30s | 0.5～1min |
| 适用范围 | 一般铝合金 | 精密零件，可不再进行碱浸蚀 | 可代替碱浸蚀 |

（3）电化学脱脂　铝件电化学脱脂只能采用阴极电解脱脂。电化学脱脂工艺规范见表4-2。

表4-2　电化学脱脂工艺规范

| 配　方<br>溶液组成和操作条件/(g/L) | 1 | 2 |
|---|---|---|
| 磷酸三钠 | 10 | 25～30 |
| 硅酸钠 | 5 | 5 |
| 碳酸钠 | 10 | 25～30 |
| 温度/℃ | 60 | 70～80 |
| 电流密度/(A/dm²) | 10 | 2～5 |
| 时间/min | <1 | 1～3 |
| 适用范围 | 一般铝合金 | 铝及铝合金 |

2. 浸蚀

在铝及合金上电镀要选择适合于不同合金成分的浸蚀工艺，以去除表面的自然氧化膜，达到活化基体和提高镀层结合力的目的。铝是两性金属，既可以用碱浸蚀也可以用酸浸蚀，除一般浸蚀外，还有光泽浸蚀、化学砂面处理等特殊的浸蚀工艺。

57

（1）碱浸蚀　碱浸蚀可去除表面污物、氧化膜，可代替化学脱脂，适合一般表面要求和加工精度不高的铝件。碱浸蚀的工艺规范见表4-3。

表4-3　碱浸蚀的工艺规范

| 溶液组成和操作条件/(g/L) 配方 | 1 | 2 |
|---|---|---|
| 氢氧化钠 | 50～100 | 40～60 |
| 氟化钠 | — | 40～60 |
| 温度/℃ | 50～60 | 40～60 |
| 时间/min | 0.5～1 | 0.5～2 |
| 适用范围 | 一般铝及铝合金 | 铝合金 |

（2）酸浸蚀　铝及铝合金碱浸蚀后表面残留一层浸蚀残渣，主要是铜、镁、硅等不溶于碱的物质，俗称挂灰，必须在酸性溶液中出光，去除腐蚀残渣，电镀后镀层才能获得良好的结合力。酸浸蚀的工艺规范见表4-4。

表4-4　酸浸蚀的工艺规范

| 溶液组成和操作条件/(mL/L) 配方 | 1 | 2 | 3 | 4 | 5 |
|---|---|---|---|---|---|
| 浓硝酸(65%)① | 500 | 500 | 750 | — | 500 |
| 浓硫酸(98%)① | — | — | — | 140 | — |
| 氟化钠/(g/L) | — | — | — | — | 3～5 |
| 氢氟酸(40%)① | — | 500 | 250 | — | — |
| 温度/℃ | 室温 | 室温 | 室温 | 室温 | 室温 |
| 时间/s | 5～15 | 10～30 | 5～30 | 2～5min | 10～30 |
| 适用范围 | 一般铝及其合金 | 含硅质量分数为10%以上的铝合金 | 含硅质量分数为10%以下的铝合金 | 铝镁、铝镁硅合金 | 铝及其合金的光泽浸蚀 |

① 表中65%、98%、40%均为质量分数。

（3）特殊的浸蚀工艺　铝及其合金用于装饰上经常需要光泽的表面或砂面处理，一般的碱蚀和出光无法达到其要求。目前很多表面处理材料供应商都提供铝合金的化学、电化学抛光药水和砂面处理剂。常用的铝合金化学、电化学抛光工艺见表4-5。磨砂铝材表面具有细腻柔和、无挤压模纹的特点，因此倍受消费者欢迎。目前铝合金化学砂面处理剂是以氢氧化钠为基液，添加磷酸三钠、氟化钠、氟化氢铵及葡萄糖酸盐、庚酸盐、糊精和阿拉伯胶等物质组成，种类繁多，配方各不相同，可根据需要选用。

**表4-5　铝合金化学、电化学抛光工艺**

| 配方<br>溶液组成和操作条件/(g/L) | 1 | 2 | 3 | 4 | 5 |
|---|---|---|---|---|---|
| 氢氧化钠 | 100 | — | — | — | — |
| 硝酸钠 | 100 | — | — | — | — |
| 亚硝酸钠 | 70 | — | — | — | — |
| 磷酸钠 | — | — | 150 | — | — |
| 碳酸钠 | — | — | 50 | — | — |
| 氢氟酸/(mL/L) | — | — | — | 30 | — |
| 磷酸/(mL/L) | — | 850 | — | — | 100 |
| 硫酸/(mL/L) | — | — | — | 170 | 600 |
| 铬酐 | — | — | — | — | — |
| 硝酸/(mL/L) | — | 50 | — | — | 10 |
| 冰乙酸/(mL/L) | — | 100 | — | — | — |
| 水/(mL/L) | — | — | — | — | 200 |
| 温度/℃ | 90～100 | 80～100 | 80～90 | 60～70 | 95 |
| 阳极电流密度/(A/dm²) | — | — | 3～5 | 10～15 | 15～20 |
| 电压/V | — | — | 12～15 | 10～15 | — |
| 时间 | 30～90s | 2～15min | 5～8min | 10～15min | 20min |

### 三、特殊处理

经过碱浸蚀和酸浸蚀出光的铝及其合金工件，表面去除了油污露出了新鲜的基体，但是由于铝的化学性质十分活泼，直接在电镀液中电镀很容易发生化学反应，使基体受到腐蚀或产生置换层，影响镀层的结合力。因此，需要采取一些特殊的中间处理工艺，以保证铝镀层的结合力。

**1. 喷砂**

喷砂的主要目的是清除铝件表面自然氧化膜并粗化表面，以加强镀层与基体的结合力。喷砂后的工件经脱脂、出光后，在盐酸、硫酸或碱的浸蚀液中活化即可直接镀铜或镀镍。若要镀硬铬，则脱脂、出光后可直接电镀，开始的 2～4min 内要用两倍于正常电流密度进行冲击电镀，然后降至正常电流密度电镀。

**2. 浸锌**

> 应熟练掌握浸锌的操作方法。

浸锌和锌镍合金是目前使用最广泛的铝件上电镀打底方法。经过脱脂、碱浸蚀及出光的铝合金工件在锌酸盐中化学浸锌，残留于表面上的氧化膜即被溶解而露出铝基体，同时置换上一层极薄的锌层，当锌层完全覆盖铝基体时反应停止。铝合金中含有镁、硅、铜等化学元素时，处理铝合金时常在浸锌溶液中加入少量的三氯化铁，锌和铁共沉积可改善镀层结合力和提高耐蚀性。

第一次浸锌层粗糙多孔，镀层结合力不良，铝基体表面还残留部分氧化膜，因此一般应采用二次浸锌，即第一次在浓度较高的锌酸盐中进行，与铝基结合的内层是锌铁合金，而外层是纯锌。然后在1:1 硝酸溶液中将表面锌层和残留的部分氧化膜溶去，清洗后再在稀一些的锌酸盐中进行第二次浸锌，即可获得均匀、致密的锌层。

现在生产上大都采用浸锌镍合金，因为它具有光泽，能直接镀镍、镀铬。电镀材料供应商提供的浸锌液大都为锌镍铁合金，一次浸锌和二次浸锌采用同一种溶液。浸锌镍合金的溶液中含有少量氰化物，无氰化物则镍无法析出。一些专利浸锌工艺提供了无氰浸锌溶液。铝合金浸锌、锌镍合金工艺规范见表4-6。因材质不同浸锌镍合金的外观也不同，纯铝为灰色，硬铝为青灰至浅褐色，高硅铝为深灰至灰黑色。

表 4-6　铝合金浸锌及锌镍工艺规范

| 配　方<br>溶液组成和<br>操作条件/(g/L) | 1 | 2 | 3 | 4 |
|---|---|---|---|---|
| 氢氧化钠 | 500 | 300 | 120 | 100 |
| 氧化锌 | 100 | 75 | 20 | 5 |
| 三氯化铁 | 1 | 1 | 2 | 2 |
| 酒石酸钾钠 | 10 | 10 | 50 | 20 |
| 硝酸钠 | — | — | 1 | 1 |
| 氟化钠 | — | — | — | — |
| 氰化钠 | — | 1 | — | 3 |
| 氯化镍 | — | — | — | 15 |
| 温度/℃ | 15～25 | 10～25 | 20～25 | 10～30 |
| 时间/s | 30～60 | 30～60 | 30 | 30～40 |
| 适用范围 | 一般铝及其合金 | 铝硅合金 | 二次浸锌 | 浸锌镍合金 |
| 时间/s | 30～60 | 30～60 | 30 | 30～40 |

**3. 浸重金属**

浸锌法的主要缺点是在潮湿的腐蚀性环境中锌相对于镀覆金属是阳极，锌将受到横向腐蚀，并最终导致镀层剥落。为了克服这一缺点，可改用浸重金属，铝合金浸重金属工艺规范见表 4-7。

表 4-7　铝合金浸重金属工艺规范

| 配　方<br>溶液组成和操作条件/(g/L) | 1 | 2 | 3 |
|---|---|---|---|
| 氢氧化钠 | 4 | — | — |
| 锡酸钠 | 65 | — | — |
| 三氯化铁 | — | 20 | — |
| 氯化镍饱和溶液/(mL/L) | — | — | 970～980 |
| 盐酸/(mL/L) | — | 16～17 | 20～22 |
| 氧化锌 | — | — | 40 |

（续）

| 配　方 溶液组成和操作条件/(g/L) | 1 | 2 | 3 |
|---|---|---|---|
| 酒石酸钾钠 | 3 | — | — |
| 温度/℃ | 15~25 | 90~95 | 室温 |
| 时间/s | 30 | 30~60 | 30~60 |

#### 4. 磷酸阳极氧化

铝及其合金在磷酸中阳极氧化可获得大孔径的氧化膜层，该膜层可防止铝在电镀槽中发生置换反应，提高镀层的附着力。阳极氧化后在含氰化钠质量分数为6%~8%的溶液中进一步扩孔，则更容易电镀，扩孔时间纯铝为15min、铝合金为5min。铝及其合金阳极氧化工艺规范见表4-8。

磷酸阳极氧化时要不断搅拌溶液，防止局部溶液温度过高。在阳极氧化膜上电镀镍时要带电入槽，开始时电流密度为1A/dm²，30s后升到正常规范要求。本法不适用于纯铝和铸铝，形状复杂的工件电镀效果也不佳。

表4-8　铝及其合金阳极氧化工艺规范

| 配　方 溶液组成和操作条件/(g/L) | 1 | 2 | 3 | 4 |
|---|---|---|---|---|
| 磷酸 | 350 | 300~420 | 600~720 | 200 |
| 草酸 | — | 1 | 1 | 1 |
| 硫酸 | — | 1 | 1 | 250 |
| 十二烷基硫酸钠 | — | 1 | 1 | 0.1 |
| 阳极电流密度/(A/dm²) | 1.2~1.3 | 1~2 | 2.5~4 | 3~3.5 |
| 电压/V | 30~40 | 30~60 | 18~30 | 10~13 |
| 温度/℃ | 30~33 | 25 | 35~40 | 30~40 |
| 时间/min | 10 | 10~15 | 4~5 | 5~10 |
| 适用范围 | 3003、5052、6061、6063 | 纯铝、一般铝合金 | 铝铁硅合金 | 铝镁铜合金 |

5. 盐酸浸蚀

含硅质量分数大于0.1%的铝及其合金在盐酸中浸蚀时,表面上的铝溶解后只剩下不宜氧化的硅-铝化合物和其他合金元素,从而可获得结合力好的镀层。其工艺规范见表4-9。

表4-9 铝及其合金盐酸浸蚀工艺规范

| 溶液组成和操作条件/(mL/L) | 配　方 | | | | | |
|---|---|---|---|---|---|---|
| 盐酸(36%)① | 300 | | | | | |
| 温度/℃ | 室温 | | | | | |
| 时间/min | 1~3 | 3 | 5~7 | 0.5 | 0.5 | 0.5 |
| 适用范围 | 工业纯铝 | 5A06(LF6) | 3A21(LF21) | 7A04(LC4) | 2A12(LY12) | 铸铝 |

① 表中36%为质量分数。

### 四、铝件预镀

为保证镀层有良好的附着力,经过脱脂、碱浸蚀、出光和浸锌等处理后,还需进行预镀。因浸锌层极薄,镀其他金属必须选择适合的电镀工艺,如镀锌、镀铜、氰化镀银、镀镍等。无论何种电镀液,如有透过锌层腐蚀铝基的现象都会导致劣质镀层。

当在铝合金上电镀硬铬、锌或氰化镀黄铜时,浸锌后可直接电镀,而不必预镀。

1. 电镀薄锌层

为降低成本,简化工序,铝合金工件经前处理后可直接镀一层薄锌层打底后再镀铜,镀铜可采用氰化镀铜工艺。为减少对铝基体的浸蚀,应采用含碱较低的氰化镀锌工艺。

2. 预镀铜

铝及其合金经浸锌或电镀薄锌层后,应立即预镀一层铜,作为电镀其他镀层的底层。预镀铜可采用焦磷酸盐镀铜、HEDP镀铜和氰化镀铜,其中氰化镀铜应用最广,效果也较好。预镀氰化铜溶液的游离氰不宜高(4~5g/L为宜),可加入少量碳酸钠,不加氢氧化钠。电镀时先大电流密度镀1~2min再在正常电流密度下电镀

5～10min，时间过长或过短均不好。

3. 预镀中性镍

为了减轻对铝基体的腐蚀，通常在 pH 值为中性的镀镍溶液中预镀镍。其工艺规范见表4-10。

**表4-10　铝及其合金预镀中性镍工艺规范**

| 溶液组成和操作条件/(g/L) | 配　方 | 溶液组成和操作条件/(g/L) | 配　方 |
|---|---|---|---|
| 硫酸镍 | 140 | pH | 6.8～7.2 |
| 硫酸铵 | 35 | 温度/℃ | 50～65 |
| 氯化镍 | 30 | 电流密度/(A/dm²) | 2 |
| 柠檬酸钠 | 140 | 时间/min | 5 |
| 葡萄糖酸钠 | 30 | | |

4. 化学镀镍

铝及铝合金预处理后直接化学镀镍的镀层结合力很好。一般来说，选用碱性化学镀镍或专门的铝及其合金预镀化学镍工艺效果比较好。采用酸性化学镀镍液时，下槽后即在 1～2A/dm² 阴极电流密度下通电30s，再继续化学镀。经化学镀镍的工件可直接镀其他电镀层。镀后在 165℃ 下热处理 1h，可提高镀层的结合力。

**五、铝件电镀**

铝及其合金种类繁多，镀前处理方法各异，选择的工艺流程各不相同。实际生产中应根据其材质、用途及后续镀层选择适合的工艺流程。铝及其合金电镀的典型工艺流程如下：

1. 浸锌合金

（1）一般铝及其合金工件浸锌合金工艺流程　有机溶剂脱脂→干燥→化学脱脂→热水洗→冷水洗→碱浸蚀→热水洗→冷水洗→出光（酸浸蚀）→冷水洗→第一次浸锌→冷水洗→退锌→第二次浸锌→冷水洗→预镀（铜、镍）→电镀（化学镀）。

（2）表面比较清洁的精密铝合金工件浸锌合金工艺流程　化学脱脂→热水洗→冷水洗→电化学脱脂→热水洗→冷水洗→酸浸蚀→冷水洗→第一次浸锌→冷水洗→退锌→第二次浸锌→冷水洗→预镀

（铜、镍）→电镀（化学度镀）。

（3）浸锌后直接电镀 浸锌后可不预镀直接在浸锌层上镀锌、黄铜、硬铬。镀硬铬开始时要在较低温度下起镀，电流密度从 $15A/dm^2$ 逐步提高到 $30A/dm^2$ 或更高。铬镀层不是沉积在锌层上，而是将薄锌溶解，铬沉积在露出的铝基体上，因而镀层结合力很好。

上述流程中浸锌也可换作浸锌镍合金或浸重金属离子，浸后可直接电镀铜、半光亮镍、亮镍。如果是化学浸锡，浸锡后可不经清洗，直接电镀铜锡合金（氰化），再镀其他镀层。

2. 阳极氧化后直接电镀

有机溶剂脱脂→干燥→化学脱脂→热水洗→冷水洗→碱浸蚀→热水洗→冷水洗→出光（酸浸蚀）→冷水洗→磷酸阳极氧化→冷水洗→扩孔→冷水洗→电镀。

本法不适用于纯铝和铸铝。

3. 化学镀镍

有机溶剂脱脂→干燥→化学脱脂→热水洗→冷水洗→碱浸蚀→热水洗→冷水洗→出光（酸浸蚀）→冷水洗→化学镀镍→冷水洗→活化→冷水洗→电镀。

4. 电镀薄锌层

有机溶剂脱脂→干燥→化学脱脂→热水洗→冷水洗→碱浸蚀→热水洗→冷水洗→出光（酸浸蚀）→冷水洗→电镀薄锌层→冷水洗→预镀氰化铜→热水洗→冷水洗→活化→电镀。

5. 喷砂＋活化＋直接电镀

有机溶剂脱脂→干燥→喷砂→活化（碱或酸）→水洗→电镀。

6. 盐酸浸蚀＋预镀

有机溶剂脱脂→干燥→化学脱脂→热水洗→冷水洗→碱浸蚀→热水洗→冷水洗→出光（酸浸蚀）→冷水洗→盐酸浸蚀→冷水洗→电镀。

**六、操作注意事项**

应熟练掌握操作步骤。

1）铝及其合金经过浸蚀后的各道工序必须迅速进行，工序之间的间歇时间越短越好，以免表面氧化。

2）铝件与挂具必须接触良好，材料宜用铝合金，氧化处理的挂具可用钛材制作，其他挂具可用铜材制作。

3）铝件进入酸浸蚀之前应将水尽可能甩干，以免产生局部过腐蚀现象。

4）铝及其合金二次浸锌时，第二次浸锌时间不宜长，以生成一层结合力良好的均匀的薄锌层为宜。

5）水洗必须彻底，必要时要洗涤数次或浸一定时间，尤其不要将重金属离子带入电镀液中。

6）在热电镀液中电镀的铝件，应先在热水槽中进行预热处理。

7）铝及其合金化学镀镍时，为了获得良好的镀层结合力和耐蚀性，往往也需要二次浸锌并预镀镍。

8）电镀过程中要防止中途断电。

9）铝件电镀均需带电入槽，防止置换层的产生。

## 第二节　不锈钢工件电镀

### 一、概述

不锈钢种类繁多，主要有耐大气腐蚀不锈钢（也叫马氏体不锈钢，如 0Cr13、1Cr13、2Cr13 等）、不锈耐酸钢（奥氏体不锈钢，如 0Cr18Ni9、1Cr18Ni9 等）、铁素体不锈钢（如 0Cr17Ti）等。随着经济的发展，不锈钢的应用领域不断扩展，用量增长很快。在不锈钢上电镀适当的金属，可改善其性能，如钎焊性、导热性、导电性以及在制作弹簧或拉丝时改善润滑性能等。

不锈钢表面有一层自然生成的氧化膜，此膜去除后又能迅速生成，使不锈钢表面钝化，因此按一般钢铁零件的电镀工艺不能获得附着力好的镀层，必须采取特殊的工艺才能获得合格的镀层。

### 二、不锈钢工件的镀前预处理

不锈钢工件的镀前预处理主要包括脱脂和浸蚀。

1. 不锈钢工件脱脂

对于油污很重的不锈钢工件应先用有机溶剂脱脂，再进行化学脱脂，最后进行电化学脱脂。一般情况下可不用有机溶剂脱脂，而直接进行化学脱脂，化学脱脂的工艺规范与普通钢铁件化学脱脂相同。

不锈钢工件电化学脱脂所用的溶液与普通钢铁件相同，但不锈钢工件采用阴极电解脱脂，一般不使用阳极电解脱脂。

2. 不锈钢工件浸蚀

经过热处理的不锈钢工件表面往往附有致密的氧化皮，这层氧化皮中含有大量的铬、镍、铁的复杂氧化物，采用一般方法很难去除。而采用喷砂、喷丸等机械方法可以有效地去除不锈钢表面的氧化皮。若采用化学浸蚀方法，则应先松动工件表面的氧化皮，再在酸性溶液中浸蚀，然后去除腐蚀残渣。松动不锈钢工件表面氧化皮的工艺规范见表 4-11。但是，对于没有厚氧化皮的不锈钢工件（如经过机加工的不锈钢工件），则可直接在酸性溶液中进行浸蚀。

表 4-11　松动不锈钢工件表面氧化皮的工艺规范

| 配　　方<br>溶液组成和操作条件/(g/L) | 1 | 2 | 3 |
|---|---|---|---|
| 氢氧化钠 | — | 600～800 | 650～750 |
| 硝酸钠 | — | — | 200～250 |
| 硝酸 | 80～120 | — | — |
| 阳极电流密度/($A/dm^2$) | — | 5～10 | — |
| 温度/℃ | 室温 | 140～145 | 140～145 |
| 时间/min | 60 | 8～12 | 20～60 |

不锈钢的浸蚀液主要有以下几种类型：

（1）盐酸-硫酸型　该浸蚀液以盐酸为主，成分简单，浸蚀效果好，对基体金属腐蚀得比较缓慢，但需要加热，浸蚀后留在工件表面上的残渣较多。这类溶液多用于一般工件的浸蚀。

（2）盐酸-硝酸型　该浸蚀液对氧化皮和基体金属都有很强的溶解能力，浸蚀后的工件表面比较光亮、洁净，但控制不当时，容易出现过腐蚀现象。

（3）硝酸-氢氟酸型　该浸蚀液对氧化皮有较强的溶解和松动能力，对基体的腐蚀速度则比盐酸-硝酸型浸蚀液低得多，浸蚀后的工件表面残渣较少，但是氢氟酸有毒，在使用时必须有良好的通风，注意防护和污水处理。

（4）硝酸-氢氟酸-盐酸型　该浸蚀液浸蚀速度快，对基体有一定腐蚀，调整三种酸的浓度比，就可以得到浸蚀、抛光等多种性能的溶液。但是氢氟酸有毒，抛光型溶液容易产生过腐蚀。

（5）高铁盐型　该浸蚀液对基体金属有一定的保护作用，浸蚀反应比较缓和，浸蚀后的工件表面光洁。其缺点是对于厚氧化皮浸蚀能力较弱。适用于精密工件的浸蚀。

不锈钢浸蚀液成分及工艺规范见表4-12。

**表4-12　不锈钢浸蚀液成分及工艺规范**

| 配方<br>溶液组成和操作条件/(g/L) | 1 | 2 | 3 | 4 |
|---|---|---|---|---|
| 盐酸 | 3 份 | — | 60 ~ 80 | — |
| 硝酸 | 2 份 | 300 ~ 400 | 250 ~ 300 | — |
| 氢氟酸 | — | 80 ~ 140 | 100 ~ 120 | — |
| 硫酸 | — | — | — | 140 ~ 160 |
| 硫酸铁 | — | — | — | 90 ~ 100 |
| 水 | 5 份 | — | — | — |
| 温度/℃ | 55 ~ 60 | 室温 | 室温 | 室温 |
| 时间/min | — | 15 ~ 40 | 5 ~ 10 | 5 ~ 10 |
| 适用范围 | 含镍不锈钢光亮浸蚀 | 奥氏体不锈钢去除厚氧化皮 | 奥氏体不锈钢光亮浸蚀 | 精密工件 |

不锈钢浸蚀残渣可用强氧化性溶液去除，也可在碱性溶液中进行阳极电解去除。由于所用强氧化性溶液中含有强酸或铬酐，污染严重，因而不推荐使用。实际生产中常用阳极电解法去除不锈钢浸蚀残渣。

### 三、不锈钢工件的活化和预镀

不锈钢工件经脱脂和浸蚀后，还不能直接电镀，需要进一步活化和预镀才能获得良好的镀层结合力。常用的方法有不锈钢浸渍活化、不锈钢阴极活化、不锈钢同时活化和预镀、不锈钢分别活化和预镀以及镀锌活化。

1. 不锈钢浸渍活化

不锈钢浸渍活化的工艺规范见表4-13。

表4-13 不锈钢浸渍活化的工艺规范

| 配　方<br>溶液组成和操作条件/(mL/L) | 1 | 2 |
|---|---|---|
| 浓盐酸 | — | 1 |
| 浓硫酸 | 200 ~ 500 | 10 |
| 温度/℃ | 65 ~ 85 | 室温 |
| 时间/min | 析出气体后再持续1min以上 | 0.5 |

注：1. 使用配方1时，若1min后仍无反应，则用碳棒与工件接触。
　　2. 配方2适用于不锈钢直接镀铬。电镀时带电下槽，先小电流密度活化，再逐步提高阴极电流密度至正常范围。

2. 不锈钢阴极活化

不锈钢阴极活化的工艺规范见表4-14。

表4-14 不锈钢阴极活化的工艺规范

| 配　方<br>溶液组成和<br>操作条件/(mL/L) | 1 | 2 | 3（第一次） | 3（第二次） | 4 |
|---|---|---|---|---|---|
| 浓盐酸 | — | 50 ~ 500 | 100 ~ 300 | — | 150 ~ 200 |
| 浓硫酸 | 50 ~ 500 | — | — | 50 ~ 500 | — |
| 温度/℃ | 室温 | 室温 | 室温 | 室温 | 室温 |
| 阴极电流密度/(A/dm²) | 0.5 ~ 5 | 2 | — | 0.5 ~ 3 | 1 ~ 2 |
| 时间/min | 1 ~ 5 | 1 ~ 5 | 0.5 ~ 1 | 1 ~ 5 | 先阳极电解1min，然后再阴极电解2min |

3. 不锈钢同时活化和预镀

不锈钢同时活化和预镀的工艺规范见表4-15。

表4-15　不锈钢同时活化和预镀的工艺规范

| 配方<br>溶液组成和操作条件/(g/L) | 1 | 2 | 3 |
|---|---|---|---|
| 氯化镍 | 240 | 240 | 30～300 |
| 浓盐酸/(mL/L) | 85 | 130 | 15～60 |
| 铁 | ≥7.5 | — | — |
| 温度/℃ | 室温 | 室温 | 室温 |
| 阴极电流密度/(A/dm²) | 2 | 5～10 | 0.5～10 |
| 时间/min | 6 | 2～4 | 0.5～5 |

注：1. 采用配方1时先在2A/dm²下处理2min，然后再阴极处理。

2. 当配方2的溶液温度超过30℃时，应冷却或降低盐酸含量。

4. 不锈钢分别活化和预镀

不锈钢分别活化和预镀的工艺规范见表4-16。

表4-16　不锈钢分别活化和预镀的工艺规范

| 配方<br>溶液组成和<br>操作条件/(mL/L) | 1 | | 2 | | 3 | |
|---|---|---|---|---|---|---|
| | 阴极活化 | 预镀 | 阳极活化 | 预镀 | 活化 | 预镀 |
| 氯化镍/(g/L) | — | 240 | — | 200～250 | — | 200～250 |
| 浓盐酸 | — | 120 | — | 180～220 | 150～300 | 150～300 |
| 浓硫酸 | 650 | — | 250～300 | — | — | — |
| 温度/℃ | 室温 | 室温 | 室温 | 室温 | 室温 | 室温 |
| 电流密度/(A/dm²) | 10 | 16 | 3～5 | 3～5 | — | 5～8 |
| 时间/min | 2 | 2 | 1～1.5 | 2～3 | 2～5 | 4～6 |

注：1. 配方1通电活化时，控制电压在10V左右。

2. 配方2和配方3预镀时，工件入槽后先不通电，浸泡2～3min。工件预镀镍后不清洗，直接放入pH值为1.5～2.0的镀镍溶液或高氯化物镀镍槽电镀，则镀层结合力更好。预镀镍所用镍阳极硫的质量分数应低于0.01%。

### 5. 镀锌活化

将经过脱脂、浸蚀、表面洁净的不锈钢工件镀一层薄锌（以正常电流密度镀 1～2min，时间不要太长）。在 1∶1 盐酸溶液中退除；再镀一次薄锌，退除，活化后直接镀覆所需镀层。

此法的原理是：在还原性酸中，锌层溶解，在不锈钢基体上析出氢，使不锈钢表面氧化膜被还原，露出新鲜的基体，起到活化作用。为防止氢脆，镀后最好进行除氢处理。

### 四、不锈钢工件的电镀

不锈钢的电镀应根据不同情况选用适合的工艺。常见情况及工艺流程如下：

1）不锈钢工件经喷丸、喷砂、机械加工后，直接进行化学、电化学脱脂、浸蚀、活化（预镀），然后电镀所需镀层。

2）氧化皮较厚的不锈钢工件应先松动氧化皮，再浸蚀，去除表面的浸蚀残渣，经脱脂、浸蚀、活化（预镀），然后再电镀所需镀层。

3）经喷丸、喷砂、机械加工的不锈钢工件，浸蚀后可直接镀铬，电镀时应带电入槽，先小电流密度活化 5min，然后阶梯式给电至正常电流密度。

4）镀锌活化法无需增加设备，操作简便，常用于单件或小批工件的电镀。

5）采用不锈钢分别活化和预镀工艺获得的镀层结合力最好。批量生产时多采用此工艺。

## 第三节　锌合金工件电镀

### 一、概述

锌合金由于材料成本低，易于加工而广泛应用于工业生产。锌合金的主要用途是锌铝合金压铸件，即用压力铸造的方法加工出公差小、形状复杂的零件。由于生产效率高，加工费用低，因而在工业上，特别是在汽车工业上，对受力不大和形状较复杂的零件广泛地采用锌合金压铸件。

由于锌合金的化学稳定性较差，在空气中特别是潮湿空气中容易遭受腐蚀，所以必须进行表面防护处理，常镀以铜/镍/铬防护装饰性镀层。

锌合金压铸件，一般是选用含铝的质量分数为4%左右的锌合金材料，以提高电镀产品的合格率。

由于铸造加工的原因，锌合金压铸件的表面具有独特的性质，在电镀时必须有充分的认识并采取相应的措施。锌合金压铸件主要特点如下。

1）如果锌合金压铸件铸造质量不好，如零件表面产生冷纹、缩孔、飞边、毛刺等是不可能获得合格镀层的。因此，电镀前必须对毛坯质量进行严格的检查，表面有气泡、疏松、划伤等缺陷的毛坯不能进行电镀。

2）锌合金压铸件表面是一层致密的表层，其厚度约为 0.05 ~ 0.1mm，其下则是疏松多孔的结构。因此，在磨光和抛光时，表层去除量不能过大，以免露出疏松的底层，造成电镀困难。

3）锌合金压铸件在铸造过程中会产生偏析现象，表面的不同部位会产生富铝相或富锌相。因此，不能采用强碱和强酸进行前处理。因为强碱能使富铝相先溶解，而强酸又能使富锌相先溶解，从而造成零件表面被不均匀腐蚀，甚至形成针孔和微气孔，造成镀层脱皮和起泡。

4）锌合金压铸件的形状大多比较复杂，电镀时应该采用分散能力和覆盖能力较好的电镀液。所采用的镀层最好为光亮镀层，尽量减轻抛光的工作量。

5）预镀层如果采用铜层，应镀得厚一些，因为铜和锌之间发生扩散，并形成一层较脆的铜锌合金中间层，铜层越薄扩散作用发生得越快，因此预镀铜层要镀得厚一些，至少达到 $7\mu m$ 以上。

6）锌合金电位很负，其上的镀层一般均为阴极性镀层；所以镀层应有一定的厚度，需保证镀层无孔隙，才能获得良好的防腐效果。

## 二、锌合金工件镀前预处理

1. 磨抛光

（1）磨光　零件电镀前，首先应磨去表面的毛刺、分模线、飞边等表面缺陷。其方法有布轮（或带）磨光、滚动磨光、振动磨光。可根据零件的大小、形状、电镀要求选用不同的磨光方式。

（2）抛光　抛光是为了进一步提高工件的表面光洁程度，以保证获得质量良好的镀层。抛光与磨光一样，也有布轮抛光、滚光、振动抛光三种方式，只是所用的磨料不同。采用布轮抛光，应先用红抛光膏粗抛后再用白抛光膏精抛。抛光时应注意少用、勤用抛光膏，因为抛光膏多时会使抛光膏粘在工件的凹处，给脱脂带来困难；抛光膏少时，会使工件表面局部过热而出现密集的细麻点，镀后麻点处易产生气泡。布轮抛光一般用整体布轮，抛光轮的直径不宜太大，转速也不宜太高。

批量大的小工件不适于采用布轮抛光，可采用滚光和振动抛光。抛光后的工件。应尽快转到下道工序，以防抛光膏干涸，去除困难。

磨光与抛光去除工件表面层的厚度尽量不要超过 $0.05 \sim 0.1 mm$，以防止和减少表面孔隙的暴露。

2. 脱脂

（1）预脱脂　抛光后的工件应尽快用有机溶剂或表面活性剂溶液清洗或擦洗以除去残留的抛光膏或油污，以免抛光膏干燥老化去除困难。

（2）化学脱脂　由于锌是两性金属，既溶于酸也溶于碱，并且锌合金十分活泼，所以化学脱脂溶液的碱度不能太高，一般不加氢氧化钠，脱脂时间不能太长，温度也不能太高。锌合金化学脱脂的工艺规范见表4-17。

表4-17　锌合金化学脱脂的工艺规范

| 配　　方<br>溶液组成和操作条件/（g/L） | 1 | 2 |
|---|---|---|
| 磷酸钠 | 20 ~ 30 | — |

（续）

| 配方<br>溶液组成和操作条件/（g/L） | 1 | 2 |
|---|---|---|
| 三聚磷酸钠 | — | 15～20 |
| 碳酸钠 | 15～30 | — |
| 洗衣粉 | 2～3 | 1～2 |
| 温度/℃ | 50～70 | 55～65 |
| 时间/min | 3～5 | 2～5 |

（3）电化学脱脂 锌合金电化学脱脂是在弱碱性溶液中进行的，尽量不加氢氧化钠，溶液温度不能过高。一般都采用阴极电解脱脂，脱脂时间不宜过长。锌合金电化学脱脂的工艺规范见表4-18。

表4-18 锌合金电化学脱脂的工艺规范

| 配方<br>溶液组成和操作条件/（g/L） | 1 | 2 |
|---|---|---|
| 磷酸钠 | 25～30 | 20 |
| 碳酸钠 | 15～30 | 10 |
| 硅酸钠 | 2～3 | 5 |
| 温度/℃ | 50～70 | 室温 |
| 阴极电流密度/（A/dm²） | 4～5 | 3～4 |
| 时间/min | 1～2 | 0.5～1 |

3. 弱浸蚀

锌合金的浸蚀一般均采用氢氟酸溶液。溶液的浓度和处理时间必须严格控制，否则极易造成基体过腐蚀，影响镀层质量。操作时，可以在工件析出气泡后，再在溶液中停留2～3s。锌合金弱浸蚀的工艺规范见表4-19。

表4-19 锌合金弱浸蚀的工艺规范

| 配　　方　　溶液组成和操作条件/(g/L) | 1 | 2 | 3 | 4 | 5 |
|---|---|---|---|---|---|
| 硫酸(98%) | 20~30 | 2.5~7.5 | 15~25 | — | — |
| 盐酸(37%) | — | — | 10~15 | — | — |
| 氢氟酸(40%) | — | — | — | 5~10 | 20~30 |
| 温度/℃ | 室温 | 室温 | 室温 | 室温 | 室温 |
| 时间/s | 5 | 25~40 | 3~5 | 5~6 | 析气后3s |

注：表中98%、37%和40%均为质量分数。

4. 预镀

锌合金脱脂浸蚀后，如果直接电镀光亮铜或光亮镍，基体在电镀液中会遭受腐蚀，造成镀层结合力不良，因此必须采取预镀措施。

预镀是影响镀层质量的关键之一。它要求预镀溶液对基体的浸蚀性小，要能在工件表面形成一层完全覆盖的、致密而附着力良好的镀层，以保证后续电镀的顺利进行。

预镀一般采用氰化镀铜与柠檬酸盐中性镀镍的方法，有时也采用氰化镀黄铜、焦磷酸盐镀铜或者 HEDP 镀铜。为可靠起见，还可采用先预镀氰化铜，再预镀中性镍的联合预镀方法。

（1）活化　经过脱脂、浸蚀的锌合金工件，在预镀之前为了进一步提高镀层的结合力，应进行活化处理。

当预镀氰化铜或氰化黄铜时，在 3~10g/L 氰化钠溶液中浸渍后，可不经清洗即入槽电镀。

当采用中性柠檬酸盐预镀镍时，在 30~50g/L 柠檬酸溶液中浸渍后，可不经清洗即入槽电镀。

（2）预镀氰化铜或黄铜　预镀氰化铜溶液中，氰化亚铜和游离氰化钠的浓度不宜太高，一般不加氢氧化钠。电镀时应带电入槽，电镀液温度不宜过高（不应超过 60 ℃），先用高电流密度冲击 2min，再转入正常电流密度电镀。预镀铜层的厚度（一般在 2~5μm）与随后的镀层类型有关。预镀氰化铜或黄铜的工艺规范见表 4-20。

表4-20 预镀氰化铜或黄铜的工艺规范

| 溶液组成和操作条件/(g/L) | 配方 1 | 2 | 3 |
|---|---|---|---|
| 氰化亚铜 | 20 ~ 30 | 20 ~ 25 | 20 ~ 25 |
| 游离氰化钠 | 6 ~ 8 | 7 ~ 12 | 40 ~ 50 |
| 酒石酸钾钠 | 35 ~ 45 | 10 ~ 15 | — |
| 氰化锌 | — | — | 8 ~ 14 |
| 氨水/(mL/L) | — | — | 0.3 ~ 0.8 |
| pH | — | — | 9.8 ~ 10.5 |
| 温度/℃ | 50 ~ 60 | 30 ~ 35 | 15 ~ 35 |
| 阴极电流密度/(A/dm$^2$) | 0.5 ~ 0.8 | 0.6 | 0.5 ~ 1.5 |

(3) 预镀中性镍 锌合金工件预镀中性镍时应带电入槽，开始时先用高电流密度冲击 2 ~ 3min，镀层厚度为 5 ~ 7μm。锌合金预镀中性镍的工艺规范见表4-21。

表4-21 锌合金预镀中性镍的工艺规范

| 溶液组成和操作条件/(g/L) | 配方 1 | 2 | 3 |
|---|---|---|---|
| 硫酸镍 | 90 ~ 100 | 150 ~ 180 | 90 ~ 100 |
| 氯化钠 | 10 ~ 15 | 10 ~ 20 | 15 ~ 20 |
| 柠檬酸钠 | 110 ~ 130 | 170 ~ 200 | 200 ~ 220 |
| 硫酸镁 | — | 10 ~ 20 | 50 ~ 60 |
| 硼酸 | 20 ~ 30 | | |
| pH | 7.0 ~ 7.2 | 6.6 ~ 7.0 | ≈8 |
| 温度/℃ | 50 ~ 60 | 38 ~ 40 | 35 ~ 45 |
| 阴极电流密度/(A/dm$^2$) | 1.0 ~ 1.5 | 0.8 ~ 1.0 | 1 ~ 2 |

### 三、锌合金工件的电镀

锌合金工件预镀后，可在常规工艺下电镀所需镀层。

锌合金工件电镀时，若要获得高质量的镀层，应当注意以下几个方面的问题。

1）毛坯检验必须严格，铸造质量不良的工件是无法镀出合格镀层的。

2）磨抛光不可过度，磨抛光的质量好坏决定了电镀质量的高低，生产中应尽量减少磨抛光。

3）采用超声波脱脂和清洗有利于油污的去除，对基体腐蚀小，有助于提高电镀质量。

4）预镀层必须有足够的厚度，以便获得结合力良好的镀层。

### 四、锌合金工件上不合格镀层的退除

锌合金工件上不合格镀层退除的工艺规范见表4-22。

表4-22 锌合金工件上不合格镀层退除的工艺规范

| 配方<br>溶液组成和<br>操作条件/(g/L) | 1 | 2 | 3 | 4 |
|---|---|---|---|---|
| 碳酸钠 | — | 70～100 | — | — |
| 硫酸(98%)/(mL/L) | 425～520 | — | — | 60%(体积分数) |
| 硝酸(65%)/(mL/L) | — | — | — | 20%(体积分数) |
| 亚硫酸钠 | — | — | 120 | — |
| 硫脲 | — | — | — | 1 |
| 阳极电流密度/(A/dm²) | 5～8 | 5～10 | 1～2 | 5～6 |
| 温度/℃ | 室温 | 室温 | 室温 | 30～40 |
| 时间/min | 退净为止 | 退净为止 | 退净为止 | 退净为止 |
| 适用范围 | 锌合金上的铜、镍镀层 | 锌合金上的铬镀层 | 锌合金上的铜镀层 | 锌合金上的镍镀层 |

注：表中98%、65%均为质量分数。

锌合金工件上的不合格镀层无论采用何种退除方法，均会对底层造成腐蚀，严重时会使工件报废。所以对锌合金工件电镀时，要选用适合的电镀工艺，电镀过程中严把质量关，不产生或少产生不合格的镀层，从而减少损失。

# 第四节　粉末冶金工件电镀

## 一、概述

粉末冶金材料是近几年在我国发展较快的一种新材料。采用粉末冶金法制造的零件可以减少机械加工，实现无切削或少切削，节省大量原材料，降低成本和大大提高生产效率，所以在机械、五金、电子工业上得到日益广泛的应用。但是，粉末冶金零件存在表面粗糙、疏松、多孔、耐蚀性能较差、硬度和耐磨性能低等缺点，所以一般要对其表面进行电镀，以提高其耐磨性能和防护装饰性能，来满足使用要求。

在电镀中，常见的粉末冶金零件主要有铜基粉末冶金零件和铁基粉末冶金零件两大类。其表面共性问题都是疏松多孔，一般密度均在 $6.5 \sim 7.8 g/cm^3$ 之间。另外，一般基体内部均含油，不易清洗。由于其表面疏松多孔，所以在镀前预处理和电镀过程中容易渗入酸、碱溶液和电镀液，造成镀后镀层泛点，由内部向外腐蚀，致使镀层发生孔蚀而失去保护作用。因此，粉末冶金零件的镀前预处理比钢铁零件和铜及铜合金零件的镀前预处理要困难得多，必须采取一系列的特殊措施。

粉末冶金零件的电镀质量好坏，在很大程度上取决于镀前预处理的优劣。铜基粉末冶金零件比铁基粉末冶金零件的电镀要来得容易些，而在电镀中遇到的更多的是铁基粉末冶金零件，因其成本更低，而又有较好的强度，所以应用更为广泛。下面着重介绍铁基粉末冶金零件的电镀工艺过程。

## 二、粉末冶金工件镀前预处理

粉末冶金工件中一般都含有大量的油，这是由于粉末冶金工件疏松多孔，大量的孔隙深处渗入并储存了许多油污，用常规的脱脂方法很难去除；孔隙中还容易渗入酸、碱溶液和电镀液，造成镀后镀层泛点，由内部向外腐蚀，致使镀层发生孔蚀而失去保护作用。

粉末冶金工件的镀前预处理必须解决这些问题。

粉末冶金工件的镀前预处理主要工序有脱脂、封孔和酸浸蚀。

1. 脱脂

（1）机械预处理 粉末冶金工件表面有氧化皮、锈蚀和大量的油污，如果采用钢铁工件常用的化学脱脂、酸浸蚀方法，会使酸、碱渗入粉末冶金工件的孔隙中，影响电镀质量。实际生产中是采用喷砂、喷丸、磨抛光等机械方法，去除粉末冶金工件表面的氧化皮、锈蚀和油污。但是对工件孔隙内的油污则无法有效地去除，工件还需要进行电解脱脂。

（2）电解脱脂 电解脱脂必须在经过机械预处理和封孔处理后进行，以防止碱液渗入孔隙内部。电解脱脂先用阴极脱脂，再经短时间的阳极处理。

（3）高温烧油 高温烧油是将粉末冶金工件放入马弗炉中加热 $400 \sim 800 ℃$，保温 $0.5 \sim 1h$，将工件表面及渗入孔隙中的油烧掉。此法脱脂效果好，由于需要高温，使得能耗加大，工件尺寸受加温设备的限制，一般多用于批量大的小工件。工件经高温烧油后，接下来进行喷砂或滚光处理。

（4）真空抽油 粉末冶金工件经有机溶剂脱脂后，在一定温度下抽真空，从而达到去除油污的目的。真空抽油有低温真空抽油和中温真空抽油两种。低温真空抽油是将工件用有机溶剂脱脂，干燥后放入真空干燥室，用真空泵抽至 $1300Pa$，并加温至 $200℃$，持续 $20 \sim 30min$。这时孔隙中的油会自行流出，部分油分在此条件下将会挥发掉，从而达到脱脂目的。上述过程一般需要反复进行 $2 \sim 3$ 次，才能将油除干净。中温真空抽油原理与低温真空抽油相同，不同的是温度为 $350 \sim 400℃$，真空度为 $10Pa$。由于温度在 $350 \sim 400℃$ 下大部分油已经挥发，所以中温真空抽油比低温真空抽油效率高，脱脂效果好。

真空抽油设备复杂，耗能高，因而使用受到限制。

（5）超声波清洗 对油污较轻、表面状态较好的工件可在机械处理后，在偏中性的清洗剂中外加超声波进行清洗。脱脂后的清洗要彻底，可采用冷、热水交替清洗、超声波清洗，清洗水必须保持洁净。

### 2. 封孔

粉末冶金工件表面疏松多孔,在脱脂、酸洗和电镀过程中,会渗入大量的酸、碱溶液或电镀液造成镀后镀层泛点腐蚀,甚至使镀层鼓泡脱落。因此,粉末冶金工件镀前必须封孔。封孔的方法主要有以下三种:

(1)沸水封孔　将经脱脂、喷砂或滚光处理的粉末冶金工件放入沸腾的去离子水中煮 2~3min,即可达到封孔目的。但这种方法的封孔效果较差。

(2)石蜡封孔　将经脱脂、喷砂处理的粉末冶金工件放入 150℃的熔融的石蜡溶液中(质量分数为 95% 石蜡 + 质量分数为 5% 松香)浸渍 30min,然后进行滚光处理。这种方法的封孔效果较好。

(3)硬脂酸锌封孔　将经过脱脂的粉末冶金工件放入熔融的硬脂酸锌(135~180℃)中浸渍 15~20min,其渗透深度为 0.5~1.0mm,然后进行喷砂、机械抛光等方法去除表面的硬脂酸锌。此法的效果比上述方法要好,而且容易电镀。但硬脂酸锌易溶于强酸,会污染电镀液。

### 3. 酸浸蚀

粉末冶金工件经过脱脂、封孔后的,还必须经过酸浸蚀才能进行电镀。一般是采用稀酸溶液浸蚀,可在 1:1 的盐酸溶液中浸蚀 1~3min 或在体积分数为 3%~5% 的硫酸溶液中浸蚀 3~5min。酸浸蚀的时间不能太长,否则不能保证电镀质量。

## 三、粉末冶金工件的电镀

粉末冶金工件经过脱脂、封孔、酸浸蚀后即可电镀,一般可先用氰化铜打底,再进行防护装饰性电镀或功能性电镀;也可以不经氰化铜打底,直接电镀硬铬、镀锌或镀镉。无论是镀氰化铜、镀铬、镀锌均应带电入槽,先以高于正常电流密度 1~1.5 倍的冲击电流密度施镀 5~30s,再转为正常电流密度电镀,以提高镀层与基体的结合力。

**四、钕铁硼磁性材料的电镀**

钕铁硼永磁材料是 20 世纪 80 年代发展起来的第三代新型功能性材料，近年来钕铁硼永磁材料的生产与应用发展十分迅速，应用范围越来越广，在高科技产品中占据着重要地位。

钕铁硼永磁材料是通过粉末冶金烧结成形的，实际上是一种铁基粉末冶金材料，其结构疏松，内部包含着无数微孔，材料的脆性大。由于钕铁硼永磁材料中钕的化学性质极为活跃，在空气中极易氧化并与各种腐蚀介质发生强烈反应，极易产生晶间腐蚀而使材料粉化。所以，钕铁硼材料在工业上应用时必须在其表面镀覆一层金属保护层。

由于钕在空气中极易氧化，所以钕铁硼永磁材料的脱脂、浸蚀等工序与一般的粉末冶金材料有所不同。钕铁硼永磁材料镀前一般要经过封孔、抛光(滚光)、出光、活化等工序。其封孔方法有憎水膜封孔、石蜡封孔、硬脂酸锌封孔等方法。钕铁硼永磁材料主要镀覆各种防护性镀层，如镀锌、镀镍-铜-镍、镀多层镍和化学镀镍等。钕铁硼永磁材料的电镀有专门的章节介绍，这里就不再赘述。

## 第五节　其他特殊材料工件电镀

### 一、镁及镁合金工件的电镀

镁及镁合金具有密度小、强度高等特点，在航天、航空以及手机等电子产品上应用日益广泛。和铝一样，镁的表面在空气中会形成一层氧化膜。但是，这层膜的防护性很差，因而必须采取可靠的防护措施。镁及镁合金工件上电镀适当金属膜后，可提高其耐蚀性、焊接性、耐磨性，可获得各种装饰效果。

镁极易氧化，必须采取特殊的预处理方法才能使镀层有良好的结合力。其预处理方法有浸锌和化学镀镍两种，前者的结合力优于后者。

镁及镁合金的电镀必须采用不锈钢或磷青铜制作的挂具，并且除接点外，其余部位均应绝缘。

## 1. 脱脂

由于镁的化学性质与铝相近，所以镁及镁合金的脱脂可采用与铝合金镀前脱脂相同的工艺。其相关工艺规范见本章第一节。

## 2. 浸蚀

镁及镁合金的浸蚀工艺规范见表4-23。

**表4-23 镁及镁合金的浸蚀工艺规范**

| 配方<br>溶液组成和操作条件/（g/L） | 1 | 2 | 3 | 4<br>5 |
|---|---|---|---|---|
| 硝酸/（mL/L） | — | — | 110 | 90 |
| 铬酐 | 180 | 180 | 120 | 60 |
| 硝酸铁 | 40 | — | — | — |
| 氟化钾 | 3.5 | | | |
| 温度/℃ | 16～38 | 16～93 | 室温 | — |
| 时间/min | 0.5～3.0 | 2～10 | 0.5～2.0 | 0.5～1.0 |
| 适用范围 | 一般镁合金零件 | 精密零件 | 含铝高的镁合金零件 | 一般镁合金零件 |

## 3. 浸锌

经脱脂、浸蚀的镁及镁合金工件电镀前须浸锌，方可获得良好的镀层结合力。浸锌前需进行活化处理。

（1）活化 镁合金工件浸锌前先要在下述溶液中进行活化处理，其工艺规范见表4-24。

**表4-24 镁及镁合金活化处理工艺规范**

| 溶液组成和操作条件 | 配方 | 溶液组成和操作条件 | 配方 |
|---|---|---|---|
| 磷酸（85%）/（mL/L） | 200 | 温度/℃ | 16～30 |
| 氟化氢铵/（g/L） | 90 | 时间/min | 0.5～2.0 |

注：表中85%为质量分数。

（2）浸锌　浸锌一般浸一次即可，但有些镁合金需浸锌两次，以获得良好的镀层结合力。即一次浸锌后，在上述活化液中退除浸锌层，再二次浸锌。其工艺规范见表4-25。

表4-25　浸锌的工艺规范

| 溶液成分和操作条件 | 配　方 | 溶液成分和操作条件 | 配　方 |
|---|---|---|---|
| 硫酸锌/（g/L） | 30 | pH | 10.2～10.4 |
| 焦磷酸钠/（g/L） | 120 | 温度/℃ | 80～85 |
| 碳酸钠/（g/L） | 5 | 时间/min | 3～10 |
| 氟化钠/（g/L） | 5 | | |

溶液中的氟化钠可用氟化锂来代替，因为氟化锂含量在3g/L时达到饱和，所以在上述溶液中放入过量的氟化锂可自动调节其含量在3g/L，可使溶液长期保持稳定。

4. 预镀

（1）预镀铜　与铝合金一样，镁合金工件浸锌后一般也要进行预镀，通常是在氰化镀液中预镀铜。镁及镁合金预镀铜的工艺规范见表4-26。

表4-26　镁及镁合金预镀铜的工艺规范

| 溶液组成和操作条件/（g/L） | 配　方 1 | 配　方 2 | 溶液组成和操作条件/（g/L） | 配　方 1 | 配　方 2 |
|---|---|---|---|---|---|
| 氰化亚铜 | 41 | 41 | 酒石酸钾钠 | — | 45 |
| 氰化钾（游离） | 7.5 | — | pH | 9.6～10.4 | 9.5～10 |
| 氰化钠（游离） | — | 7.5 | 温度/℃ | 55～60 | 50～60 |
| 氰化钾 | 30 | | 阴极电流密度/（A/dm²） | 1～2.5 | 1～2.5 |

（2）化学镀镍法　镁合金工件也可以不经浸锌处理，在脱脂、浸蚀后直接化学镀镍。镀前应先在表4-27的溶液中弱浸蚀（活化），清洗后直接进行化学镀镍。镁及镁合金工件化学镀镍工艺规范见表4-28。

**表4-27　镁及镁合金工件弱浸蚀工艺规范**

| 溶液组成和操作条件/(g/L) | 配方 1 | 配方 4 5 | 溶液组成和操作条件/(g/L) | 配方 1 | 配方 4 5 |
|---|---|---|---|---|---|
| 氢氟酸(40%) | 54 | 200 | | | |
| 温度/℃ | 室温 | 室温 | 适用范围 | 一般镁合金零件 | 含铝高的镁合金零件 |
| 时间/s | 10 | 10 | | | |

注:表中40%为质量分数。

**表4-28　镁及镁合金工件化学镀镍工艺规范**

| 溶液组成和操作条件/(g/L) | 配方 1 | 配方 2 | 溶液组成和操作条件/(g/L) | 配方 1 | 配方 2 |
|---|---|---|---|---|---|
| 碱式碳酸镍 | 10 | — | 氢氟酸/(mL/L) | 10 | — |
| 次磷酸镍 | — | 15 | 氟化钾 | — | 9 |
| 次磷酸钠 | 20 | 8.5 | 铅/(mg/L) | — | 1 |
| 柠檬酸 | 5 | 15 | pH | 4.5~6.8 | 4.6 |
| 氟化氢铵 | 10 | — | 温度/℃ | 76~82 | 87 |
| 氨水/(mL/L) | 40 | — | 沉积速度/(μm/h) | 20~25 | 23 |

5. 镁合金工件的电镀

镁合金工件经预镀铜或化学镀镍后,即可进行镀铜、镀镍、镀铬等电镀处理,以获得各种装饰性或功能性镀层。

6. 镁合金工件上不合格镀层的退除

镁合金工件上不合格镀层的退除工艺见表4-29。

**表4-29　镁合金工件上不合格镀层的退除工艺**

| 溶液组成和操作条件/(g/L) | 配方 1 | 配方 2 | 配方 3 |
|---|---|---|---|
| 氢氧化钠 | 135 | — | — |
| 柠檬酸 | — | 18~20 | — |

（续）

| 配方<br>溶液组成和<br>操作条件/（g/L） | 1 | 2 | 3 |
|---|---|---|---|
| 硝酸钠 | — | — | 100 |
| 氢氟酸（40%）/（mL/L） | — | — | 20 |
| 温度/℃ | 80～90 | 70～80 | 室温 |
| 阳极电流密度/（A/dm²） | 55～60 | — | 1～2 |
| 电压/V | 1 | — | 4～6 |
| 适用范围 | 镁合金上的铬镀层 | 镁合金上的锡镀层 | 镁合金上的镍镀层 |

注：表中40%为质量分数。

## 二、钢铁铸件的电镀

### 1. 概述

钢铁铸件在机械制造中应用十分广泛。这是因为钢铁铸件的生产效率高，可以加工形状十分复杂的零件（如活塞环、气缸等），并且零件强度较高。在实际应用中，为了提高铸铁零件的耐蚀性能和耐磨性能等，往往要在钢铁铸件上电镀其他金属。

常用的铸铁有灰铸铁、球墨铸铁、合金铸铁、可锻铸铁等。铸铁零件的含碳量和含硅量较高，表面大都有较厚的氧化皮和残存硅砂等杂质，表面粗糙、基体疏松多孔，因而必须选择合适的镀前预处理工艺和电镀工艺。各种铸铁所含金属元素各不相同，电镀时也存在差异。例如，镀铬时球墨铸铁件比灰铸铁件要容易。

### 2. 钢铁铸件的镀前预处理

钢铁铸件的镀前预处理包括机械清理、脱脂、酸洗等工艺过程。

（1）机械清理　未经过机械加工的钢铁铸件，采用喷丸、喷砂、磨抛光等方法可去除表面的氧化皮、铸造熔渣、残留硅砂等杂质。经过机械加工的铸铁件可直接进行脱脂处理。

（2）脱脂　由于钢铁铸件表面疏松多孔，容易渗入酸、碱等溶液，所以应尽量缩短碱液脱脂时间。对于精度要求不高的零件，最好采用喷砂处理代替化学脱脂，即喷砂后不经化学脱脂，只需短暂的阳极电解脱脂后，再经酸洗活化即可进行电镀。

对于油污重，形状复杂，表面精度要求高的铸件，不宜进行喷砂处理，可进行超声波脱脂、清洗，然后进行短时间的阳极电解脱脂。超声波脱脂应采用中性的清洗剂。阳极电解脱脂可采用钢铁电化学脱脂的工艺规范，但是为了易于清洗，溶液中一般不加硅酸钠。

脱脂后的清洗必须彻底，可采用冷、热水交替清洗、超声波清洗，清洗水必须保持洁净，以便得到好的清洗效果。

（3）酸浸蚀 钢铁铸件的酸浸蚀是保证镀层结合力的重要环节。铸铁件表面一般都有一层氧化皮和较多的硅砂或其他不溶性杂质，可通过酸浸蚀除去。酸浸蚀时要特别注意严格控制浸蚀时间。由于钢铁铸件含碳、含硅高，浸蚀时间长，易产生过腐蚀，使铸铁件表面析出碳和硅。一方面表面含硅量增加会影响镀层结合力；另一方面零件表面过多的游离碳导致大量析氢（氢在碳上的过电位低），阴极电流效率降低，低电流区无镀层，这一现象在镀铬和碱性镀锌等电流效率较低的镀种上表现得更为明显。钢铁铸件的酸浸蚀的工艺规范见表4-30。

表4-30 钢铁铸件的酸浸蚀的工艺规范

| 溶液组成和操作条件/(mL/L) | 配方 1 | 2 | 3 | 4 |
|---|---|---|---|---|
| 硫酸(98%) | — | 750 | 250~350 | — |
| 盐酸(37%) | 300~500 | — | — | 200~350 |
| 氢氟酸(40%) | — | 250 | — | 5~10 |
| 温度/℃ | 室温 | 室温 | 室温 | 30~40 |
| 阳极电流密度/(A/dm²) | — | — | 5~10 | 5~10 |
| 时间/min | 0.1~1 | — | 0.1~0.5 | 1~10 |
| 适用范围 | 一般铸铁件 | 一般铸铁件 | 灰铸铁件 | 含硅铸铁件 |

注：表中98%、37%和40%均为质量分数。

3. 钢铁铸件的电镀

钢铁铸件经过脱脂、浸蚀等前处理合格后，即可直接电镀。电镀时，无论何种镀种，均应采用 2 倍左右的电流密度冲击镀 3～5min，再转入正常电流密度下电镀。

铸铁件碱性镀锌时，即使采用冲击电流密度电镀，有时也不易电镀。有条件的单位可先预镀铜或预镀镍后再镀锌，或者采用专用于铸件电镀的碱性镀锌添加剂。

铸铁件镀硬铬时，多采用有机溶剂或中性的清洗剂脱脂，一般不采用碱性化学脱脂。镀前要充分打磨表面，用稀的氢氟酸或者盐酸和氢氟酸的混合酸短时间活化。电镀时采用 2 倍以上的电流密度冲击镀 3～5min，再转入正常电流密度下电镀。

铸铁件化学镀镍时，为获得良好的镀层结合力和耐蚀性，最好先预镀 1～2μm 的镍层。

### 三、非金属工件的电镀

1. 概述

随着科学技术和生产的不断发展，各种非金属材料(如塑料、陶瓷、玻璃、纤维等)的应用越来越广泛。塑料制品由于重量轻，耐蚀性好，易成形等优点，广泛应用于汽车、家电、日用轻工等方面的产品中；在电子工业中，陶瓷、玻璃、纤维等非金属材料应用较多。

非金属材料由于不导电、不导热、不耐磨(陶瓷、玻璃除外)、不耐污染等缺点，而限制了它们的使用范围。为了克服上述缺点，满足产品在功能和装饰方面的要求，需要在非金属材料上镀覆一层金属。在非金属材料上电镀金属的关键是通过镀前预处理使非金属材料表面具有导电性。其常用的方法有喷涂导电胶、真空镀、化学镀、烧渗金属层等方法。不同材料的镀前预处理工艺各不相同。目前应用最广的是塑料电镀，其工艺在《电镀工》(初级)培训教材中已有介绍，这里不再赘述。下面着重介绍陶瓷、玻璃上的电镀工艺。

2. 玻璃上电镀

(1) 化学法

1) 粗化：根据产品对粗糙度的要求，可选用喷砂或化学粗化。喷砂处理一般可选用 200 目$^{\ominus}$的石英砂即可。化学粗化工艺规范见表 4-31。

表 4-31　化学粗化工艺规范

| 配　　　方<br>溶液组成和<br>操作条件/（mL/L） | 1 | 2 | 3 |
|---|---|---|---|
| 硫酸（98%） | 55%～75%（质量分数） | | |
| 氢氟酸（40%） | 10%～18%（质量分数） | 3.5%～5.5%（体积分数） | 200 |
| 氟化铵 | | 19g/L | 20g/L |
| 水 | 余量 | 余量 | 余量 |
| 温度/℃ | 50～70 | 室温 | 室温 |
| 时间/min | 1～3 | 2～5 | 3～5 |

注：表中 98% 和 40% 均为质量分数。

2）烘烤：玻璃经粗化后清洗干净，再在 70℃ 下烘烤 20min。

3）敏化：敏化液成分和工艺规范见表 4-32。

表 4-32　敏化液成分和工艺规范

| 溶液组成和操作条件 | 配　　　方 | 溶液组成和操作条件 | 配　　　方 |
|---|---|---|---|
| 氯化亚锡/（g/L） | 10 | 温度/℃ | 20～40 |
| 盐酸（37%）/（mL/L） | 40 | 时间/min | 3～5 |

注：表中 37% 为质量分数。

在敏化液中加入一定量氟离子，可提高镀层与基体的结合力。

4）敏化后的其他工序，可参阅化学镀。

（2）热扩散法

1）脱脂和酸洗：先将玻璃在表面活性剂脱脂液中浸泡，清洗干净后再在浓硫酸 1000mL + 重铬酸钾 30g 的溶液中浸渍处理 3～5min，然后用清水洗净。

2）涂银浆：其化学成分如下：

氧化银（化学纯）　　　　　　　　　　　　　　　　　　　90g

---

㊀　粒径 200 目相当于粒径 0.071mm。

| 硼酸铅(化学纯) | 1.4g |
|---|---|
| 松香(特级) | 9g |
| 松节油(医用) | 38mL |
| 蓖麻油(医用) | 6g |

将以上各组分均匀混合，研细，涂在玻璃表面上。

3）热扩散：涂覆银浆的玻璃制品先在 80~100℃ 温度下预烘 10min 左右，然后按 100~150℃/h 的速度缓慢升温至 200℃，保温 15min，再继续升温至 520℃，保温 30min，然后随炉冷却至室温。此时在玻璃制品表面形成一层与玻璃表面紧密结合的渗银层。为保证渗银质量，可反复进行上述渗银处理 2~3 次。

4）电镀：渗银后的玻璃制品，可按常规电镀工艺镀覆其他金属。

3. 陶瓷上电镀

陶瓷上电镀，可采用渗银后再电镀的方法，其工艺规范可参阅玻璃上电镀。此外，也可以采用化学镀的方法。其工艺过程大致与塑料电镀相同，其区别在于粗化。

已上釉的陶瓷，应先用 120~180 目⊖石英砂喷砂后再进行化学粗化。化学粗化工艺规范见表 4-33。素烧陶瓷不需喷砂，可直接进行化学粗化。

表 4-33 陶瓷化学粗化工艺规范

| 配方<br>溶液组成和<br>操作条件/(mL/L) | 1 | 2 | 3 |
|---|---|---|---|
| 铬酐/(g/L) | 50 | 70 | — |
| 硫酸(98%) | 100 | 230 | — |
| 氢氟酸 | 100 | 125 | 100 |
| 氟化铵/(g/L) | — | 19 | 40 |
| 温度/℃ | 室温 | 室温 | 室温 |
| 时间/min | 3~10 | 3~30 | 3~40 |

注：98%为质量分数。

---

⊖ 粒径 120~180 目相当于粒径 0.125~0.080mm。

不同产地、不同生产批次的陶瓷，其化学成分可能不同，所以应经过试验选用适宜的粗化溶液和粗化时间。

化学粗化后的陶瓷制品，必须彻底清洗干净，然后在 80～90℃烘 30～60min，以除去渗入陶瓷内部的水分。其后的敏化、活化、化学镀，可参阅塑料电镀。

4. 石膏、木材、纸板上电镀

石膏、木材、纸板等吸水材料电镀前，首先要将材料烘干，然后进行封闭处理。根据所用的封闭材料，选用适当的预处理工艺进行处理，然后进行电镀。

常用的封闭材料是 ABS 涂料。其配制方法是：将 10gABS 涂料溶于 50mL 三氯甲烷中即成。用浸或喷的方法将其涂在石膏、木材或纸板表面，干燥后其表面将形成一层 ABS 塑料膜，然后就可以按 ABS 塑料的电镀方法进行电镀。

也可用导电漆或导电胶封闭，干燥后可直接进行电镀。

5. 鲜花、树叶上电镀

经过选择的鲜花在电镀前应喷或涂 ABS 涂料以便定型，涂料层厚约为 0.1mm 左右。待涂料干燥后，鲜花表面即形成一层 ABS 塑料膜，然后按 ABS 塑料电镀方法进行电镀。

树叶电镀前，首先要将树叶浸入含氢氧化钠 40g/L 的溶液中，在室温下保持 2～8min 进行脱叶绿素处理，然后清洗、晾干、定型。定型工序与鲜花电镀相同。定型后按 ABS 塑料电镀方法进行电镀。

## 复习思考题

1. 铝及其合金电镀的工艺过程如何？常用的镀前预处理方法有哪些？
2. 不锈钢电镀的工艺过程如何？常用的活化方法有哪些？
3. 锌合金电镀需要注意哪些方面？
4. 粉末冶金工件电镀前预处理有哪些特殊要求？
5. 特殊材料电镀与钢铁等容易电镀材料的电镀的区别在哪里？

# 第五章

# 电镀工装及夹具设计制作

> **培训学习目标** 了解局部电镀的特点；掌握辅助阳极及保护阴极的设计思路、所用材料及使用方法；掌握电镀工装及夹具的结构、制作和使用方法。

## 第一节 辅 助 阳 极

### 一、辅助阳极的设计思路

辅助阳极是指把部分阳极电流引到镀件上电流到达困难的深凹或内孔等部位的阳极。

对于凹凸不平或有深孔形状的复杂工件，电镀时由于凹凸之处与阳极的距离不同，使它们与阳极间的欧姆电阻也不同，电流密度在凹凸处的分布也不同，凸处电流密度大，镀层厚，凹处电流密度小，镀层薄；对于深孔等部位，由于上述原因，有时甚至沉积不上镀层。此时需要使用辅助阳极等技术来防止和改善这种情况。

辅助阳极设计的原则，是通过辅助阳极的形状及布置使电流在被镀工件上均匀分布，从而使镀层各处的厚度均匀。辅助阳极一般通过绝缘物固定在挂具上，以保持它与被镀件的相对位置。

辅助阳极使用的材料应保证其无论是通电还是不通电时都不在电镀液中产生溶解及其他化学反应，同时要求导电部分要有足够的截面积，以保证电流顺利通过。对于镀铬，常使用铅丝、铅管以及镀铅的铁阳极。

### 二、辅助阳极的使用示例

图 5-1 所示的辅助阳极适用于"匙"形镀件电镀，可利用辅助阳极将电流引到镀件凹部，以便在整个镀件的内外表面得到均匀的镀层。

图 5-2 所示的辅助阳极适用于带有内孔的镀件电镀，可利用辅助阳极将电流引到了镀件内孔处。

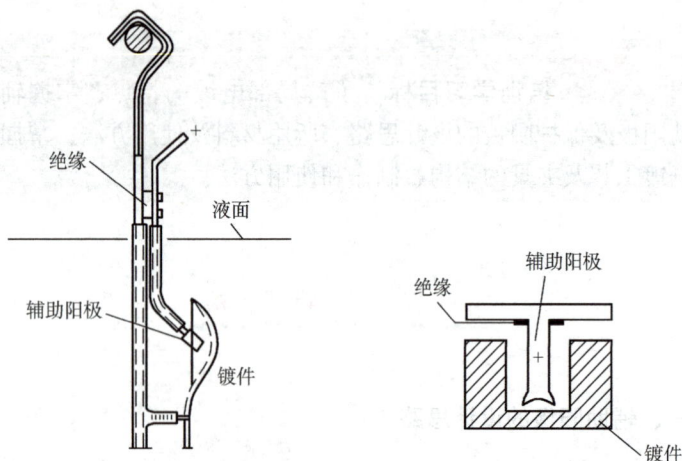

图 5-1　辅助阳极将电流引至镀件凹部　　图 5-2　辅助阳极将电流引至镀件内孔

### 三、象形阳极的使用

把阳极的形状尽量做得与阴极相似，使两极上各对应部位距离相等，两极间的电力线分布均匀，因而电流密度在阴极上变得均匀分布，这种阳极叫做象形阳极。图 5-3 为象形阳极使用示例。使用象形

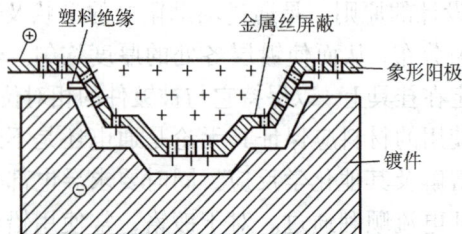

图 5-3　象形阳极的使用

阳极时，在对应阴极的尖角突出部位，也可适当使用保护阴极。

# 第二节　保护阴极

## 一、保护阴极的设计思路

在镀件的棱角、尖端部位，由于尖端效应和边缘效应，这些部位的电力线相对集中，电流密度大，镀层厚度大于平均厚度，同时容易出现毛刺、结瘤等疵病。为了防止这类疵病，可在尖角前面及棱角周围使用保护阴极，降低该处电力线密度，从而获得厚度均匀的镀件。

利用联接到阴极上的导电金属丝或薄片做保护阴极可将多余的电流引出，保护阴极的具体形状、尺寸、位置等主要根据经验进行设计或通过试验来确定。

利用不导电的屏蔽材料布置在镀件高电流密度区附近，阻拦或削弱电流通过也可以改善镀层的厚度均匀性。

## 二、保护阴极的材料

保护阴极同样要求其不在电镀液中溶解或与电镀液起化学反应，导电的保护阴极还要求有一定的截面积以保证电流顺利通过。对于镀铬来说，可导电的保护阴极常用铁丝、铁板等。

不导电的屏蔽材料可根据具体情况选择，当电镀液温度低于60℃时常采用聚氯乙烯等，温度更高时可采用聚丙烯或聚四氟乙烯等材料。

## 三、保护阴极的使用示例

图5-4为导电保护阴极的使用示例，图5-4a为在圆柱形两端使用金属块及金属丝做保护阴极，图5-4b为圆柱形镀件端部的保护丝的具体形状。

图5-5a为使用不导电的屏蔽板，使球形镀件内部的电力线分布更加均匀，保证获得均匀的镀层。图5-5b则为不导电屏蔽配合辅助

a)

b)

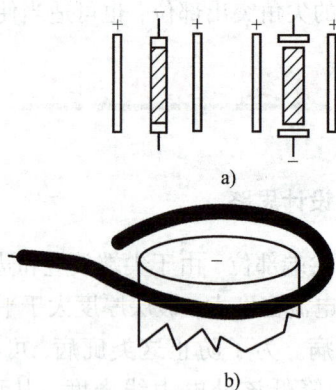

图 5-4　保护阴极的使用示例

阳极的使用情况，为在镀件内表面获得镀层，使用辅助阳极，但也会造成局部镀层过厚，利用不导电屏蔽后可得到均匀镀层。

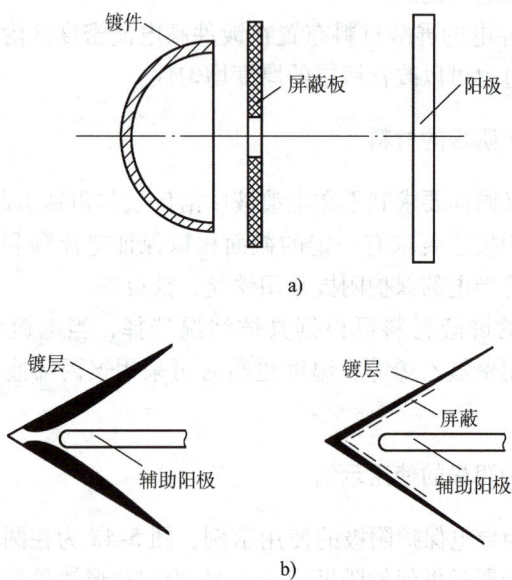

镀件　　屏蔽板　　阳极

a)

镀层　　　　镀层

屏蔽

辅助阳极　　辅助阳极

b)

图 5-5　不导电屏蔽的使用

## 第三节　其他保护材料的使用

利用下面几种方法可以将不需要电镀的部分保护起来实现局部电镀。

### 一、涂漆保护

涂漆保护是用绝缘漆或其他涂料将不需要电镀的部分绝缘。其特点是操作简便，适用于形状复杂的镀件。常用的绝缘漆及其使用方法见表5-1。

表5-1　常用的绝缘漆及其使用方法

| 序号 | 名称 | 配制方法 | 使用方法 | 性能 | 去除方法 |
|---|---|---|---|---|---|
| 1 | 过氯乙烯可剥漆 | G641 过氯乙烯可剥漆 1 份，过氯乙烯外用磁漆 3 份 | 喷涂或刷涂 2～3 层，每层自然干燥 0.5～1h | 具有一定的耐酸、耐碱能力，可在 60℃ 以下使用 | 剥离 |
| 2 | 过氯乙烯胶漆 | G98-1 过氯乙烯胶液 100g，G62-1 过氯乙烯防腐漆 15～20g，X-3 稀释剂稀释 | 喷涂或刷涂 2～3 层，每层自然干燥 0.5～1h | 具有一定的耐酸、耐碱能力，可在 60℃ 以下使用 | 剥离或溶剂溶解 |
| 3 | 硝基漆 | G98-1 硝基漆 5 份，QO5-3 硝基，X-1 稀释剂稀释 | 喷涂或刷涂 2～3 层，每层自然干燥 0.5～1h | 具有一定的耐酸、耐碱能力，可在 60℃ 以下使用 | 剥离或溶剂溶解 |
| 4 | 氯丁橡胶可剥漆 | HJ56-1 氯丁橡胶可剥漆 | 喷涂或刷涂 5～10 层，每层自然干燥 15～30min，最后在 90℃ 烘干 1h，若与 HF 接触，应在 120℃ 烘干 1.5h | 耐 100℃ 浓碱、氧化性酸腐蚀 | 剥离 |

（续）

| 序号 | 名称 | 配制方法 | 使用方法 | 性　能 | 去除方法 |
|---|---|---|---|---|---|
| 5 | 油墨漆 | 10-38 树脂胶板洋蓝（油墨）35%、F03-1 酚醛调合漆 50%、C01-1 醇酸清漆 15%（均为体积分数），将油墨加温后与上述物质混匀 | 丝网印刷或刷涂，自然干燥 5～10min，最后在 130～140℃ 烘干 40～50min | 耐碱洗、化学抛光、电抛光、阳极化等溶液腐蚀 | 溶剂溶解 |
| 6 | 印铁油墨 | 印铁油墨 2450 孔雀蓝 1 份，醇酸磁漆 1 份，用汽油稀释 | 丝网印刷或刷涂，自然干燥，最后在 120℃ 烘干 3h | 耐碱洗、化学抛光、电抛光、阳极化等溶液腐蚀 | 三氯乙烯溶解 |
| 7 | 聚氯乙烯绝缘涂料 | 市售 | 喷涂或浸涂 3～5 次，每次涂后室温干燥 0.5～1h，总厚度 0.3～0.4mm | 耐酸、耐碱能力强，可在 90℃ 以下使用 | 剥离 |

**96**

## 二、涂蜡保护

　　使用涂蜡保护的特点是由于蜡与镀件的粘接性好，绝缘层的端边不会翘起，适合于对绝缘端边尺寸公差要求高的镀件。此外，蜡制剂使用后去除容易，可以回收。常用的几种绝缘蜡制剂配方见表5-2。

表 5-2　常用的几种绝缘用蜡制剂配方

| 含量（质量分数，%） 成分 | 配方号 1 | 2 | 3 | 4 |
|---|---|---|---|---|
| 石蜡 | 95 | 40 | 15 | 40 |
| 地蜡 | | 55 | | |
| 硬质蜡 | | | 60 | |

（续）

| 含量（质量分数，%）\ 成分 | 配方号 1 | 2 | 3 | 4 |
|---|---|---|---|---|
| 蜂蜡 | | | 20 | 50 |
| 凡士林 | | | | 10 |
| 松香 | 5 | 5 | 5 | |

注：1. 配方1、2、4适用于工作温度40℃以下的电镀液。
　　2. 配方3适用于工作温度在40～60℃电镀液和镀铬等溶液以及草酸、硫酸、阳极氧化溶液。

涂蜡保护成功的关键在于正确的操作。镀件要用有机溶剂脱脂，然后预热到50～70℃，预热后涂一薄层均匀的蜡，然后再涂2～3次到所需厚度；稍加冷却，在尚未到达室温之前，用小刀对绝缘端边进行修整；再用棉花蘸汽油反复擦拭去除残留蜡，最好经电解脱脂、弱腐蚀后再进行电镀（由于很薄的蜡膜是无色的，所以一定要彻底去除零件被镀表面的残留蜡，才能保证镀层良好的结合力）。

镀后用热水烫、煮去镀件上的蜡，然后再用汽油清洗；蜡可回收再用。

### 三、胶带保护

用绝缘胶带、塑料薄膜、橡胶皮等包扎不电镀部位是最简单的保护方法。使用时，要根据实际情况确定包扎方法，如保护管状工件外壁时可外套塑料管，保护内壁时可用橡胶塞或垫塞紧两头等。该法的缺点是对于形状复杂的工件包扎困难，而且包扎缝隙中易残留电镀液，造成电镀工序间的污染。

### 四、互相屏蔽保护

将有尖端或突出部位的工件，通过装挂位置的适当安排，以改善尖端和突出部位的电流密度分布，从而可以达到互相屏蔽保护，如图5-6所示。

此外，将相同零件的不需要电镀部分互相重迭压紧，而只露出需要电镀的部分也可以实现互相屏蔽保护。

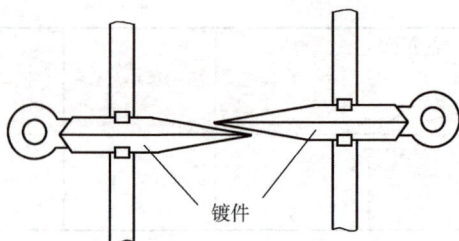

图5-6 相互屏蔽保护示例

# 第四节 电镀工装和夹具的使用

## 一、通用挂具的结构及设计制作

通用挂具结构简单，适用于大多数镀件的多种镀种。通用挂具设计的基本原则是：有足够的强度及良好的导电性能；装卸方便，镀件与挂具接触稳固；尽可能提高生产率。

1. 通用挂具的结构及设计

通用挂具由吊钩、提杆、主杆、支杆、挂钩五部分组成，如图5-7a、b所示。

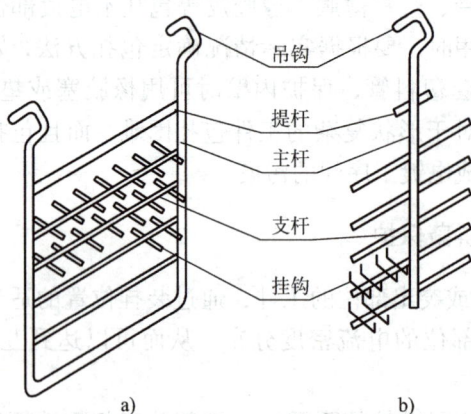

图5-7 通用挂具的结构

（1）吊钩　吊钩的作用是将整个挂具连带挂具上的镀件悬挂在极杆上，它既要承受挂具和镀件的全部重量又要保证极杆上的电流能顺利到达挂具，所以一般选用有一定强度并且导电良好的材料如铜、黄铜等来制作。吊钩与极杆间应有较大的接触面积和良好接触状态。

常用的吊钩形式如图 5-8 所示，吊钩截面积可参考主杆截面积确定，其尺寸应根据极杆直径来设计。吊钩与主杆可做成一体，也可通过钎焊实现两者连接。

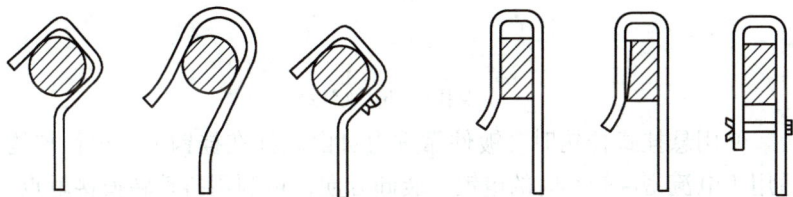

图 5-8　常用吊钩形式

（2）提杆　提杆用于操作时将挂具提起，一般应位于电镀液面以上 50～80mm，其截面积应与主杆相同，并且与主杆通过焊接连接，以保证一定的强度。

（3）主杆　主杆支撑整个挂具及其上镀件的重量，并把电流传输至各支杆及镀件上。主杆材料一般选用 $\phi6\sim\phi8mm$ 的黄铜制作。

（4）支杆　支杆一般用 $\phi5\sim\phi6mm$ 的黄铜制作，并且焊接到主杆上。

（5）挂钩　挂钩在电镀时主要用来悬挂或夹紧镀件，同时将电流传递到镀件上。挂钩材料一般选用弹性较好的钢丝或磷青铜丝、片。挂钩焊接在支杆上，有时也焊接到主杆上。

挂钩在挂具上的分布密度要适当，应使镀件绝大部分表面或重要表面朝向阳极，并且要避免镀件之间的重叠或遮当。杯状镀件之间的间隔应为其直径的 1.5 倍，中小板型镀件之间的间隔为 15～30mm。

一般按镀件与挂钩连接方式将挂钩分为悬挂式和夹紧式两种，如图 5-9 所示。

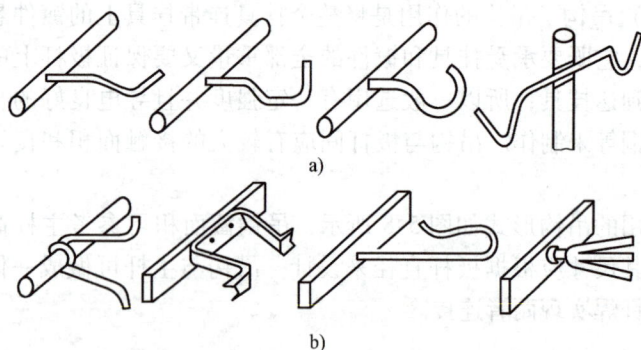

**图 5-9　挂钩型式**

a) 悬挂式　b) 夹紧式

使用悬挂式挂钩时，镀件靠重力自由悬挂在挂钩上。这种挂钩适用于电流密度较小时的电镀，装卸方便，可利用抖动转换接触点，挂具印迹不明显。

夹紧式挂钩利用弹性夹紧镀件的某一部位。这种方式导电性能良好，适用于电流密度较大时的电镀，但结构稍复杂。

挂钩设计应保证镀件在装挂后电镀时产生的气体能顺利地排出，同时挂具出槽时不带出电镀液。因此镀件上的不通孔或凹形部位其口部应稍朝上并倾斜，细长件应纵斜悬挂。

2. 通用挂具的外形尺寸

通用挂具的外形尺寸应根据镀槽大小、电镀品种等情况具体确定。表5-3为设计通用挂具的外形尺寸时的参考数据。

**表 5-3　设计通用挂具外形尺寸时的参考数据**

| 使 用 条 件 | 参考数据/mm | 使 用 条 件 | 参考数据/mm |
|---|---|---|---|
| 挂具底部距槽底距离 | 150～200 | 挂具与挂具之间距离 | 20～40 |
| 电镀液面与电镀件距离 | 40～60 | 挂具与镀槽侧壁距离 | ＞50 |
| 电镀液面与镀槽口距离 | 100～150 | | |

3. 挂具材料的选择

挂具材料要求导电性能良好、机械强度高、成本低、不易受腐蚀。常用的材料有钢、铜、黄铜、磷青铜、不锈钢、钛材等。为保证电流通过挂具时不致明显发热，各种材料的通电电流密度有一定要求。表5-4为常用挂具材料性能及使用范围。

表5-4 常用挂具材料的性能及使用范围

| 材 料 | 性 能 | 适 用 范 围 | 允许通电电流密度 /($A/mm^2$) |
|---|---|---|---|
| 钢 | 强度高，成本低，但导电性较差，易腐蚀 | 用于钢铁氧化、磷化、脱脂、酸洗等挂具或吊筐。钢制挂具的吊钩应采用铜或黄铜 | 1 |
| 铜 | 导电性好，成本高，强度稍差 | 用于较大电流通过的挂具部位和吊钩等 | 3 |
| 黄铜 | 导电性好，强度高，成本较高 | 用于一般挂具的主杆、支杆和吊钩 | 2 ~ 2.5 |
| 磷青铜 | 导电性好，强度高，弹性好，成本高 | 用于一般挂钩 | 2 |
| 铝及其合金 | 导电性好，重量轻，但不耐碱液腐蚀 | 用于铝件的化学抛光、电解钝化、阳极阳化等 | 1.6 |
| 不锈钢 | 耐腐蚀，强度高，但导电性差，成本较高 | 用于化学镀筐或篮、印刷电路板电镀、接点 | |
| 钛材 | 耐腐蚀，强度高，导电性差，成本高 | 用于铝件氧化挂具接点部位、某些阳极吊篮等 | |

### 4. 挂具的绝缘

通用挂具上除与镀件和极杆接触的导电部位以外，其他各部位均应进行绝缘处理，这样可使电流集中在被镀工件上，可节约金属材料和电能消耗，延长挂具使用寿命。

绝缘处理一般是通过包扎聚氯乙烯薄膜、浸过氯乙烯清漆以及涂刷塑料和涂料等方法，使其在挂具表面上形成一层绝缘层，要求绝缘层与基体结合牢固，有一定的强度、耐磨、耐碰，在电镀液中要有足够的绝缘性和化学稳定性，并且便于修补。

### 二、专用挂具的结构及设计制作

专用挂具用于特种电镀及指定镀件的电镀。当镀件形状复杂或受电镀液条件等限制，而使用通用挂具又达不到镀件质量要求时，需要在通用挂具上进行专门设计改进制成专用挂具，以满足镀件质量要求。

专用挂具多采用前面介绍的辅助阳极、保护阴极以及它们的组合制成，以达到调整电流分布，实现均匀电镀的目的。

以设计镀铬专用挂具为例，除了应根据镀铬工艺特点和镀件形状设计制作外，还应注意以下几点：

1）使用材料应有良好的导电能力，导电部位有足够的截面积，并要保证镀件与挂具之间、挂具与极杆之间接触良好，以利于电流顺利通过。

2）挂具材料应有良好的化学稳定性，不与电镀液起化学反应。

3）挂具要有足够的机械强度，挂具主体尽可能采用焊接结构，夹具与镀件之间尽可能采用螺纹联接。

4）挂具上除接触导电部分外均应绝缘，阴、阳极之间应绝缘可靠。

5）电镀内孔的挂具应注意使内孔与阳极同心，并保证内孔中气体和电镀液流能顺利流通。

6）体积较大的工件应有较多电接触点。

图 5-10 为轴杆类镀铬件专用挂具的两种型式。

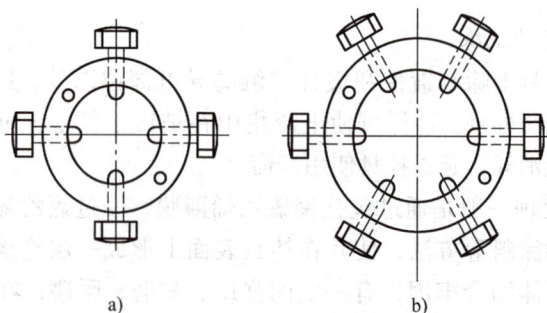

a)                                    b)

图 5-10　轴杆类镀铬件专用挂具

## 复习思考题

1. 什么是辅助阳极？辅助阳极的设计原则是什么？
2. 辅助阳极使用的材料应满足什么要求？
3. 什么是象形阳极？
4. 实现局部电镀的常用方法有哪些？
5. 通用挂具由哪五部分组成？
6. 设计镀铬专用挂具时常要注意哪几点？

## 第六章

# 电镀液的分析

**培训学习目标** 电镀液分析是电镀行业必不可少的一个组成部分，通过对电镀液组成的分析，不但可以及时调整电镀液，使电镀液处于正常、良好的工作状态，以便得到合格的镀层，同时通过分析电镀液，还可以初步确定电镀液中的杂质，以便及时排除杂质，保证得到质量稳定的镀层。

## 第一节 电镀液分析基础

### 一、概论

分析化学一般来说包括定性分析和定量分析两部分。定性分析是通过检测来确定物质是由哪些元素、离子、官能团或化合物组成的；定量分析是测定物质各组成部分的含量的多少。

随着电镀生产的不断发展，当前越来越高的电镀质量对电镀液分析技术也提出了更高的要求，特别是快速、精确、微量和自动化等要求，极大地促进了仪器分析的普及推广和化学分析自动化的发展。尤其是近年来计算机的快速发展，使得分析仪器的自动化和智能化水平都有了很大的提高。作为一名合格的电镀操作者，了解电镀液分析的相关知识，更有利于熟练掌握和控制电镀液，以便生产出合格的电镀产品。

在电镀生产过程中，各种电镀液的组成是相对固定的，基本组成是可知的，要及时、准确地确定电镀液中各组成的含量是电镀生产中最为常见的，另外，电镀液中杂质的鉴定、原材料的分析和电镀废液中微量成分分析也是必不可少的，所以，电镀液分析在电镀生产中有着非常重要的作用。

1. 电镀液分析的重要意义

1）通过对原料、电镀液组成的分析，可以检验工艺过程是否正常，从而减少废品的产生，特别是提高了对特种工艺过程的控制能力，保证特种工艺产品的最终质量。

2）通过对电镀液分析，可以减少原材料消耗，降低生产成本，提高经济效益。

3）通过对电镀生产中排放废水的分析，可以防止有害物质的泄露，有效地保护环境卫生，消除安全事故隐患，做到安全、文明生产。

2. 常用的电镀液分析方法

电镀液分析中常用的定量分析一般分为化学分析法和仪器分析法两大类。

（1）化学分析法　这是以能定量地完成某化学反应为基础，使被测组分在溶液中与试剂作用，由生成物的量或消耗试剂的量来确定组分含量的一种分析方法。其化学方程式为

$$X + R \Longrightarrow XR \tag{6-1}$$

式中　X——被测组分；

R——试剂；

XR——生成物。

根据在化学反应中，反应物或生成物的各种性质，如难溶性、难离解性、挥发性等特点，可采取不同的方法进行测定。具体可分为以下两种：

1）滴定分析法：如酸碱滴定法、氧化还原滴定法、络合滴定法、沉淀滴定法等。

2）重量分析法：如汽化法、沉淀法等。

（2）仪器分析法　这是以物质的物理性质或物理化学性质（如颜色、光谱、电导率、溶解度等）为基础的分析方法。这类方法一般需要较复杂的精密仪器，所以称为仪器分析法。常用的仪器分析法包括：

1）化学分析法：如电导法、电位法、库仑分析法等。

2）光学分析法：如比色分析法、光谱分析法等。

3）色谱分析法：如气相色谱法、高压液分析法等。

随着科学技术和生产水平的迅猛发展，有的经典的化学分析方法已经被仪器分析法所代替。但是，并不是所有的仪器分析法都能完全代替化学分析法，因为在仪器分析法中，关于试样的处理、方法的精确度的校验等都要用到化学分析法，所以化学分析法仍然是其他分析方法的基础。只有化学分析法和仪器分析法在使用中互相配合、互相补充，才能在分析过程中达到灵敏、准确、简便、快速地分析要求。

## 二、分析误差

误差是表示分析结果和真实值之间的差值。分析误差一般包括三大类：系统误差、偶然误差和过失误差。

1）系统误差是指由于分析过程中某些经常性的原因所造成的误差。它的特点是在多次平行测定中重复出现，对分析结果的影响比较固定，即偏高的总是偏高，偏低的总是偏低。

系统误差的产生原因主要有以下几方面：

① 由于所使用的试剂或蒸馏水不纯造成的试剂误差。

② 由于仪器精密度不够所造成的仪器误差。

③ 由于分析方法本身的缺陷所造成的方法误差。

④ 由于分析人员的主观因素所造成的操作误差。

通过对系统误差的产生原因的分析，具体的减免方法有：

① 试剂误差的减免方法有：

a. 使用纯度比较高的试剂，如分析纯（AR）或者优级纯（GR）。

b. 做空白实验，在不加入试样的情况下，按所选用的测定方法，以同样的条件、同样的试剂进行实验，主要检测由于杂质带入所引起的误差。

② 仪器误差的减免方法有：对分析中所使用的测量仪器进行定期校正，并将校正值运用到分析结果中。

③ 方法误差的减免方法有：选择合适的分析方法；用标准样品

做对照实验得出校正系数，并将校正系数应用到分析结果中。

④ 操作误差的减免方法是：加强操作人员的基本功的训练，减少因为滴定终点颜色辨别不清、读取数值不准等原因造成的操作误差。

2）偶然误差是指由于某些偶然因素所造成的误差，如温度、湿度、振动等原因造成的误差等。偶然误差的特点是：同一项测定其误差数值不恒定，有时大、有时小，有时正、有时负，在分析中往往是无法避免的。偶然误差的减免方法有：做几次平行测定，取其平均值以减少偶然误差。

3）过失误差是指在分析过程中由于分析人员的粗心等导致的误差。过失误差会直接导致错误的分析结果，例如读错刻度值、看错砝码等。操作人员只要认真仔细，这种误差是完全可以避免的，而且过失误差在察觉到后其数据应该弃之不用。

### 三、分析误差的表示方法

误差是用来表示准确度的，即所测的数值与真实值相接近的程度。误差分为绝对误差和相对误差两种，其数值有正、负之分。

$$绝对误差 = 测得值 - 真实值$$

$$相对误差 = \frac{绝对误差}{真实值} \times 100\%$$

偏差是用来表示精密度的，即在相同的条件下，多次平行测定结果相互接近的程度。偏差越小，说明平行测定的精密度越高。偏差也分为绝对偏差、相对偏差两种，其数值也有正、负之分。

$$绝对偏差 = 个别测得值 - 平行测定结果平均值$$

$$相对偏差 = \frac{绝对偏差}{平行测定结果平均值} \times 100\%$$

应该知道，准确度与精密度两者并不一定是一致的，有时测得的结果精密度很高，但准确度不一定高，这主要是由于分析中存在的系统误差所造成的。

虽然误差和偏差各自有着不同的含义，但由于在具体的分析中，欲测组分的真实值是测不出来的，故常以平行测定所得结果的平均值来代替真实值，因此两者很难严格区分。实际操作中，往往用公差来表示允许误差。

公差是指有关部门对于分析结果规定的所能允许的误差范围。当分析结果超出允许的公差范围，称为超差，该分析应该重做。规定的公差只取绝对值，无正、负之分（注意区分误差、偏差和公差）。

### 四、分析数据处理

#### 1. 可疑数据的取舍

在实际分析测试工作中，由于误差的存在，在一组测定值中，某个测得数值比其他测定值明显偏大或偏小，这样的测定值称为可疑数据。

对于可疑数据是舍弃还是保留，首先要从技术上设法弄清楚产生的原因。如果查明是由于实验中的过失误差导致的，例如看错了刻度值或采用的试剂错误等，这时可疑数据一律舍弃，不参与数据计算。如果确定可疑数据不是过失误差所致，而是由于偶然误差引起的，那么就不能轻易地舍弃该可疑数据，而应通过多次的分析统计检验来判定可疑数据是否是异常值。如果确定是异常值，就要及时舍弃；如果确定不是异常值，就不应随便舍弃，而要仔细分析该数据。在实际分析操作中，往往容易出现这种情况：做了三次重复测定后，其中有两次测定值数据非常接近，而另一次数据差别较大，人们习惯做的就是将差别大的那个数据舍弃不要，只挑选另外两个"好"的数据进行计算，实际上这种做法是不科学、不合理的，要及时纠正这种做法，应再耐心地查找原因再做几次测定。

#### 2. 有效数字的计算

有效数字是指在分析测量中所能得到的有实际意义的数字，在其数值中只有最后一位数字是可疑的，而它前面的所有位数的数字是准确的。有效数字位数的多少取决于测量仪器和工具的精度。也就是说，精确度越高的仪器和工具，其所得到的有效数字的位数越多。

例如：用能称出 0.0001g 的分析天平称得的某药品的重量是 0.5178g，那么其中的数字"8"就是可疑的，实际重量应该是 0.5178g ± 0.0001g，有效数字是四位。数字 0 在有效数字的位数计算中，起着重要的作用，当 0 在其他数字前面时，只是指示小数点的位置，而不属于有效数字，如：0.0124，有效数字是三位；当 0 在其他数字后面时就表示有效数字了，如：15.6470 的有效数字是六位，最后一位的 0 也代表着有效数字。

有效数字的运算规则：

1）几个数据相加或相减时，它们的和或差的有效数字的保留位数以小数点后位数最少的一个数据为准。

2）几个数据相乘或相除时，各数据保留的位数应以相对误差最大或有效数字位数最少的一个数据为准，所得结果的准确度不大于准确度最小的那个数据。

3）在对数计算中，所取对数位数应与真数的有效数字位数相同。

4）乘方与开方运算所得结果的有效数字的位数，应与乘方或开方前的有效数字位数相同。

### 五、分析操作注意事项

通过对所得分析数据的观察，各数值之间总会存在或大或小的差别，其原因就是因为在分析过程中存在着各种不同的误差。要保证分析数据的正确，操作时一般要做到以下四点：

1）标准溶液的配制要准，详见本章第五节标准溶液。

2）滴定分析终点看得要准，详见本章第四节指示剂。

3）溶液取样要准，由于试样是测量结果的源泉，所以试样的选取要具有代表性，正确采集试样是得到可靠分析结果的重要环节之一。试样采集要做到溶液选取均匀，对于静止的液体，应在上、中、下不同部位取样；对于流动的液体要在不同的时间取样，然后混合做成平均试样进行分析；还应注意取样时槽液应在规定的液面，否则应补充去离子水至规定液面并充分搅拌后再取样。

4）计算数据要准。

## 第二节　常用的分析方法

### 一、概述

滴定分析法是电镀液分析中常用的一种分析方法。滴定分析法又称作容量分析法，是利用标准溶液滴定被检测溶液，由指示剂判断等当点，然后根据标准溶液的浓度和滴定时耗用的体积来计算被测组分含量的分析方法。

根据分析过程所利用的化学反应不同，滴定分析法可分为：酸碱滴定法(又称中和滴定法)、氧化还原滴定法、络合滴定法、沉淀滴定法等。

1. 滴定分析化学反应的条件

不是所有的化学反应都能用于滴定分析，适用于滴定分析的化学反应必须符合下列要求：

1) 应该必须定量的进行，无副反应发生，反应完成的程度通常要达到99.9%以上。

2) 反映能够迅速的完成。对于反应速度较慢的反应，可以采用改变温度、酸度、加催化剂等办法加快反应速度。

3) 能找到适当的方法来确定反应的等当点(或滴定终点)。例如，通过加入指示剂利用颜色的改变或采用物理化学的方法来确定。

4) 反应不受其他共存物质的干扰。在滴定条件下，共存物质不与标准溶液作用，或可以采用适当方法来消除共存物质产生的干扰。

2. 滴定分析法的种类

滴定分析法的种类可以分为四种：

(1) 直接滴定法　这是可以直接用标准溶液滴定被测物质的一种滴定方式。如用盐酸(HCl)标准溶液滴定氢氧化钠(NaOH)和用高锰酸钾($KMnO_4$)标准溶液滴定 $Fe^{2+}$ 等都属于直接滴定法。

(2) 反滴定法　对于直接滴定不能立即完成或没有合适的指示剂时，通过先加入过量的滴定剂，待反应完成后，再用另一标准溶液滴定剩余滴定剂，这种滴定方式称为反滴定法。如测定 $Na_2CO_3$ 时，先加入过量的盐酸(HCl)标准溶液，然后再用氢氧化钠(NaOH)标准溶液滴定反应完成后剩余的盐酸(HCl)。由盐酸(HCl)标准溶液和氢氧化钠(NaOH)标准溶液的浓度及用量来计算得到碳酸钠($Na_2CO_3$)含量。其反应方程式为

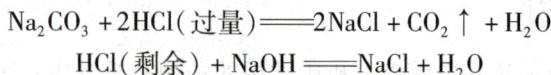

$$Na_2CO_3 + 2HCl(过量) = 2NaCl + CO_2 \uparrow + H_2O$$

$$HCl(剩余) + NaOH = NaCl + H_2O$$

（3）置换滴定法　对于不按确定反应式进行的反应，例如，伴有副反应发生，或容易受空气影响不能直接滴定的物质，可以将被测物质与另一种试剂先发生反应，置换出能用标准溶液滴定的物质来，然后再用标准溶液以某种直接滴定法或反滴定法滴定此生成物，这种滴定方式称为置换滴定法。例如，由于重铬酸钾（$K_2Cr_2O_7$）可以将 $Na_2S_2O_3$ 氧化成 $Na_2S_4O_6$ 或硫酸钠（$Na_2SO_4$），所以不能直接用 $Na_2S_2O_3$ 标准溶液滴定重铬酸钾（$K_2Cr_2O_7$），但是，重铬酸钾（$K_2Cr_2O_7$）可以与过量的碘化钾（KI）在酸性溶液中反应，析出过量的碘（$I_2$），而（$I_2$）就能够用 $Na_2S_2O_3$ 标准溶液直接滴定。其反应方程式为

$$Cr_2O_7^{2-} + 6I^- + 14H^+ =\!=\!= 2Cr^{3+} + 3I_2 + 7H_2O$$

$$I_2 + 2S_2O_3^{2-} =\!=\!= S_4O_6^{2-} + 2I^-$$

（4）间接滴定法　当被测物质不能直接与标准溶液作用，而能和另一种可以与标准溶液直接作用的物质起反应，这时就可以采用间接滴定法进行测定。例如测定溶液中的 $Ca^{2+}$ 一般采用间接滴定法。可将 $Ca^{2+}$ 先沉淀为草酸钙（$CaC_2O_4$），过滤并洗净此沉淀物，再用硫酸（$H_2SO_4$）溶解得到与 $Ca^{2+}$ 等当量结合的草酸（$H_2C_2O_4$），最后用高锰酸钾（$KMnO_4$）标准溶液滴定草酸（$H_2C_2O_4$）。其反应方程式为

$$Ca^{2+} + C_2O_4^{2-} =\!=\!= CaC_2O_4 \downarrow$$

$$CaC_2O_4 + H_2SO_4 =\!=\!= CaSO_4 + H_2C_2O_4$$

$$2MnO_4^- + 5C_2O_4^{2-} + 16H^+ =\!=\!= 2Mn^{2+} + 10CO_2 \uparrow + 8H_2O$$

## 二、酸碱滴定法

酸碱滴定法是以酸碱中和反应为基础，利用酸或碱标准溶液进行滴定的一种滴定分析方法，又称为中和滴定法。该方法的基本反应是：

$$H^+ + OH^- =\!=\!= H_2O$$

即 $H^+$ 和 $OH^-$ 结合生成难电离的水分子。

常用的酸碱标准溶液是 HCl、$H_2SO_4$、NaOH、KOH 等，一般滴定终点是依靠指示剂的变色反应来确定，特殊情况下也可采用物理化学的方法确定。

111

酸碱滴定法的应用范围最为广泛，许多酸、碱物质都可以采用该方法直接测定，甚至一些有机酸、碱也可以用酸碱滴定法测定，而对于更多的物质，包括非酸、碱性的物质，虽然不能直接采用酸碱滴定法，但可以通过与其他试剂反应生成 $H^+$ 或 $OH^-$ 来间接的采用酸碱滴定法测定。

常用的酸碱滴定的类型分为：一元酸碱的滴定、多元酸碱的滴定和混合酸碱的滴定三种。

### 三、氧化还原滴定法

氧化还原滴定法是以氧化还原反应为基础，利用氧化剂或还原剂配制的标准溶液进行滴定的一种滴定分析方法。在氧化还原反应中，获得电子的物质是氧化剂，失去电子的物质是还原剂，氧化剂获得电子后被还原，失去电子的物质被氧化。氧化还原滴定法应用很广泛，可以直接测定氧化性和还原性物质，也可以通过测定一些能与该氧化物质或还原物质发生定量反应的物质来间接测定。

可以用于滴定分析的氧化还原反应很多。根据所用氧化剂和还原剂的不同，氧化还原滴定法有高锰酸钾法、重铬酸钾法、碘法、溴酸钾法等。

（1）高锰酸钾法  此法主要利用高锰酸钾（$KMnO_4$）在强酸性溶液中的氧化作用。其特点有：

1）高锰酸钾氧化性强，应用广泛。

2）当滴定无色或浅色溶液时，可利用 $KMnO_4$ 自身作指示剂，使用方便。

3）$KMnO_4$ 溶液不稳定，容易干扰滴定，所以在使用 $KMnO_4$ 作标准溶液时，要提前对标准溶液进行标定。在使用过程中，$KMnO_4$ 标准溶液应装在棕色酸式滴定管中，以防止 $KMnO_4$ 将胶管氧化。

（2）重铬酸钾法  此法是利用重铬酸钾（$K_2Cr_2O_7$）在酸溶液中的强氧化剂的作用。其特点有：

1）$K_2Cr_2O_7$ 容易提纯，在 $140 \sim 150℃$ 干燥后可以直接配制标准溶液。

2）$K_2Cr_2O_7$ 标准溶液非常稳定，可以长期保存，直接使用。

3）$K_2Cr_2O_7$ 在酸性溶液中与还原剂作用，总是被还原成 $Cr^{3+}$。

4）$K_2Cr_2O_7$ 与一些还原剂作用时，速度较慢，不适用于滴定。

采用重铬酸钾法滴定时，一般常采用二苯胺磺酸钠作指示剂，终点是由绿色（$Cr^{3+}$ 的颜色）变为紫色。

（3）碘量法　此法是利用 $I_2$ 的氧化性和 $I^-$ 的还原性测定物质含量。由于碘不但可以作氧化剂也可以用作还原剂，所以碘量法分为直接碘量法（又称为碘滴定法）和间接碘量法（又称滴定碘法）两种。

1）直接法：此法是利用碘的氧化性，即 $I_2 + 2e \rightarrow 2I^-$，只能在微酸或近似中性溶液中进行。常用的指示剂是淀粉，滴定终点时，由无色变成浅蓝色。

2）间接法：此法是利用碘的还原性，使之与氧化性物质反应，产生等当量的碘，然后再用还原剂滴定生成的 $I_2$，间接测定物质的含量。

在碘量法操作中，防止 $I_2$ 的挥发而产生误差的方法有以下几种：

1）在 $I_2$ 溶液中加入过量的 KI（一般比理论值大 $2 \sim 3$ 倍），生成难挥发的 $I_3^-$。

2）滴定应在室温下（低于 25℃）进行，防止 $I_2$ 的挥发。

3）滴定时应使用碘量瓶，摇动要轻。

113

### 四、络合滴定法

络合滴定法是以络合反应为基础，利用络合剂或金属离子标准溶液进行滴定的滴定方法。

适用于络合滴定反应必须具备以下条件有：

1）生成的络合物必须稳定。

2）生成的络合物必须有明确的组成。

3）络合反应速度必须要快。

4）有适当的方法确定滴定终点。

所以，在电镀液分析中络合滴定法最常见的反应是用硝酸银标准溶液滴定氰离子。即用硝酸银（$AgNO_3$）标准溶液滴定 $CN^-$，其反应式为

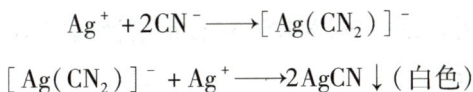

$$Ag^+ + 2CN^- \longrightarrow [Ag(CN_2)]^-$$

$$[Ag(CN_2)]^- + Ag^+ \longrightarrow 2AgCN \downarrow （白色）$$

在滴定过程中，$CN^-$ 的浓度不断的减小，当达到等当点时，稍过量的 $Ag^+$ 与 $[Ag(CN_2)]^-$ 结合生成白色的氰化银（AgCN）沉淀，从而指示出滴定终点。

### 五、沉淀滴定法

沉淀滴定法是以沉淀反应为基础的一种滴定分析方法。虽然能形成沉淀的反应的很多，但不一定都能用于滴定分析。可以用于沉淀滴定法进行分析的反应必须符合下列条件：

1）生成沉淀物的溶解度必须很小。

2）沉淀反应必须能迅速、定量的进行。

3）能够用适当的指示剂或其他方法确定滴定终点，沉淀吸附现象应不妨碍滴定终点的确定。

4）沉淀现象应不妨碍滴定结果。

鉴于以上因素的限制，目前最常用的沉淀滴定法是银量法。

银量法是利用生成难溶性银盐反应的一种测定方法。例如，利用生成 AgCl 和 AgCNS 的沉淀反应，可以测定 $Cl^-$ 和 $CNS^-$ 的含量。其反应方程式为

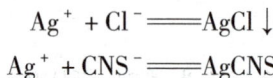

$$Ag^+ + Cl^- =\!=\!= AgCl\downarrow$$
$$Ag^+ + CNS^- =\!=\!= AgCNS\downarrow$$

使用银量法可以测定 $Cl^-$、$Br^-$、$I^-$、$Ag^+$、$CN^-$、$SCN^-$ 及其含卤素的有机化合物等。

沉淀滴定法分为直接滴定法和间接滴定法两种。直接滴定法就是利用沉淀剂标准溶液直接滴定被测试液。例如，在中性或微碱性溶液中，以铬酸钾为指示剂，用硝酸银（$AgNO_3$）标准溶液直接滴定 $Cl^-$。间接滴定法是先加入已知过量的沉淀剂于被测溶液中，再用另一沉淀剂标准溶液滴定加入的沉淀剂的剩余量。例如，用间接法测定试样中的 $Cl^-$ 时，应先在试样溶液中加入一定体积过量的硝酸银（$AgNO_3$）标准溶液，使 $Cl^-$ 全部生成氯化银（AgCl）沉淀，再用铁铵矾作指示剂，用硫氰化铵（$NH_4SCN$）标准溶液滴定剩余量的硝酸银（$AgNO_3$）标准溶液。

### 六、重量分析法

重量分析法是化学分析法中的经典方法，它是根据试样减轻的重量或生成物的重量来确定被测组分含量的一种方法。在重量分析中，一般是先使被测组分从试样中分离出来，转化为一定形式的化合物，然后用称量的方法测出该组分的含量。

重量分析法操作繁琐、费时，不适应于日常生产中的成分控制分析，也不适宜微量组分的测定。但是，由于它是直接用分析天平称重而获得分析结果，不需要与标准试样或基准物质比较，也不使用由容量器皿测定的数据，因此分析结果的准确度高，测定的相对误差约为 0.1%~0.2%，成为一些其他分析的仲裁分析方法。

根据分离试样中被测组分和其他组分的途径不同，重量分析法分为沉淀法、汽化法（挥发法）、电解法、萃取法等，最为常用的是沉淀法和汽化法。

（1）沉淀法　此法是利用沉淀反应使被测组分转化为难溶的化合物，从而得到分离，再经过一系列处理后成为有固定组成的物质，最后通过称量其重量来计算被测组分含量的一种重量分析方法。沉淀法的基本操作过程是：

1）称取一定量的试样，并将试样全部溶解或熔融后制备成试液。

2）在试液中加入适当的沉淀剂，使被测组分形成难溶化合物沉淀下来。

3）沉淀完成后，应进行过滤分离并洗涤除去沉淀物中的杂质，但要特别谨慎，防止溶液溅失。

4）将洗净的沉淀物进行烘干并灼烧，将沉淀烧成合乎要求的称量形式。

5）沉淀物冷却后称量其重量，由称量结果来计算被测组分在试样中的含量。

（2）汽化法　此法是通过加热、燃烧或其他方法（与试剂进行化学反应）使被测组分汽化（挥发），由试样中逸出后，根据试样减轻的重量来计算该组分的含量。或者用某种吸收剂吸收挥发出来的气体，根据吸收剂增加的重量计算该组分的含量。

### 七、其他分析方法简介

#### 1. 色谱法

色谱法是根据被测混合物中各组分的物理及物理化学性质的不同，利用它们在两个相对运动着的相之间的多次分配的原理，将各组分分离并进行检测的分析方法。

色谱分析法可分为气相色谱法和液相色谱法。气相色谱法适用于气体（或可转化为气态）的物质的分离和检测。液相色谱法适用于液体（或能溶于液体中的固体）物质的分离和检测。其中，化工分析中最为常用的是气相色谱法。

气相色谱法具有以下优点：

1）操作简单，分析速度快。

2）分析效能高，尤其对性质很相近的组分有较强的分离能力。

3）灵敏度高。

4）应用广泛，可以分析气体、液体或固体。

用于进行气相色谱分析的仪器称为气相色谱分析仪，详见本章第四节常用仪器。

#### 2. 分光光度分析法

分光光度分析法是光学分析法中的一种，它是根据物质对光的吸收特性进行定量分析的一种分析方法。分光光度分析法包括物质对红外光、紫外光和可见光的吸收，其中应用最广泛的是近紫外光和可见光部分的分光光度分析法。

分光光度分析法的应用非常广泛，它具有以下优点：

1）灵敏度高，测定的下限可达 $10^{-7}g/mL$。

2）选择性好，可在多种组分共存的溶液中分离而测定某种欲测定组分。

3）通用性强，用途广泛。大部分无机元素都可用分光光度计法测定。

4）设备和操作简单，分析速度快。

5）准确度较好，通常相对误差为 2%，适用于微量组分的测定。

# 第三节　指　示　剂

在滴定分析中，通过加入某种物质，然后根据该物质的颜色改变来指示反应的等量点（即反应的终点），这种物质称为指示剂。

指示剂的种类很多，一般按滴定分析方法的不同，常用的指示剂可分为酸碱指示剂、氧化还原指示剂和金属指示剂等。

## 一、酸碱指示剂

### 1. 酸碱指示剂的反应原理

酸碱指示剂是在酸碱滴定分析法中，利用在不同的 pH 值溶液中因其结构的改变而显示不同的颜色，从而来判断反应终点的指示剂。酸碱指示剂能够指示滴定终点，其原因在于酸碱指示剂本身具有的三个特性：

1）酸碱指示剂本身都是有机弱酸或有机弱碱。

2）酸式或碱式指示剂各有不同的颜色。

3）当溶液的 pH 值发生变化时，指示剂可以失去质子转化为碱式或得到质子转化为酸式，出现相应颜色的变化。

例如甲基橙当 pH < 3.4 时，甲基橙主要以红色醌式存在；当 pH > 3.4 时，甲基橙主要以黄色偶氮式存在。又如酚酞在酸性溶液中，酚酞的分子（HIn）是无色的，因此不显色；当在溶液中加入碱时，酚酞分子发生电离，当溶液中的离子（In⁻）增加到一定程度时，溶液即显示红色。

在实际应用中，酸碱指示剂的变色范围越窄越好，这样在反应到达等量点时，pH 值稍有变化，指示剂就可以立即由一种颜色变成另外一种颜色，这样的指示剂才是比较理想的。

### 2. 常用的酸碱指示剂的种类

（1）酚酞类　这类指示剂有酚酞、百里酚酞（又名麝香草酚酞）和 α-萘酚酞等。它们都属于有机弱酸，在酸性溶液中呈无色，在碱性溶液中呈现红色；当碱性溶液的 pH 值在 13～14 之间时，红色不稳定，会慢慢退色。

（2）偶氮化合物类　包括甲基橙、中性红、甲基红、刚果红等，它们都属于有机弱碱，在不同的 pH 值范围内呈现不同的颜色。

（3）磺代酚酞类　包括酚红、甲酚红、溴酚蓝等，它们都属于弱酸。颜色变化详见表 6-1。

（4）混合指示剂　在酸碱滴定中，为了使指示剂的颜色变化范围窄，常常加入混合指示剂的方法。混合指示剂一般有两种：一种是由一种指示剂和一种惰性染料混合而成的；一种是由两种或两种以上的单色指示剂混合而成的。混合指示剂的特点是颜色的变色范围较窄，并且颜色变化明显。例如，甲基橙＋靛蓝。当只使用甲基橙一种指示剂时，颜色变化是由红色变成黄色，中间的过渡色是橙色，不容易明显的辨别出来。而当加入靛蓝组成混合指示剂时，靛蓝是蓝色的，那么溶液颜色随溶液的酸度而改变的情况如下：

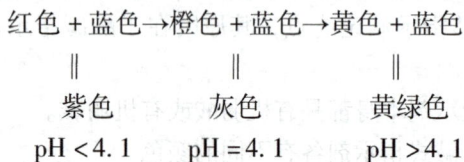

红色＋蓝色→橙色＋蓝色→黄色＋蓝色

‖　　　　　　　‖　　　　　　　‖

紫色　　　　　灰色　　　　　黄绿色

$pH < 4.1$　　　$pH = 4.1$　　　$pH > 4.1$

由此可见，紫色、灰色、黄绿色三种颜色的色差变化很大，非常容易判断滴定终点。

表 6-1　常用酸碱指示剂

| 指示剂 | | 变色范围 pH | 颜色 | | 溶液浓度 | 用量 /20mL 试液 |
|---|---|---|---|---|---|---|
| | | | 酸色 | 碱色 | | |
| 常用的酸碱指示剂 | 百里酚蓝 | 1.2～2.8 | 红 | 黄 | 0.1%[①]的20%[②]酒精溶液 | 1～4滴 |
| | 甲基黄 | 2.9～4.0 | 红 | 黄 | 0.1%的90%酒精液 | 1～4滴 |
| | 甲基橙 | 3.0～4.4 | 红 | 黄 | 0.1%的水溶液 | 1～2滴 |
| | 溴酚蓝 | 3.0～4.6 | 黄 | 紫 | 0.1%的20%酒精溶液或其他钠盐的水溶液 | 2～5滴 |
| | 甲基红 | 4.4～6.2 | 红 | 黄 | 0.1%的60%酒精溶液或其他钠盐的水溶液 | 1～4滴 |
| | 溴百里酚蓝 | 6.0～7.6 | 黄 | 蓝 | 0.1%的20%酒精溶液或其他钠盐的水溶液 | 1～5滴 |

（续）

| 指示剂 | | 变色范围 pH | 颜　色 | | 溶液浓度 | 用量 /20mL 试液 |
|---|---|---|---|---|---|---|
| | | | 酸色 | 碱色 | | |
| 常用的酸碱指示剂 | 中性红 | 6.8～8.0 | 红 | 黄 | 0.1%的60%酒精溶液 | 1～4滴 |
| | 酚红 | 6.8～8.4 | 黄 | 红 | 0.1%的60%酒精溶液或其他钠盐的水溶液 | 1～4滴 |
| | 酚酞 | 8～10.0 | 无 | 红 | 1%的90%酒精溶液 | 1～3滴 |
| | 百里酚酞 | 9～10.2 | 无 | 蓝 | 0.1%的90%酒精溶液 | 1～4滴 |
| 常用的混合酸碱指示剂 | 甲基黄+甲基蓝 | 3.25 | 蓝紫 | 绿 | 1份0.1%[3]甲基黄酒精溶液+1份0.1%次甲基蓝酒精溶液 | |
| | 甲基橙+靛蓝 | 4.1 | 紫 | 黄绿 | 1份0.1%甲基橙水溶液+1份0.25%靛蓝水溶液 | |
| | 溴甲酚绿+甲基红 | 5.1 | 酒红 | 绿 | 3份0.1%溴甲酚绿酒精溶液+1份0.2%甲基红酒精溶液 | |
| | 溴甲酚绿+氯酚红 | 6.1 | 黄绿 | 蓝紫 | 1份0.1%溴甲酚绿钠盐水溶液+1份0.1%氯酚红钠盐水溶液 | |
| | 中性红+次甲基蓝 | 7.0 | 蓝紫 | 绿 | 1份0.1%中性红酒精溶液+1份0.1%次甲基蓝酒精溶液 | |
| | 甲酚红+百里酚蓝 | 8.3 | 黄 | 紫 | 1份0.1%甲酚红钠盐水溶液+3份0.1%百里酚蓝钠盐水溶液 | |
| | 百里酚蓝+酚酞 | 9.0 | 黄 | 紫 | 1份0.1%百里酚蓝50%[4]酒精溶液+3份0.1%酚酞50%酒精溶液 | |

（续）

| 指 示 剂 | 变色范围 pH | 颜 色 | | 溶 液 浓 度 | 用量 /20mL 试液 |
| | | 酸色 | 碱色 | | |
| 常用的混合酸碱指示剂 百里酚酞＋茜素黄R | 10.2 | 黄 | 紫 | 2份0.1%百里酚酞酒精溶液＋1份0.1%茜素黄R酒精溶液 | |

在常用的酸碱指示剂中：
① 0.1%为体积分数。下同。
② 20%为质量分数。下同。
③ 在常用的混合酸碱指示剂中0.1%为体积分数。下同。
④ 50%为质量分数。下同。

**120**

3. 影响指示剂变色范围的因素

1）温度　温度改变，指示剂的电离平衡也随之发生改变，变色点的pH值也跟着变化，直接影响到指示剂的变色范围。通常，温度升高，对于酸性指示剂，变色范围向酸性方向移动；对于碱性指示剂，变色范围向碱性方向移动。

2）指示剂用量　指示剂用量的多少直接影响到滴定终点到来的早晚。

对于单色指示剂，即看到的仅仅是碱式色或酸式色的指示剂，指示剂用量越多，颜色提前出现，滴定终点就提前到达。

对于双色指示剂，即看到的是碱式色或酸式色的混合色的指示剂，指示剂用量越多，颜色变化越迟，滴定终点也就相应的向后推迟。

对于混合指示剂，要严格控制两种组分的比例，否则颜色变化不显著，滴定终点也会推迟。

**二、氧化还原指示剂**

能在氧化还原滴定等量点附近，使溶液改变颜色而确定滴定终点的物质称为氧化还原指示剂。用于指示氧化还原滴定终点的指示剂主要有以下三种类型：

1. 氧化还原型指示剂

该指示剂本身就是具有氧化性或还原性的有机化合物，它的氧化型和还原型的颜色各不相同，能在滴定等量点发生氧化还原反应，从而引起颜色的改变，因此可以用来指示滴定终点。

例如，用 $K_2Cr_2O_7$ 溶液来滴定 $Fe^{2+}$ 时，常用二苯胺磺酸钠作指示剂。二苯胺磺酸钠具有还原剂的性质，能与 $K_2Cr_2O_7$ 溶液作用，当 $K_2Cr_2O_7$ 溶液滴定 $Fe^{2+}$ 到达等当点后，稍微过量的 $K_2Cr_2O_7$ 溶液就能把二苯胺磺酸钠指示剂氧化，使二苯胺磺酸钠由还原型的无色转变为氧化型的紫红色，从而能判断滴定终点的到达。

在选择氧化还原型指示剂时，由于各种不同的指示剂都有着各自不同的标准电位，所以，应该选择变色点电位值在滴定突跃之内的氧化还原指示剂，指示剂变色点的标准电位和滴定等量点的电位越接近，滴定误差就越小。表6-2为几种常用的氧化还原型指示剂。

表6-2 常用的氧化还原型指示剂

| 指 示 剂 | 颜 色 变 化 | | 标准电位/V (pH=0) |
| --- | --- | --- | --- |
| | 氧 化 型 | 还 原 型 | |
| 次甲基蓝 | 蓝色 | 无色 | 0.36 |
| 二苯胺 | 紫色 | 无色 | 0.76 |
| 二苯胺磺酸钠 | 紫红 | 无色 | 0.84 |
| 邻苯氨基苯甲酸 | 紫红 | 无色 | 0.89 |
| 邻二氮菲亚铁 | 浅蓝 | 红色 | 1.06 |
| 硝基邻二氮菲亚铁 | 浅蓝 | 紫红 | 1.25 |

2. 自身指示剂

在氧化还原滴定中，有些标准溶液或被滴定的物质本身就具有颜色，如果反应产物为无色或浅色的物质，则不必另加指示剂，可以利用标准溶液或被滴定的物质的本身指示滴定终点，这时的标准

121

溶液或被滴定的物质就被称作自身指示剂。

例如，以 $KMnO_4$ 标准溶液滴定 $Fe^{2+}$ 溶液时，由于 $MnO_4^-$ 本身就显示紫红色，其还原产物 $Mn^{2+}$ 在稀溶液中则基本上显示为无色，那么当接近滴定终点时，稍微过量的 $MnO_4^-$ 就能使被滴定溶液显示粉红色，从而指示滴定终点的到达。还有，碘量法中的 $I_2$ 的淡黄色也可以作为终点的指示，但又常因为其灵敏度不够，因此，多采用专属指示剂。

**3. 专属指示剂**

有的物质本身没有颜色，也没有氧化还原性，但能与氧化剂或还原剂产生特殊颜色的物质，从而也可以用来指示滴定终点的到达。

例如，在碘量法中，可溶性的淀粉能与极其少量的 $I_2$（碘化物存在下）形成显著的蓝色吸附化合物，这样就可以根据蓝色的产生或消失来确定滴定终点的到达。而且该反应非常灵敏，颜色也非常的鲜明。

**三、金属指示剂**

金属指示剂是一种能与金属离子生成有色的、结构复杂的有机络合剂，主要用来判断络合滴定法的滴定终点。金属指示剂本身多为有机染料，在溶液中显示指示剂本身的颜色，同时它又是络合剂，能与金属离子络合生成与指示剂颜色不同的有色络合物。

例如，铬黑 T，简称 EBT，是一种褐色的粉末，带有金属光泽。在不同的酸度下，铬黑 T 显示不同的颜色。当 pH < 6.3 时，显紫红色；当 pH = 6.3 ~ 11.55 时，显蓝色；当 pH > 11.55 时，显橙色。由于铬黑 T 与金属离子 Ca、Mg 等络合后生成的络合物显示酒红色，所以一般使用铬黑 T 的最适宜的酸度是 pH = 9 ~ 10.5。

使用金属指示剂必须具备以下条件：

1）在滴定的 pH 值范围内，金属指示剂本身的颜色应与金属离子生成的络合物的颜色有明显的差别，以便于滴定终点到达的判断。

2）在滴定的 pH 值范围内，指示剂与金属离子生成的络合物应该具有足够的稳定性。如果稳定性太小，则滴定终点就会提前而导致变色不灵敏。

3）指示剂与金属离子络合形成的络合物的稳定性还要小于ED-TA与金属离子形成的络合物的稳定性，这样才能使络离子的转化反映在滴定终点时顺利的进行。

4）显色反应要有一定的选择性，在一定条件下，只对某一种金属离子起作用，以减少互相干扰。

5）指示剂的显色反应要灵敏迅速，性质稳定便于贮存，而且易溶于水。

几种常用的金属指示剂见表6-3。

**表6-3　常用的金属指示剂**

| 指示剂 | 颜　色　变　化 | | | 与金属离子络合后的颜色 | 适用的 pH 值及终点颜色变化 |
|---|---|---|---|---|---|
| 铬黑 T | pH < 6.3 显紫红色 | pH = 6.3 ~ 11.55 显蓝色 | pH > 11.55 显橙色 | | pH = 9 ~ 10.5 酒红变纯蓝色 |
| 钙指示剂 | pH < 7.3 显酒红色 | pH = 8.0 ~ 13.0 显蓝色 | pH > 13.5 显酒红色 | 能与钙形成红色的络合物 | pH = 13 红色变蓝色 |
| 二甲酚橙 | pH < 6.3 显黄色 | | pH > 6.3 显红色 | 红色 | pH < 6.3 红紫色变黄色 |

# 第四节　常用仪器

## 一、常用仪器的种类

溶液分析过程中，最基本的使用工具就是形形色色的分析仪器，包括最常用的普通玻璃器皿、玻璃量器、瓷制器皿、金属器皿、塑料制品、石英器皿以及天平和专用仪器等。

玻璃器皿是分析化验室中最常使用的仪器，它的透明度高、稳定性好、有一定的机械强度和良好的绝缘性能。由于玻璃的耐腐蚀性能不好，因此玻璃器皿不能用于盛氢氟酸等强烈腐蚀性能的化学药品，也不能长时间存放浓的或热的强碱性溶液。分析化验室中所用到的玻璃器皿种类繁多，如烧杯、锥形瓶、称量瓶、漏斗、试管、温度计、滴定管、移液管、容量瓶等。

瓷制器皿主要优点是耐高温，其次是对酸、碱的稳定性要优于玻璃器皿，灼烧时失重量少，价格便宜，在分析化验室中得到了广泛的使用。如瓷坩埚、瓷研钵等。

金属器皿在分析化验室中使用的多为耐蚀性能高、熔点高或不易氧化的惰性金属制品，一般价格也较高，因此，使用量不多。

塑料制品主要是利用它特殊的物理化学性质，例如由于塑料的耐酸碱腐蚀性能好，常用于一些需要使用氢氟酸或强碱溶液的实验中，多为玻璃、金属的替代品，应用于不能使用玻璃器皿的实验中。

石英器皿主要应用在高温灼烧的实验中，代替玻璃器皿。一般来说石英器皿的耐蚀性能比较差。

天平是分析化验室中最常用也是最主要的使用仪器之一，它是利用杠杆原理设计制成的一种用于称量的精密仪器。有托盘天平、工业天平、光电分析天平、单盘天平、电子天平等多种。

**124**

## 二、常用仪器的使用方法

1. 器皿、量具

表6-4为各种常用器皿的用途、使用方法和注意事项。

表6-4　各种常用器皿的用途、使用方法和注意事项

| 名　　称 | 种　　类 | 主要用途 | 使用方法和注意事项 |
|---|---|---|---|
| 烧杯 | 带刻度，不带刻度 | 溶解固体样品、配制溶液 | 用火焰加热时务必将其放置在石棉网上，以保证受热均匀，不允许溶液烧干 |
| 锥形瓶、三角瓶 | 50mL、100mL、250mL、300mL、500mL | 滴定分析，加热处理样品 | 磨口瓶加热时必须打开瓶塞，非标准瓶塞要保持原配 |
| 称量瓶 | 矮型、高型 | 矮型用于测定水分，在烘箱中烘干样品；高型用于称量基准物和样品 | 烘烤时不允许将磨口塞盖紧，磨口塞要保持原配 |

（续）

| 名　称 | 种　类 | 主　要　用　途 | 使用方法和注意事项 |
|---|---|---|---|
| 漏斗 | 短颈，长颈 | 短颈用于一般的过滤；长颈用于定量分析过滤沉淀 | 不可以直接在火上加热 |
| 分液漏斗 | 球型，锥型，筒型 | 用于萃取过程中分离两种互不相溶的液体 | 磨口塞和活塞必须保持原配，不得漏水，不得加热，操作时及时倒置、放气 |
| 试管 | 带刻度，不带刻度，离心管 | 定性分析中检测离子，在离心机中分离沉淀和溶液 | 可以直接加热，不可以骤冷；离心管只能用水溶液加热 |
| 温度计 | 常用温度计，标准温度计 | 测量反应容器、烘箱以及各种浴锅的温度 | 不允许骤冷骤热，指示不允许超过最大使用量程，液泡应完全浸入，避免磕碰 |
| 滴定管 | 酸式滴定管、碱式滴定管（或分为无色滴定管和有色滴定管） | 滴定分析中用于盛装滴定剂并进行滴定，同时能精确测量所用滴定剂的体积 | 酸碱滴定管不能混用，酸式滴定管可以装酸性、中性和氧化性的标准溶液；碱式滴定管只能装碱性标准溶液。对于见光易分解的溶液要装在棕色滴定管中 |
| 移液管 | 有分度，无分度 | 用于吸取一定量准确体积的溶液 | 要严格按移液管的类型取出溶液，未标有"吹出"字样的应使溶液自然流出 |
| 容量瓶 | 25mL、50mL、100mL、250mL、500mL、1000mL | 用于测量液体体积或容纳一定量的液体 | 使用前应用铬酸洗液清洗，并检查磨口塞是否漏水。磨口塞和活塞必须保持原配 |

**2. 天平**

　　分析化验室中最为常用的是托盘天平、分析天平以及随着电子工业的发展不断完善的电子天平。

　　（1）托盘天平　也称普通医药天平，其分度值一般为 0.1~2g，最大载荷可达 5000g。主要用于称量准确度要求不是太高的药品。如配制各种质量分数浓度、比例浓度的溶液，以及有效数字要求在整数内的物质的量浓度的溶液，或者用于称取较大量的样品、原料等工作。其称量操作步骤如下：

　　1）取两张质量相当的纸放在天平两边的托盘上，调节好零点。

　　2）在左边天平盘上加入欲称量的样品，在右边天平盘上加砝码

（不能颠倒左右天平盘中的物品），加砝码的顺序是从大的开始，偏重时更换小砝码。

3）称量直到天平处于平衡状态，并使指针指向零点。

4）称量完毕后，砝码放回砝码盒中，两个天平盘放在一边，避免摆动。

注意：称量时不允许用手直接拿取砝码，应该用镊子。化学试剂不允许直接放在天平盘中。

（2）分析天平　是指分度值为0.1mg的天平，用于定量分析中准确称量样品的质量，是分析化验室中所必不可少的常用仪器之一。分析天平的操作步骤和注意事项如下：

1）轻轻的取下天平罩，叠好放在右后方。

2）检查天平是否整洁，用软毛刷将天平清洁干净后，测定天平的零点并进行合适的调整。

3）确定天平的平衡点。平衡点是指天平载重时，处于平衡状态时指针偏斜的位置，一般由投影屏上的标线对准刻度标尺的位置来确定其读数。

4）进行准确的称量。称量时要轻转旋钮，轻关天平门，不得称量过热、过冷、有腐蚀性的物品。不允许超重。

一般称量的方法有直接称量法、减重称量法等。称量时其质量的计算方法是：

物体质量＝砝码质量＋环码质量＋平衡点读数－零点读数

5）称量完毕后要关闭升降枢旋钮，将被称物品及砝码取出，指数盘转回零位。检查确保整洁后，关闭天平门，拔下电源插头，罩好天平罩。

## 第五节　标　准　溶　液

### 一、标准溶液的作用

标准溶液是滴定分析中所必不可少的物质，滴定分析的待测组分的含量就是通过标准溶液的浓度和用量计算得到的。因此，正确地配制标准溶液，准确地标定标准溶液的浓度以及对有些标准溶液进行妥善的保存，对于提高滴定分析的准确性都是有着重大的意义。

## 二、标准溶液的浓度表示方法

标准溶液浓度的表示方法有三种：质量分数（或体积分数）、物质的量浓度，简称摩尔浓度（mol/L）和滴定度（g/mL）。

1）质量分数是物质的质量与混合物质量之比（体积分数是物质的体积与混合物的体积之比），其比值用%表示。

2）物质的量浓度，是指单位体积溶液中所含溶质的物质的量$n$，以符号$c$表示，单位是mol/L。物质的量浓度是目前应用最为广泛的一种表示方法。

物质的量浓度$c = n/V$。其中，$n$是指溶质的物质的量，单位是mol；$V$是指溶液的体积，单位是L。

3）滴定度是指与每毫升标准溶液相当的待测组分的质量，以符号$T$表示，单位是g/mL。

根据以上所述可以进行一系列的标准溶液配制的计算，例如配制标准溶液所需溶质的质量、计算溶液的浓度等。

## 三、标准溶液的配制和标定

标准溶液的配制一般有两种方法，即直接法和间接法。

1. 直接法

准确的称取一定量的物质并溶解后，在容量瓶内稀释到指定体积，然后计算出该溶液的准确浓度。采用直接法制备标准溶液的物质必须是基准物质。用直接法配制标准溶液的基准物质必须符合以下4个条件：

1）该物质必须有足够的纯度，其杂质含量应少到滴定分析所允许的误差限度以下。一般可用基准试剂或者优级纯试剂。

2）该物质的组成与化学式应完全符合。若含有结晶水，其含量也应与化学式相符。

3）该物质在环境中要稳定，不易吸潮，不吸收空气中的二氧化碳，不风化失水，不易被空气氧化等。

4）该物质容易溶解，并且具有较大的摩尔质量。

例如：配制 0.1000mol/L 的 $\left(\dfrac{1}{6}K_2Cr_2O_7\right)$ 的标准溶液 500mL，其计算和配制过程如下：

已知：$M\left(\dfrac{1}{6}K_2Cr_2O_7\right) = 49.03\,g/mol$

要配制 500mL、0.1000mol/L 该标准溶液所需称量的质量是：

$$m = c\left(\frac{1}{6}K_2Cr_2O_7\right)M\left(\frac{1}{6}K_2Cr_2O_7\right)\frac{V}{1000}$$

$$= 0.1000 \times 49.03 \times \frac{500}{1000}\,g = 2.4515\,g$$

配制过程：在分析天平上准确称取充分干燥过的基准试剂 $K_2Cr_2O_7$ 2.4515g，溶于去离子水中，然后移入经校正后的 500mL 容量瓶中，加水至刻度后充分摇匀即得所需标准溶液。

但是，用来配制标准溶液的物质大多不能满足上述条件，例如盐酸溶液，由于市售的盐酸中的 HCl 含量存在一定的波动；氢氧化钠也因非常容易吸收空气中的 $CO_2$ 和水分，称量的质量不能代表纯氢氧化钠的质量，所以需要采用间接法配制获得。

**2. 间接法**

首先粗略地称取一定量物质或量取一定量体积的溶液，配制成接近于所需浓度的溶液，然后用基准物或另一种物质的标准溶液来测定所配制物质的准确浓度。通常，确定用间接法所配制标准溶液的操作称为标定。在间接法配制标准溶液的标定过程中，使用的另一标准溶液一般称为基准物。

标定方法有两种：

一种是用基准物质标定，其计算公式为

$$c_B = \frac{m \times 1000}{M_B(V - V_0)} \tag{6-2}$$

式中　$c_B$——被标定溶液的物质的量浓度（mol/L）；

　　　$m$——称取基准物的质量（g）；

　　　$M_B$——基准物质的摩尔质量（g/mol）；

　　　$V$——滴定消耗被标定溶液体积（mL）；

$V_0$——空白试验消耗被标定溶液的体积(mL)。

另一种是用已知浓度的标准溶液标定，又称为比较法，其计算公式为

$$c_B V_B = c_A V_A$$

式中　$c_B$——被标定溶液的物质的量浓度(mol/L)；

　　　$V_B$——被标定溶液的体积(mL)；

　　　$c_A$——已知标准溶液的物质的量浓度(mol/L)；

　　　$V_A$——消耗已知标准溶液的体积(mL)。

例如：配制1000mL浓度为0.5mol/L的NaOH标准溶液，其配制过程如下：

1）配制NaOH的饱和溶液：称取100gNaOH溶于100mL去离子水中，摇匀并置于密闭的聚乙烯瓶中放置至溶液清亮。

2）用吸管吸取26mL上述清液，注入1000mL无$CO_2$的去离子水中，形成接近于所需浓度的溶液。

3）标定：称取经干燥后恒重的邻苯二甲酸氢钾2.5~3.5g(准确至0.0001g)4份，设为$m_1$、$m_2$、$m_3$、$m_4$分别溶解于80mL去离子水中，加2滴酚酞指示剂(10g/L)，用先前配好的NaOH标准溶液滴定至微红色为终点，设所需体积分别为$V_1$、$V_2$、$V_3$、$V_4$，同时做一个空白试验，所需体积为$V_0$。根据式(6-2)和$M_{邻苯二甲酸氢钾}$的摩尔质量 = 204.22g/mol，即可计算得到4个标准溶液的准确浓度。根据对计算值平行误差计算，只要符合国标的规定，该标准溶液即配制完成。

## 第六节　用EDTA标准溶液测定
## 焦磷酸盐镀铜溶液中的铜含量训练实例

1. 训练目的

了解镀液分析的一般原理，基本掌握分析的过程和结果计算。

2. 仪器准备

移液管、滴定管、锥形瓶等。

3. 训练要领

（1）滴定的反应过程　即铜离子与EDTA标准溶液的络合比例

应为 1:1，在下面的计算公式中具体体现。

（2）训练步骤　用移液管吸取镀液 1mL，置于 250mL 锥形瓶中，加水 100mL，加 PAN 指示剂数滴后摇匀，用 0.05mol/L 的 ED-TA 标准溶液滴定至溶液由红色变为绿色即为滴定终点。

（3）计算公式

$$铜含量(Cu)(g/L) = cV \times 0.0635 \times 1000$$

式中　$c$——EDTA 标准溶液的实际浓度(mol/L)；

　　　$V$——耗用 EDTA 标准溶液的体积(mol)。

4. 注意事项

1）滴定管中的溶液应该逐滴滴入锥形瓶中，在接近滴定终点时要加入一滴后充分摇匀后再滴入下一滴，最后可以半滴半滴地加入，半滴的加入方法是溶液在刚流出滴定管时用锥形瓶口壁将溶液抹下流入锥形瓶中。

2）注意观察滴定终点。

## 复习思考题

1. 简述电镀液分析的重要意义。

2. 简述误差的定义及误差的分类。

3. 简述系统误差的产生原因和减免方法。

4. 简述偶然误差的产生原因和减免方法。

5. 简述绝对误差和相对误差的表示方法。

6. 简述绝对偏差和相对偏差的表示方法。

7. 什么是公差？

8. 简述分析操作中应注意的操作要点。

9. 什么是滴定分析法？

10. 简述滴定分析的四种分析方式。

11. 简述酸碱滴定分析法，列举 4 种酸碱标准溶液。

12. 简述氧化还原滴定分析法，列举 3 种常用的氧化还原滴定分析法。

13. 简述络合滴定分析法及其适用的条件。

14. 简述沉淀滴定法和其中的银量法。

15. 简述指示剂的概念和分类。

16. 酸碱指示剂的适用条件是什么?
17. 影响酸碱指示剂变色范围的因素是什么?
18. 简述三类氧化还原指示剂的各自适用特点。
19. 简述金属指示剂的必备条件。
20. 分别陈述托盘天平和分析天平的具体操作步骤。
21. 简述标准溶液的三种表示方法。
22. 简述标准溶液直接配制时所必须具备的条件。

# 第七章

# 电镀工艺控制

**培训学习目标** 通过本章的学习熟练掌握电镀液的配制、维护和调整过程；了解各种不同电镀液的作用机理，并通过熟练的霍尔槽实验技术以及其他检测设备的正确使用，来及时了解和维护电镀液，保证电镀液处于最佳的工作状态，以便获取质量优良的镀层。

## 第一节　电镀液的配制和维护

### 一、电镀液的配制方法

> 掌握电镀液的配制方法

由于不同种类镀层所需的电镀液的成分不同，所以其配制的具体方法也就各不相同，要根据具体的电镀液的配制工艺和注意事项来正确的配制。但由于各种电镀液的配制方法和顺序是大体一致的，一般都遵循以下几条基本原则：

> 络合剂和主盐的加入顺序很重要！

1）在镀槽中添加一半左右体积的蒸馏水后，将计算量的络合剂和导电盐类等化学药品在搅拌条件下缓慢加入使其溶解在水中，必要时还要对电镀液及时加热或降温促使化学药品全部溶解。

2）将计算量的主盐类化学药品溶解在上述电镀液中，必要时可先在另一容器中用少量蒸馏水调成糊状后加入，主盐的加入一定要在加入络合剂之后进行，这样才能充分保证主盐的溶解和络合。

3）将其他诸如添加剂、光亮剂等化学药品分别溶解在另外容器中，然后加入上述电镀液中。

4）补充蒸馏水至规定体积，调整电镀液 pH 值后，再经过滤、分析调整、通电处理、试镀合格后即可正常使用。

## 二、配制电镀液时注意事项

1）操作者必须穿戴好防毒、防酸、防碱的防护用品。

2）配制氰化物等有毒电镀液时，必须严格遵守使用毒物的安全操作规程。

3）有毒电镀液的配制必须在良好通风设备运行的条件下进行。

4）严格执行电镀液配制的工艺程序，遵守各组成物配制的先后顺序，诸如络合剂和主盐的先后顺序，酸与水的先后顺序等（严禁将水往硫酸中倒）。

## 三、电镀液的维护管理

> 维护电镀液和去除杂质应掌握。

电镀过程是一个复杂的操作过程，生产过程中电镀液的各组成成分的含量时刻在发生着变化，所以对电镀液进行严格的管理和维护是保证得到合格镀层的重要环节。为此应注意以下几点：

1）定期分析电镀液，根据分析结果对电镀液成分进行适当的调整。调整时用蒸馏水或去离子水分别溶解计算所需量的各成分，按电镀液配制的先后顺序加入到镀槽中，再经过滤、通电处理、分析调整，合格后即可正常使用。

2）电镀液使用过程中必须定期过滤，及时排除各种有害杂质。电镀液中常见的有害杂质的危害及排除方法见表7-1。

表7-1　电镀液中常见的有害杂质的危害及排除方法

| | 产生原因 | 对电镀的影响 | 去 除 方 法 | 备注 |
|---|---|---|---|---|
| 有机杂质 | 添加剂、光亮剂的加入以及除油不彻底带入电解液中 | 引起镀层发脆，降低镀层的耐蚀能力，使镀层发花，降低镀层与基体的结合力 | 1. 每月或每季度用3～4g/L的活性炭吸附、沉淀、过滤一次<br>2. 采用2～3mL/L的双氧水处理后，再用活性炭吸附过滤 | |

（续）

| | | 产生原因 | 对电镀的影响 | 去 除 方 法 | 备注 |
|---|---|---|---|---|---|
| 无机杂质 | 金属杂质（铁、铅、铜等） | 阳极不纯、化学药品不纯，其杂质带入后溶解在电镀液中 | 引起镀层发脆、发暗，产生针孔，深镀能力差等 | 1. 一般可通过低的阴极电流密度、长时间的电解处理最为有效<br>2. 镀锌中的金属杂质，可通过加硫化钠（加入量不得超过0.15g/L）的方法或加入1~3g/L的锌粉处理<br>3. 氰化镀铜溶液中的铅杂质，可以用加入0.2~0.4g/L的硫化钠，再用活性炭吸附过滤的方法去除，铬杂质可用加热后加入保险粉0.2~0.4g/L后过滤的方法去除<br>4. 镀镍溶液中的锌杂质，可用加入碳酸钙过滤的方法去除，铬杂质可用加入保险粉的方法去除<br>5. 镀铬溶液中的金属杂质，一般可通过阳离子交换树脂的方法去除<br>6. 碱性镀锡溶液中二价锡可通过加入双氧水的方法去除<br>7. 镀银溶液中的金属杂质，可通过加入双氧水的方法去除 | |
| | 其他盐类（碳酸盐、氯离子等） | 碳酸盐主要是溶液中的氢氧化物和氰化物分解并与$CO_2$反应生成的；其他杂质主要是药品不纯或前处理过程带入的 | 过高的碳酸钠的存在会降低阴极极化作用，同时会影响镀层的结合力 | 1. 碳酸钠的去除可以采用冷却法，即在低于5℃的温度下结晶后过滤去除；也可以用熟石灰水或氢氧化钡反应生成沉淀的方法去除<br>2. 镀铬溶液中的氯离子，可以通过生成氯化银沉淀的方法去除 | 一般电镀液中碳酸钠允许容量是60~80g/L |

3）光亮剂等添加剂的添加量可以用霍尔槽试验的方法或根据生产消耗定量添加。

4）为了减少阳极过量溶解对电镀液造成污染，电镀过程中应使用阳极套。电镀结束后，阳极板必须及时取出。当阳极发生钝化现象时要及时去除钝化膜，并通过对电镀液的分析调整来消除阳极钝化。

## 第二节　电流效率

### 一、概述

电镀液中发生的反应有电化学反应和化学反应两种。其中，化学反应是副反应，电化学反应中有主反应和副反应发生，副反应直接带来的就是副产物——一种非电镀所需的产物，由此就引出了电流效率概念。同时，电流效率也是评价电镀液性能优劣的一个重要参数。

电流效率是指当一定电量通过电镀液时，在阴极上实际获得的产物质量与通过同一电量时按理论所应获得的产物质量之比，常用$\eta_k$来表示

$$\eta_k = \frac{m}{Itk} \times 100\% \qquad (7-1)$$

式中　$m$——所得镀层的质量（g）；

　　　$I$——通过镀件的电流（A）；

　　　$t$——通电时间（h）；

　　　$k$——电化当量$[g/(A \cdot h)]$。

电流效率分为阴极电流效率$\eta_k$和阳极电流效率$\eta_A$两种。在阴极上，由于副反应析氢的发生（$2H^+ + 2e = H_2$），阴极电流效率$\eta_k$通常都小于100%；在阳极上，阳极溶解不但发生电化学反应使阳极溶解，而且化学副反应的发生也使得阳极溶解，这时阳极电流效率$\eta_A$就会大于100%；当阳极的生成产物又在电镀液中发生分解反应时，阳极电流效率$\eta_A$又会小于100%。

通过式(7-1)可以分别计算直接电镀时间、电流，也可间接计算得出镀层厚度等参数。在电镀生产中，会经常遇到计算电流效率、电镀时间、沉积速度、电流密度等问题，现举两个实例如下。

**例1** 某批工件镀锌，通过称量测得工件镀层的质量是3.5g，所使用的电流是5A，通电时间是40min，已知锌的电化当量是1.22g/(A·h)，试计算镀锌的阴极电流效率。

**解** $\eta_k = \dfrac{m}{Itk} \times 100\% = \dfrac{3.5\text{g}}{5\text{A} \times \dfrac{40\text{h}}{60\text{h}} \times 1.22\text{g}/(\text{A}\cdot\text{h})} \times 100\% = 86\%$

**答**：该工件镀锌的阴极电流效率是86%。

**例2** 已知所用镀镍溶液的阴极电流效率是87%，电流密度是1.5A/dm²，金属镍的密度是8.9g/cm³，电化当量是1.095g/(A·h)，试计算要想得到8μm厚的镍镀层需要镀多长时间。

**解** 假设工件的总面积是$S\,\text{dm}^2$，则8μm厚的镍镀层的质量是：

$$m = \rho\delta s 8.9\text{g/cm}^3 \times 10^3 \times 8\mu\text{m} \times 10^{-5} \times S\,\text{dm}^2 = 0.712S\text{g}$$

由式(7-1) $\eta_k = \dfrac{m}{Itk}$ 可知：

$$t = \frac{m}{\eta_k Ik} = \frac{0.712 \times S}{87\% \times 1.5 \times S \times 1.095}\text{h} = 0.5\text{h} = 30\text{min}$$

**答**：得到8μm厚的镍镀层需要用的时间是30min。

需要值得注意的是，在运用式(7-1)进行一系列计算的过程中，只有做到各参数单位的统一，才能得到正确的结果。

### 二、电流效率对电镀的影响

电流效率对电镀的影响一般情况下主要考虑阴极电流效率，其表现在以下两个方面：

一方面阴极电流效率影响到镀层的沉积速度，由阴极电流效率公式 $\eta_k = \dfrac{m}{Itk} \times 100\%$ 可以得出：$m = \eta_k Itk$，即镀层质量和电流效率成正比。对于同一镀种，在相同的电流密度和相同的通电时间条件下，电流效率越高，得到的镀层质量越多，说明沉积速度越快。

另一方面阴极电流效率对电镀液的分散能力也产生影响，影响的程度主要取决于阴极电流效率随阴极电流密度的变化情况，不同电镀过程的电流效率存在着明显的差异，具体分为三种情况（如图7-1所示）：

1）曲线 I 表示在任何电流密度下或很宽的电流密度范围内，金属的电流效率不随电流密度的改变而发生明显的变化，电流效率对电镀液的分散能力没有影响。例如酸性镀铜、镀锌等一些单金属盐类一般都属于这一类型。

2）曲线 II 表示电流效率随电流密度的升高而下降。由公式 $\dfrac{m_{远}}{m_{近}} = \dfrac{\eta_{k远}D_{k远}}{D_{k近}D_{k近}}$ 可以得出，由于曲线 II 的这种关系，所以远、近阴极的沉积质量的比值接近于1，在这种情况下，沉积金属在阴极的分布比单纯的电流分布更均匀，有利于获得比较均匀的镀层厚度。一般氰化物或其他络合物电镀液都具有这样的特征。例如氰化镀银、焦磷酸盐镀铜等。这也充分说明了为什么络合物电镀液比简单盐电镀液所获得的镀层更均匀的原因。

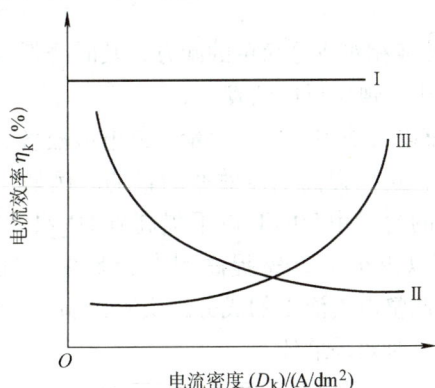

图7-1　电流密度（$D_k$）与电流效率（$\eta_k$）关系曲线

3）曲线 III 表示电流效率随电流密度的升高而增加。根据法拉第定律：$Q = It$，在同样的工件面积和同样的时间内，近阴极相对远阴极所获得的电流密度要大一些，所以近阴极所沉积金属的质量总要大于远阴极沉积金属的质量。由于曲线Ⅲ这种特征的影响，近阴极上所获得的金属镀层比远阴极上的要更厚，这就增加了电镀层厚度分布的不均匀性。例如镀铬就是该特征的典型，这也是为什么电镀铬分散能力差，而且需要采用辅助电极的主要原因。之所以产生这种特异现象，可以简单解释如下：众所周知，铬是由铬酸根（$Cr_2O_7^{2-}$）电解析出的，而电镀液中的铬是以重铬酸根（$CrO_4^{2-}$）的形式存在的，铬酸根与重铬酸根的转化是由化学反应方程式

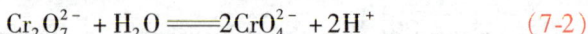

$$Cr_2O_7^{2-} + H_2O \rightleftharpoons 2CrO_4^{2-} + 2H^+ \tag{7-2}$$

实现的，当阴极电流密度升高时，阴极析氢增多，阴极附近的$H^+$含量降低，促使上述反应向右进行，产生更多的放电离子，所以电流效率提高了。

　　基于电流效率对电镀的上述影响，如何利用电流效率在电镀液中的作用，本着既可以获取高质量的电镀层，同时又节约生产成本的目的，改善电镀液的电流效率就成为电镀生产中所必不可少的一项内容。为此，一般主要是从以下几点考虑：

电镀液成分和操作条件对镀层质量的影响应掌握

　　1）选择电镀液相对成分简单的配方，及时降低或排除电镀液中杂质的含量，减少电镀副反应的发生。

　　2）及时调整电镀液中各成分含量，使电镀液各成分的配比处于最佳的工作状态，达到提高电流效率的目的。例如在氰化镀锌溶液中，当氢氧化钠的含量由70g/L以下提高到80g/L以上时，该电镀液的电流效率可以由小于30%提高到大于80%，且镀层细致有光泽，所以要及时调整电镀液中的成分。实际经验为：将NaOH/Zn的比值控制在8~10时效果最佳。

　　3）选择合适的阴极电流密度。电流密度与电流效率存在三种变化关系，根据不同的变化，选择合适的阴极电流密度和电流效率。最佳电流密度、最佳电流效率的数据可以通过霍尔槽实验的方法获得。

　　4）选择合适的电镀液温度。通常提高电镀液温度有利于增加阴极电流密度，而提高阴极电流密度，可达到改善镀层质量的目的（电

镀铬除外）。

## 第三节　霍尔槽实验方法

### 一、霍尔槽的结构及应用

掌握霍尔槽实验方法，排除电镀液故障

霍尔槽是由一个平面阴极和一个平面阳极组成并具有一定斜度的小型电镀实验槽。霍尔槽材料一般选用耐酸、耐碱的透明塑料，如有机玻璃等制作，以便于观察实验情况。霍尔槽结构如图 7-2 所示。霍尔槽实验具有装置简单、操作方便、节约成本、高速快捷、效果理想等优点。通过霍尔槽实验，可以获取电镀所需的一系列重要参数。例如，可得到合格电镀层所需的电流密度的上下限，获取光亮剂等添加剂的最佳使用量，测定电镀液的分散能力，分析电镀故障产生的原因以便及时排除等。可以说霍尔槽实验是电镀工艺综合指标的具体反映，是其他化学分析方法所不可替代的一项实验。随着电镀技术的不断发展，霍尔槽实验必将会得到更加广泛的应用。

139

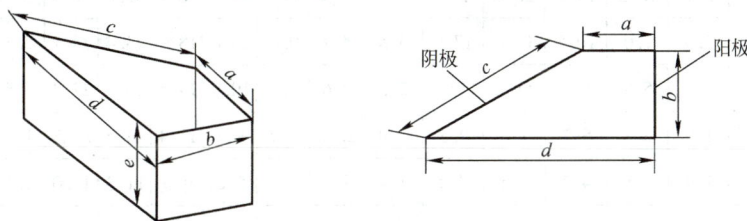

图 7-2　霍尔槽结构图

在霍尔槽实验中，由于霍尔槽构造的独特性，阳极到阴极各部分的距离不一样，故阴极各部分的电流密度分布也各不相同。在距离阳极最近端的阴极部分称为近阴极，其电流密度最高；在距离阳极最远端的阴极部分称为远阴极，其电流密度最低。随着阳极与阴极的距离不断增加，阴极电流密度不断降低。因此，根据阴阳极距离的关系，就可以粗略确定阴极上电流密度的分布情况。

阴极电流分布的关系可由以下经验公式计算得到

$$D_k = I(C_1 - C_2 \log L) \tag{7-3}$$

式中　$I$——通过霍尔槽的电流（A）；

　　　$L$——阴极某点阴极近端的距离（cm）；

$C_1$、$C_2$——电镀液的性质常数。

按霍尔槽体积分类，霍尔槽常有 1000mL、500mL、250mL 三种类型。那么上述式(7-3)可以表示成：

1000mL：　　$D_k = I(3.26 - 3.05 \log L) = IK_1$

250mL：　　$D_k = I(5.1 - 5.24 \log L) = IK_2$

按上述公式所计算的电流密度的数值都是近似的，这主要是因为不同电镀液的电导率和极化率的互不相同引起的。为了方便实验，将上述公式中电流密度和电流在阴极的分布列于表7-2中。

**表7-2　电流密度与电流在阴极的分布常用数据**

| L/cm | $D_k/(A/dm^2)$ | | | | | | | | | | | | |
| | 250mL | | | | | | 1000mL | | | | | |
| | I/A | | | | | | I/A | | | | | |
| | 1 | 2 | 3 | 4 | 5 | $K_1$ | 2 | 4 | 6 | 8 | 10 | 15 | $K_2$ |
| 1 | 5.1 | 10.2 | 15.3 | 20.4 | 25.5 | 5.1 | 6.5 | 13.0 | 19.6 | 26.1 | 32.6 | 48.9 | 3.26 |
| 2 | 3.5 | 7.0 | 10.5 | 14.0 | 17.5 | 3.5 | 4.7 | 9.4 | 14.0 | 18.7 | 23.4 | 35.1 | 2.34 |
| 3 | 2.9 | 5.8 | 8.7 | 11.6 | 114.5 | 2.9 | 3.6 | 7.2 | 10.9 | 14.5 | 18.1 | 27.2 | 1.81 |
| 4 | 1.9 | 3.8 | 5.7 | 7.6 | 9.5 | 1.9 | 2.80 | 5.7 | 8.5 | 11.4 | 14.2 | 21.3 | 1.42 |
| 5 | 1.4 | 2.8 | 4.2 | 5.6 | 7.0 | 1.4 | 2.3 | 4.5 | 6.8 | 9.0 | 11.3 | 17.0 | 1.13 |
| 6 | 1.02 | 2.04 | 3.06 | 4.08 | 5.1 | 1.02 | 1.8 | 3.6 | 5.3 | 7.1 | 8.9 | 13.4 | 0.89 |
| 7 | 0.67 | 1.34 | 2.01 | 2.68 | 3.35 | 0.67 | 1.4 | 2.7 | 4.1 | 5.4 | 6.8 | 10.2 | 0.68 |
| 8 | 0.37 | 0.74 | 1.11 | 1.48 | 1.85 | 0.37 | 1.0 | 2.0 | 3.0 | 4.0 | 5.1 | 7.6 | 0.506 |
| 9 | 0.10 | 0.20 | 0.30 | 0.40 | 0.5 | 0.10 | 0.7 | 1.4 | 2.1 | 2.8 | 3.5 | 5.3 | 0.35 |
| 10 | — | — | — | — | — | — | 0.4 | 0.8 | 1.3 | 1.7 | 2.31 | 3.2 | 0.210 |
| 11 | — | — | — | — | — | — | 0.17 | 0.34 | 0.50 | 0.67 | 0.84 | 1.3 | 0.084 |
| 11.5 | — | — | — | — | — | — | 0.05 | 0.10 | 0.13 | 0.20 | 0.25 | 0.38 | 0.025 |

### 二、霍尔槽实验方法的应用

**1. 霍尔槽结构**

霍尔槽结构见图 7-2，其尺寸见表 7-3。在实际生产中，可以根据生产的需要选择合适的霍尔槽。一般多使用 250mL 的霍尔槽。

表7-3 霍尔槽结构尺寸 （单位：mm）

| 规 格 | $a$ | $b$ | $c$ | $d$ | $e$ |
|---|---|---|---|---|---|
| 1000mL | 120 | 85 | 127 | 212 | 85 |
| 250mL | 48 | 64 | 102 | 127 | 65 |

**2. 霍尔槽溶液**

霍尔槽电镀液的成分要尽量保证与实际生产相一致。在取电镀液之前，应将电镀槽中的电镀液充分搅拌均匀，或按阶梯式取电镀液，即在镀槽的上、中、下不同的点各用移液管吸取一定的电镀液组成霍尔槽实验所需的电镀液。每一个霍尔槽实验用的电镀液在使用几次后就要及时更换，尤其是在使用不溶性阳极、槽液成分消耗量较大时，更要及时更换槽液，一般使用 1~2 次就要更换。

**3. 阴阳极试片及材料**

霍尔槽阴阳极试片的尺寸要依据霍尔槽体的尺寸来确定，一般阴阳极试片的长度应略小于槽体中的 $c$ 和 $b$，宽度略大于 $e$，阴极试片厚度为 0.25~1mm，其材料视实验要求选择，要求试片表面要平整、无锈蚀和毛刺等缺陷。阳极试片厚度为 3~5mm，其材料尽量与生产中使用的阳极相同，也可选用不溶性的阳极。

**4. 霍尔槽实验电镀工作参数**

1）实验的温度应与生产时的温度相同。需要加温的电镀液，可在水浴加温槽中进行，也可以先将电镀液在烧杯中加温到超过实验温度 5℃ 左右，然后倒入霍尔槽中，待降到略高于实验所需温度 0.5℃ 时开始实验，这样做的结果最接近实际值。为了保持实验温度的恒定，也可在霍尔槽壁上钻有孔的改良型的霍尔槽中进行。

2）实验的时间一般为 5~10min。为了霍尔槽实验的横向比较，实验时间要准确。有些电镀液可适当延长时间。

3）实验的电流根据电镀液性质的不同而有所不同。一般在0.5~3A范围内。对于大多数的光亮电镀，由于光亮剂的添加，电镀液的整平性和致密性有了很大的提高，所以使用的电流密度的上限也比较大，则实验时所采用的电流也应大一些；反之，非光亮性电镀所采用的电流就应小一些。对于电流效率低的镀铬溶液，所使用的电流要更大一点，镀装饰铬为3~5A，镀硬铬为6~15A。

**5. 试片镀层外观的表示方法**

为了真实、准确地记录霍尔槽的实验结果，规定了不同镀层表面状态的真实情况，以便于在日后使用。一般以试片中线偏上部位作为实验的研究对象来评判镀层的质量。各种外观可用图7-3所示符号表示。对于那些有代表性的试片还可以涂上清漆长期保存，以便日后查阅。

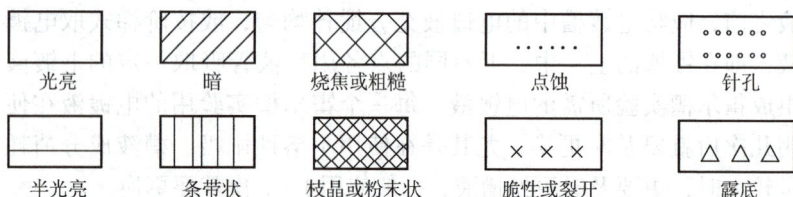

| 光亮 | 暗 | 烧焦或粗糙 | 点蚀 | 针孔 |
|---|---|---|---|---|
| 半光亮 | 条带状 | 枝晶或粉末状 | 脆性或裂开 | 露底 |

图7-3　霍尔槽试片镀层外观的表示符号

**三、采用霍尔槽实验分析排除故障**

生产中，采用霍尔槽实验方法可分析、排除电镀液的故障，不但效果好、速度快，而且操作简单。其具体的操作步骤如下：

**1. 制取故障电镀液的镀层试片**

吸取一定量的故障电镀液，按霍尔槽实验的要求和操作步骤制备出故障电镀液的试片，并将该试片绘图记录，为了便于对比和总结，最好将试片涂清漆保存起来。

**2. 制取正常电镀液的镀层试片**

再吸取无故障或者新配制的该镀种电镀液(与上述故障电镀液相同镀种)，有意识的分别加入各种不同的杂质，即可能产生故障的杂质，分别进行霍尔槽实验，将实验所得各种试片分别记录，并针对该杂质的大致含量，同时在可能的情况下由化验人员对杂质进行定量分析，然后将该试片与故障电镀液所得试片进行对比，这样经过反复实验和分析，就能找出故障产生的真正原因。

3. 验证电镀液故障产生的原因

根据上述查出的原因，对故障进行排除处理，然后对处理后的电镀液重新进行霍尔槽实验。若霍尔槽实验结果表明，处理后的电镀液恢复正常，故障已经排除，则证明前述所查出的原因是正确的，然后就可以对镀槽进行处理。否则，还需要继续做霍尔槽实验，直到查出故障的真正原因为止。

4. 故障电镀液的处理

在查出了电镀液故障产生的原因之后，就要选择合适的方法进行排除。在排除的过程中往往会遇到：一种故障可以用几种方法排除或一种方法可以在不同的操作条件下排除，这时一般要通过对比，选择最经济、最实用、最方便、最可靠的方法进行排除。排除后的电镀液在调整合格后就可以正常使用了。

## 第四节　电镀液的分散能力和覆盖能力的实验方法

143

### 一、概述

注意分散能力和覆盖能力的区别！

在电镀生产过程中，评价镀层质量的一个重要方面就是镀层的均匀性、完整性。因为镀层的各种使用性能大多与上述镀层质量有着直接的联系，例如对于一些主要用于耐蚀性能的阳极镀层（如镀锌），如果镀层不均匀，那么往往在镀层最薄的部位发生腐蚀，那么其他部位的镀层就不能再起保护作用了。镀层厚度的均匀性，主要反映在阴极表面电流分布的均匀性。如果电流在阴极表面分布均匀，那么工件镀层的分布就比较均匀。但实际生产中，往往由于工件形状复杂和电镀液性能的影响，造成电流在阴极工件表面分布不均匀，使得工件表面的镀层厚度也不均匀。为了评定电流在阴极表面的分布情况，引入了分散能力（也称均镀能力）和覆盖能力（也称深镀能力）两个概念，但这又是两个不同的概念，绝不能将之混淆。

分散能力是指电镀液使工件表面镀层厚度均匀分布的能力。如果镀层在阴极表面分布的比较均匀，就认为该电镀液具有比较好的分散能力。在各种类型的电镀液中，氰化物电镀液的分散能力较好，简单盐的电镀液的分散能力较差，电镀铬溶液的分散能力最差。

覆盖能力是指电镀液使工件深凹部位沉积金属镀层的能力。

区分分散能力和覆盖能力的比较简单的方法就是：分散能力是说明镀层金属在阴极表面上分布均匀程度的问题，而覆盖能力说明的是镀层金属在工件表面深凹部位是否沉积的问题。只要工件的各个部位均有镀层就可以认为该电镀液的覆盖能力较好，而不能说明镀层厚度一定是均匀的。在实际生产中，一般分散能力好的电镀液其覆盖能力也比较好。

### 二、分散能力的影响因素及实验方法

#### 1. 影响电镀液分散能力的因素

（1）电镀液极化率对电流分布的影响　极化率越高，阴极表面电流分布就越均匀，电镀液的分散能力就越好。在电镀中，氰化物电镀液的分散能力比较高，就是因为它的极化率较高。提高电镀液分散能力的最佳途径就是选择合适的络合剂和添加剂来增加阴极的极化率。

（2）电镀液的导电性能（电导率）对电流分布和分散能力也有较大的影响　一般来说，电镀液的电导率增加，电阻率减小，则电镀液的分散能力增加。所以，在电镀液中添加碱金属盐类来增加电镀液的导电性能，可使分散能力得以提高。

（3）电流效率对分散能力的影响　有如下三种情况：①电流效率越高，分散能力越差，如镀铬电镀液；②电流效率越高，分散能力越好，如氰化物电镀液；③电流效率对电镀液的分散能力基本不产生影响，如简单盐类电镀液。详见本章第二节。

（4）阴极和阳极的放置位置对分散能力的影响　一般阳极和工件均匀的挂满电镀槽，可以改善分散能力；工件与阳极平行并且两者之间的距离增大，也可以提高分散能力。

（5）工装、夹具的影响　由于工件形状的复杂性，镀层往往容易产生边缘效应（尖端效应），采用象形阳极和辅助阴极有利于改善分散能力。

2. 测定电镀液分散能力的方法

目前，测定电镀液分散能力的方法主要有三种：哈林阴极法（远近阴极法）、弯曲阴极法和霍尔槽法。其中，哈林阴极法测量数据的重现性高，操作简单、高效，因此有着广泛应用的前景，现在市场上新型的电镀参数测试仪测试电镀液分散能力的原理就是利用的哈林阴极法。弯曲阴极法的特点是所用的弯曲阴极和实际生产中复杂工件的形状类似，可以直接观察不同表面的镀层外观情况。霍尔槽法是生产中应用最为广泛的一种方法，而且成本低、操作简单。

（1）哈林阴极法　哈林阴极法实验设备示意图如图 7-4 所示。它是在矩形电镀槽中两侧分别放置两个尺寸相同的试片作阴极，在两个阴极之间放置相同尺寸的阳极，并使之与两个阴极的距离各不相同（常用的距离比为 1/2 或 1/3），通过称量电镀前后远近阴极上沉积镀层的增重量来计算电镀液的分散能力。常用的分散能力计算公式如下

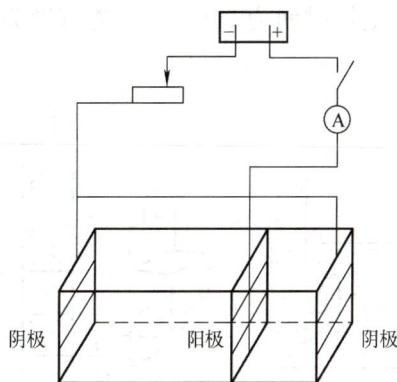

图 7-4　哈林阴极法实验设备示意图

$$T = \frac{K - \dfrac{m_{远}}{m_{近}}}{K - 1} \times 100\%$$ 　　　　（7-4）

式中　$T$——分散能力（100%）；

　　　$K$——远阴极离阳极的距离与近阴极离阳极的距离之比；

　　　$m_{远}$——远阴极上电镀层的增重（g）；

　　　$m_{近}$——近阴极上电镀层的增重（g）。

使用哈林阴极法计算分散能力的公式是通过大量实验人为确定的，所以所得数值是相对的，只能用于对比电镀液的分散能力的强弱，在进行对比实验时必须采用相同的实验设备和相同的计算公式才可得到有效的实验结果。

（2）弯曲阴极法　由于弯曲阴极法使用设备简单，操作方便，不需要称量镀层质量，而直接测量镀层厚度就可以求得电镀液的分散能力，所以弯曲阴极法的使用也在日益广泛。

弯曲阴极法使用的阴极是一个弯曲成如图7-5所示形状的试片，试片各边的长度约为29mm，厚度为0.2～0.5mm，试片两面的总面积约为1dm²；阳极一般长度选用150mm×50mm×5mm，其中浸入槽液中的长度约为110mm，材料与普通电镀的相同；镀槽选用160mm×180mm×120mm，装入2.5L普通电镀所用的槽液。电镀时间和电流密度按使用槽液的性质可选用以下两种方法之一：电流密度为0.5～1A/dm² 时，电镀时间为20min；电流密度为3～5A/dm² 时，电镀时间为10min。

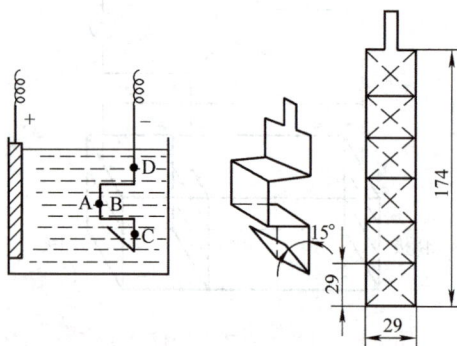

图7-5　弯曲阴极试片形状示意图

实验时所采用的电流密度要保证能得到结晶细致、质量合格的镀层。

实验后后测定 A、B、C、D 四个面的镀层厚度，然后按下式计算该电镀液的分散能力。

$$T = \frac{\delta_B/\delta_A + \delta_D/\delta_A + \delta_C/\delta_A}{3}(\%)\tag{7-5}$$

式中　　　　　$T$——电镀液的分散能力；

$\delta_A$、$\delta_B$、$\delta_C$、$\delta_D$——分别为 A、B、C、D 面中央部位镀层的厚度。

本法在实验过程中，要充分保证 A、B、C、D 面均能得到结晶细致合格的镀层，这样测得的分散能力才是有效、可靠的。

（3）霍尔槽法　通过测量在固定的电流和电镀时间中所得试片不同部位的镀层厚度，计算该电镀液的分散能力。霍尔槽试片分割如图 7-6 所示。

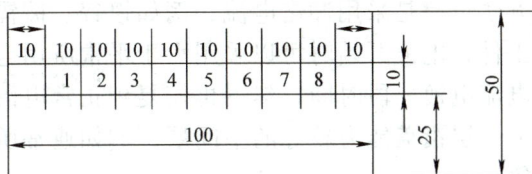

图 7-6　霍尔槽试片分割示意图

计算分散能力的公式为

$$T = \frac{\delta_i}{\delta_1} \times 100\%\tag{7-6}$$

式中　$T$——电镀液的分散能力；

$\delta_i$——2~8 号方格中任一格的镀层厚度（mm）；

$\delta_1$——1 号方格中镀层的厚度（mm）。

### 三、覆盖能力的影响因素及实验方法

电镀液覆盖能力是评定电镀液性能的重要指标之一，其影响因素主要有以下几点：

1. 工件表面电流分布和极限电流密度对临界电流密度之比

这是影响覆盖能力的重要因素之一。临界电流密度是指要使阴极沉积出所需金属阴极电位所必须达到的某一最小值，此时阴极电

位所对应的电流密度称为临界电流密度 $D_{临界}$，临界电流密度是由电镀液的本性决定的。为了使凹凸不平的工件表面全部沉积上金属，要尽可能地提高实际的平均电流密度，当达到某一电流密度时，工件凸起部位出现烧焦现象，此时的电流密度成为极限电流密度 $D_{极限}$。所以，当工件电流分布不均匀时，在工件的深凹部位实际电流密度可能会低于临界电流密度，所以没有金属沉积，覆盖能力就差；当极限电流密度与临界电流密度的比值越大时，电镀液的覆盖能力就越好。

2. 基体金属本性的影响

实践表明，在有些基体金属上可以得到完整的镀层，而在另一些基体金属上只能在某些部位沉积镀层。一般认为，铜基体覆盖能力最好、镍较好、黄铜次之、钢最差。为了改善覆盖能力，一般有两种方法：一是采用冲击电流，例如镀锌、镀镉时，对形状较复杂的工件，电镀开始时可以采用大于平常所用电流的 2 倍左右的冲击电流电镀一段时间，然后再恢复到正常电流；二是在基体上先镀上一层覆盖能力较好的中间层，例如通常所说的预镀铜、预镀镍等。

3. 基体金属组织的影响

实践表明，若基体金属组织不均匀或表面含有其他金属杂质时，此金属表面上覆盖能力就差，甚至可能会没有镀层。

4. 基体金属表面状态的影响

金属的表面状态包括表面洁净程度和表面粗糙度等。金属表面不洁净的部位要比洁净部位的覆盖能力差得多。金属表面不洁净是指表面有油污、锈蚀、钝化膜及其他污染物等。表面粗糙度对覆盖能力的影响，主要是由于粗糙表面的真实表面积要比表观面积大得多，那么同样的电流大小时，粗糙表面的真实电流密度要比表观电流密度小得多，那么某些部位就会因为实际电流密度太小而达不到金属的析出电位，所以就没有金属沉积出来，因此粗糙度值大的基体金属的覆盖能力就要差一些。

## 第五节 其他电镀液检测设备的使用

在电镀的生产现场，通过测定电镀液的性能，可以实现有效的监控电镀液。电镀液出现问题后，目前大多是采用取电镀液样品进行霍尔槽实验，然后再从实验试片上观察和判断找出问题所在，最后进行适当的调整，必要时再结合 pH 值、电流效率、导电性、分散能力、覆盖能力、整平性能等有关电镀液性能的测试方法进行检测。有些性能的测定方法很简单，现简单介绍几种常用仪器的使用方法，可不作为掌握的重点。而且，随着科学技术的不断发展和进步，各种先进的电镀液检测仪器会越来越广泛地用于电镀生产之中。

### 一、pH 值的测定

测定电镀液 pH 值的方法比较简单，即采用 pH 试纸或使用酸度计。

1. 使用 pH 试纸测定

通常，pH 试纸有广泛 pH 试纸和精密 pH 试纸两种。在测定时，最好先使用广泛 pH 试纸，确定电镀液 pH 值的范围，然后再使用精密 pH 试纸准确测定电镀液的 pH 值。测定时要注意：

1）当电镀液带有颜色时，应以试纸上方渗湿部分的颜色作为依据。

2）试纸长期放置、日晒或接近其他化学物质的溶液时，会导致试纸作用失效。

3）pH 试纸只能作为一般性的 pH 值测定，比较精确的测定应使用酸度计。

2. 使用酸度计测定

根据所测电镀液 pH 值的不同，酸度计分为多种不同的型号以用来精确测定 pH 值。酸度计中参比电极和测量电极多采用的是甘汞电极和玻璃电极。一般玻璃电极容易在强酸或强碱溶液中产生误差，故使用时要采用校正曲线进行校正。现简单介绍一下较为常用的雷磁 25 型酸度计在测量未知电镀液 pH 值时的使用注意事项。关于该仪器详细的内部构造可参阅有关的专业书籍或说明书。

1）用去离子水吹洗干净电极，并用小滤片轻轻的吸去附在电极上的水。然后，小心的将电极浸入装有未知电镀液 pH 值的小烧杯中，轻轻摇匀，使电极与电镀液充分接触。

2）用温度补偿器调节至未知电镀液的温度。

3）按下测量按钮，开始测量 pH 值。当电镀液的 pH 值不在测量范围内时，电表指针会偏离一侧，可以通过改变测量范围的量程开关重新进行测量。

4）在测量过程中，如果零点发生变化应该及时进行调整。

5）测量完毕后，关闭测量按钮，清洗电极，取下甘汞电极擦干后放回保护套中，玻璃电极可直接用新鲜的去离子水浸泡保存即可。

## 二、导电性能的测定

电镀液的导电性能是以电导率来衡量的，其计算公式为

$$G = \gamma \frac{A}{l} \tag{7-7}$$

式中  $G$——电导（S）；

$\gamma$——电导率（S/cm）；

$A$——电极面积（$cm^2$）；

$l$——电极间距离（cm）。

$\frac{A}{l}$ 称为电导池常数，由于电极的实际表面积要远大于其几何面积，因此不能用直接计算的方法计算电导池常数，而要用标准氯化钾溶液测定。标准氯化钾溶液的电导率见表 7-4。

决定电导率的一个重要因素就是电镀液电阻的大小。电导仪实际上正是测量电阻的一组电桥，因为测定的是电解质溶液，为了防止电镀液成分在通电时发生变化，一般需要使用 1000Hz 以上的交流电。同时，电桥上还有电容补偿装置，以消除电导池浸入电镀液时的电容干扰。电桥的平衡点可由示波器、电眼或耳机来指示。电导率的测量可以用一般的交流电桥，也可用专用的电导仪，两者从测量的准确性上比较，交流电桥法要比电导仪法准确，但电导仪法可

直接显示测量结果。

### 表7-4　氯化钾溶液的电导率　　　　　（单位：S/cm）

| 温度/℃ | $1\,mol/dm^3$ | $0.1\,mol/dm^3$ | $0.01\,mol/dm^3$ | $0.02\,mol/dm^3$ |
|---|---|---|---|---|
| 5 | 0.07414 | 0.00822 | 0.000896 | 0.001752 |
| 10 | 0.08319 | 0.00933 | 0.001020 | 0.001994 |
| 15 | 0.09252 | 0.01048 | 0.001147 | 0.002243 |
| 18 | 0.09822 | 0.01119 | 0.001225 | 0.002397 |
| 25 | 0.11180 | 0.01288 | 0.001413 | 0.002765 |
| 30 | — | 0.01412 | 0.001552 | 0.003036 |
| 35 | | 0.01539 | 0.001667 | 0.003312 |

### 三、整平性能的测定

采用测定表面粗糙度的仪器就可以用来测定电镀液的整平性能。采用表面粗糙度试验机测定表面粗糙度的方法有很多，其中最为常用的方法是触针法。

触针法的测定原理是将探针拖过表面，它的垂直运动被转换成电脉冲。有的仪器显示表面不规则度的平均尺寸的读数，有的仪器记录放大的表面轮廓。这种仪器对不平度均方根值在 $0.013 \sim 75\,\mu m$ 范围内的硬金属表面适用。对于软金属镀层，探针本身改变了表面，会导致结果的不准确。

测出不平度的平均尺寸 $R$ 之后即可求出整平性能：

$$整平性能（\%）= \frac{R_前 - R_后}{R_前} \times 100\% \tag{7-8}$$

### 四、深镀能力的测定

#### 1. 直角阴极法

测定深度能力差的电镀液时可采用直角阴极法。阴极材料可选取厚度为 0.2mm 的软钢板或铜板，阴极形状及尺寸如图 7-7 所示，背面进行绝缘；阳极为平板。试验后将阴极拉平，然后用带格（划有 50 个小格）的有机玻璃板测量镀层面积占阴极面积的百分比。

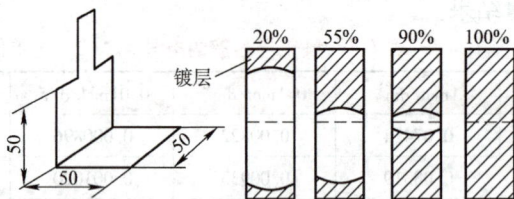

图 7-7  直角阴极法所用阴极形状和尺寸

直角阴极法试验装置如图 7-8 所示，测试时间通常为 30min，电流密度为 $1 \sim 3A/dm^2$。

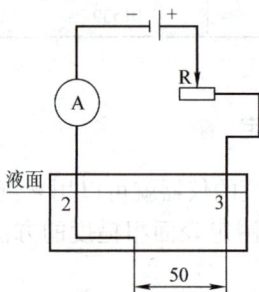

图 7-8  直角阴极法测定电镀液深镀能力试验装置

**2. 内孔法**

该法采用带内孔的圆柱形阴极，其材质和尺寸为 $\phi 10mm \times 50mm$ 或 $\phi 10mm \times 100mm$ 的低碳钢管或黄铜管。试验装置如图 7-9 所示，当采用 50mm 试样时，可一面放置阳极。

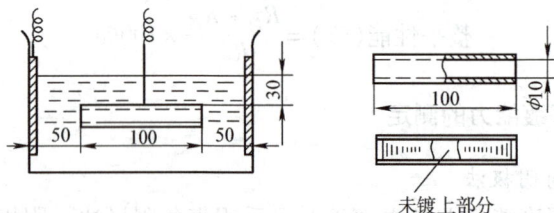

图 7-9  内孔法测定电镀液深镀能力装置

将镀后试样（有些试样需适当钝化处理）水洗烘干后纵向切开，

观察内孔镀层的长度，一般用镀入深度与内孔直径之比来评定深镀能力，其数值越大，表示该电镀液深镀能力越好。

3. 凹穴试验法

该法采用带有 10 个凹穴的阴极，其尺寸如图 7-10 所示。通电一定时间后，观察凹穴内表面镀上金属的程度来判断电镀液的深镀能力。例如，某种电镀液试验后 1～7 孔内表面全部镀上金属，8 孔未全部镀上金属，则这种电镀液的深镀能力为 70%。

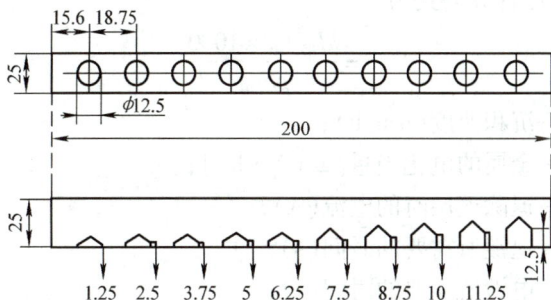

图 7-10　凹穴试验法试验装置阴极

### 五、DD-1 型电镀参数综合测试仪器的应用

DD-1 型电镀参数综合测试仪器是一种电镀专用的综合测试仪器，它可以用来进行以下性能的测定：电导率的测定、电流效率和沉积速度的测定、极化曲线的测定、阴极电流分布的测定、微分电容的测量、极谱分析等。测试结果可以直接在仪器的电表上显示出来，也可以用 X-Y 记录仪或超低频示波器更直观的记录、观测。

1. 电导率的测定

电导率测定时使用有两个电极的毛细管电极，将电镀液吸入毛细管中后正确接线，即可测出电导。然后再用标准的氯化钾溶液测出电导池常数后，就可以计算出电导率。

2. 电流效率和沉积速度的测定

测定时先在一定电流下电镀一段时间后，再在阳极溶解效率为 100% 的溶液中以相同的电流将镀层退除，退除干净时按电压表指示的实际终点记录退除所需要的时间，然后按下列公式分别计算电流效率和沉积速度。

电流效率计算公式为

$$\eta = \frac{t_退}{t_镀} \times 100\%$$  (7-9)

式中　$\eta$——电流效率（%）；

　　$t_退$——退镀所需要的时间（s）；

　　$t_镀$——电镀所需要的时间（s）。

沉积速度计算公式为

$$v = \frac{kI_退 \, t_退 \times 1000}{\rho S t_镀}$$  (7-10)

式中　$v$——沉积速度（μm/h）；

　　$k$——金属的电化当量［g/(A·h)］；

　　$I_退$——退除镀层时的电流（A）；

　　$t_退$——退镀所需要的时间（s）；

　　$t_镀$——电镀所需要的时间（s）；

　　$S$——被测镀件的面积（cm²）；

　　$\rho$——金属的密度（g/cm³）。

3. 极化曲线的测定

DD-1 型电镀参数综合测试仪器可以测定电镀液的阳极极化曲线和阴极极化曲线。测定时可以采用恒电流法或恒电位法。恒电流法只能用手动逐点的方法测试。恒电位法可以手动测定，也可以用扫描法快速测定。

4. 阴极电流分布的测定

测定阴极电流分布要使用专用的电镀槽，如图 7-11 所示。分别测出 5 个阴极上的电流，电流分布的计算公式为

$$T = \frac{I_2 + I_3 + I_4 + I_5}{4I_1} \times 100\%$$  (7-11)

式中　$T$——电流分布（%）；

　　$I_1 \sim I_5$——由近及远 5 个阴极上相应的电流（A）。

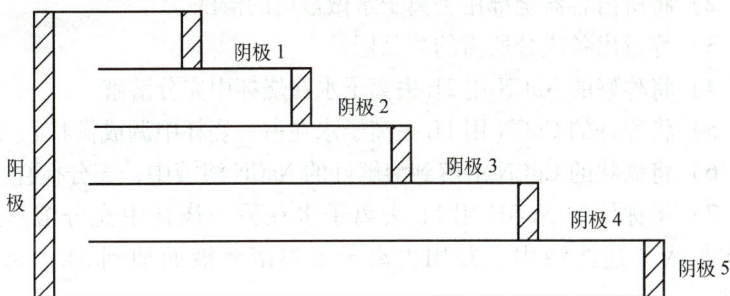

图 7-11　测定阴极电流分布的电镀槽示意图

# 第六节　配制氰化镀铜溶液训练实例

按以下配方配制 5L 氰化镀铜溶液：

氰化亚铜（CuCN）：5～10（g/L）；

氰化钠（游离 NaCN）：15～20（g/L）；

氢氧化钠（NaOH）：2～8（g/L）。

1. 训练目的

熟练掌握电渡溶液的配制过程。

2. 仪器准备

玻璃容器（大于 5L），烧杯，搅拌棒，天平，去离子水，滤纸等。

3. 训练要领

（1）反应过程　铜与氰化钠的络合反应式：$CuCN + 2NaCN = Na_2[Cu(CN)_3]$，从该反应式中可以看出，每 1mol 的 CuCN 需要 2mol 的 NaCN 来络合，即：89.5gCuCN 需要用 98gNaCN 来络合，CuCN 与 NaCN 的络合质量比为 1:1.1，络合后再存在的 NaCN 才是游离 NaCN。

（2）结果计算　按上述要求配制 5L 该溶液时，所需 CuCN 为：$10 \times 5g = 50g$；所需 NaCN 为：$50g \times 1.1 + 20 \times 5g = 155g$；所需 NaOH 为 $8 \times 5g = 40g$。

（3）配制步骤

1）操作者应佩带齐全防毒用品。

155

2）将所需容器全部用去离子水做最后的清洗。

3）称量出各成分所需的药品用量。

4）将称好的 NaCN 用 2L 去离子水在烧杯中充分溶解。

5）将称好的 CuCN 用 1L 去离子水在另一烧杯中调成糊状。

6）将糊状的 CuCN 溶解到溶解好的 NaCN 溶液中，充分搅拌。

7）将称好的 NaOH 用 1L 去离子水在另一烧杯中充分溶解后缓慢加入上述溶液中，并用去离子水将溶液液面加到 5L，充分搅拌。

8）上述溶液溶解完后过滤去除不溶性杂质，将液面补齐至 5L。

9）取样分析溶液各成分含量。

10）分析合格后进行试镀铜，试镀合格后即该溶液配制完成。

4. 注意事项

该电镀溶液为氰化物有毒溶液，在配制过程中要做好严格的防毒措施。

## 复习思考题

1. 简述一般电镀液配制时应遵循的基本原则。

2. 简述电镀液配制的注意事项。

3. 简述电镀液中主盐浓度对沉积镀层的影响。

4. 简述游离络合剂对沉积镀层的影响。

5. 有机添加剂对镀层的有利因素是什么？

6. 简述电镀液操作条件对镀层的影响。

7. 简述电镀液常规维护的几个环节。

8. 什么是电流效率？

9. 已知镀镍溶液的阴极电流效率是 95%，阴极电流密度为 1.5A/dm²，试求 40min 所得镀层的厚度（镍的密度为 8.8g/cm³，镍的电化当量为 1.095g/(A·h)）？

10. 已知镀铬溶液的电流效率为 13.9%，通电电流 40A，在阴极上析出铬的质量为 3.6g，试求需用的电镀时间（铬的电化当量 0.324g/(A·h)）？

11. 简述阴极电流效率对电镀的影响。

12. 简述采用霍尔槽实验法分析、排除故障的主要过程。

13. 简述分散能力和覆盖能力的概念。
14. 区分分散能力和覆盖能力的方法。
15. 电镀液分散能力的影响因素有哪些?
16. 电镀液覆盖能力的影响因素有哪些?

# 第八章

# 镀层性能测试方法

培训学习目标　了解镀层性能的常用测试方法、适用范围、测量精度及所用仪器，掌握常用测试方法、仪器选择和使用操作及其基本计算。

## 第一节　镀层外观检验

### 一、目力镀层外观检验

用目力观察镀件进行外观检验是外观质量检验的一种方法。外观检验也是金属制件电镀层检验的最基本、最常用的检验方法之一。外观不合格镀件就无需再进行其他项目的检验了。

在光线充足的条件下，用目力观察镀件的外观形貌，可将镀件分为合格镀件、有疵病镀件和废品三类。

合格镀件的外观不允许有针孔、麻点、起瘤、起皮、起泡、脱落、阴阳面、斑点、烧焦、暗影、树枝或海绵状沉积层以及应当镀覆而没有镀上的部位等疵病。光亮镀层还应有足够的光亮度、美观、色泽符合要求等。

对于一部分不影响镀件使用性能的疵病，在检验时可区别对待。对于防护-装饰性镀层包括不损害镀件外观的疵病，对于防护性镀层包括不降低耐蚀性能的疵病等，例如轻度小划痕、次要部位上轻度挂具钩痕、经铬酸盐钝化后不明显的钝化液痕迹等。

有疵病的镀件，是指经过返修而变成合格的镀件，包括需退除不合格镀层而重新电镀的镀件和不需退除镀层而需补充加工(如重新抛光)的镀件。

镀件废品包括以下情况：①过腐蚀镀件；②有机械损坏的镀件；③具有大量孔隙，而且只能用机械方法破坏其尺寸才能消除孔隙的铸件、焊接件及钎焊件；④发生短路而被烧坏的镀件；⑤不许去除不合格镀层的镀件(如多层防护装饰电镀时的锌合金制件、松孔镀铬时的活塞环等)。

### 二、钢铁材料化学保护膜的外观检验

钢铁件氧化(发蓝)后，外表应呈均匀的黑色或微带蓝色的黑色。合金钢件可以呈浅棕色至黑褐色。不同的加工方法，不同的表面粗糙度，以及经过焊接、渗碳、局部淬火等部位允许色泽有差异。镀件所有表面不允许有未氧化部位、未洗净的盐迹和红色附着物，也不允许镀件表面上出现过腐蚀。

钢铁件磷化膜的外观由浅灰色到灰黑色，结晶细密、均匀，不允许有未磷化部位、花斑、锈迹，以及损坏磷化膜完整性的擦伤碰伤和未洗净的沉淀物等疵病。

### 三、铝、镁及其合金化学保护膜的外观检验

铝及铝合金化学保护膜的外观应致密均匀，依据不同的材料和氧化方法，外观从乳白色到暗灰色(铬酸或磷酸铬酸化学氧化呈浅绿色；草酸阳极氧化呈黄绿色到深褐色；硬质阳极氧化由灰黑色到深褐色)。镁合金氧化后外观应致密均匀，呈浅黄色。

铝、镁及其合金的化学保护膜除夹具印痕外，不允许有未氧化处，疏松氧化膜和花斑，局部过腐蚀和制件裂纹以及各种破坏氧化膜的擦伤、压伤、划伤、电烧伤等疵病。

## 第二节　镀层结合力检验

### 一、弯曲试验

弯曲试验可定性判断镀层结合力是否合格，一般根据镀种和镀

件情况采用下面 4 种方法之一判断镀层的结合力情况。

1）将电镀试样绕一直径等于试样厚度的轴反复弯曲 180°，直至基体金属断裂，镀层应不起皮、脱落。

2）将电镀试样绕一直径等于试样厚度的轴弯曲 180°，放大 4 倍检查弯曲部分，镀层应不起皮、脱落。

3）将试样夹在台虎钳上反复弯曲，直到基体断裂，镀层应不起皮、脱落，或者放大 4 倍检查，镀层与基体之间不允许分离。

4）对于线材，直径 1mm 以下应绕在直径为线材直径三倍的轴上；直径 1mm 以上应绕在直径等于线材直径的轴上，绕成紧密相靠的 10~15 圈，镀层应不起皮、脱落。

**二、锉刀试验**

将电镀试样夹在台虎钳上，用粗锉刀锉削镀层边棱。锉刀与镀层表面成 45°角，由基体向镀层方向锉。当露出基体时，镀层与基体不分离不起皮为合格。该试验方法适用于镀层较厚零件的测试。

**三、划痕试验**

在镀层表面上，用小刀纵横交错地划，划刀应一次划到基体，划痕数量及划痕间距离不限制。合格镀层划痕交叉处应没有镀层脱落或剥离。

**四、热震试验**

热震试验通过将有镀层的零件放入电炉中加热 0.5~1h 后，在空气或室温水中冷却，然后对镀层进行观察，镀层表面没有的鼓泡或脱落现象的为结合力合格镀层。

镀锌、镀镉层的加热温度为 180~200℃，铅、锡及铅锡合金镀层为 140~160℃，除此以外，不同基体上的其他镀层按以下温度加热：

钢和铸铁：300℃±10℃

铜及铜合金：250℃±10℃

铝及铝合金：220℃±10℃

锌合金：150℃ ±10℃

加热时易氧化的镀层和基体采用惰性气体或适当液体保护。带焊缝的镀件，应根据焊料熔点相应降低加热温度。

## 第三节　镀层厚度检验

### 一、计时液流法

计时液流法是以一定速度的细流状试液溶解局部镀层，根据镀层溶解完毕所需时间推算镀层厚度。镀层溶解完毕的判断：直接观察金属颜色的变化，如果肉眼观察有困难时可增加终点指示装置。

本法适用于测量金属制品的防护-装饰性镀层和多层镀层的厚度，一般测量误差为 ±10%。

1. 测量装置

计时液流法测量装置见图 8-1，其主要容器是一个带活塞的分液漏斗，漏斗下部连有一玻璃毛细管，毛细管口径直接影响液流流速，应通过修整毛细管的口径达到仪器流速要求。具体规定：当仪器压力稳定，活塞完全放开，在 18～20℃ 时，30s 内从分液漏斗中流出 (10±0.1)mL 溶液。

利用插入漏斗中的玻璃管来保持压力的稳定，玻璃管上带有一可使空气进入的小孔，玻璃管下端与毛细管下端保持 (250±5)mm 的固定距离，测量时溶液自漏斗中流出，其内压力下降，空气只能通过玻璃管上的小孔进入漏斗中，以维持测量时压力恒定。

带有终点指示的仪器装置如图 8-2 所示。将一铂金丝 10 封入玻璃管 4 的一端，然后将玻璃管通过橡胶塞插入漏斗中，其下端与玻璃管 4 的下端取平。将铂金丝引出端按图示电路与被测试样相连。电路中使用了单级放大器和电源，允许使用任何线路结构的放大装置。

2. 试验溶液及溶解终点特征

针对不同基体和镀层的试验溶液及溶解终点特征见表 8-1，所用试剂为化学纯，配制溶液时应使用蒸馏水或去离子水。

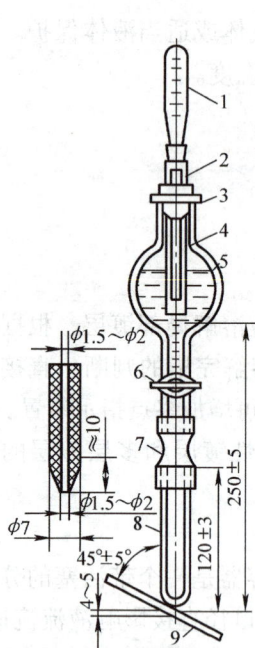

图 8-1　计时液流法测量镀
　　　　层厚度的装置

1—温度计　2—玻璃管 4 上的空
气小孔　3—橡胶塞　4—玻璃管
5—100～1000mL 的分液漏斗
　　6—活塞　7—橡胶管
　　8—毛细管　9—待测试样

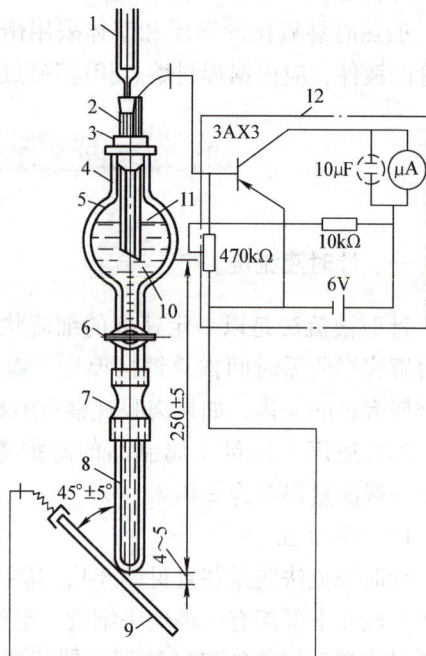

图 8-2　带有终点指示的计时液流法测量镀
　　　　层厚度的装置

1—温度计　2—玻璃管 4 上的空气小孔　3—橡胶塞
4—玻璃管　5—分液漏斗　6—活塞　7—橡胶管
8—毛细管　9—待测试样　10—铂金丝
11—封有铂金丝的玻璃管　12—放大器

表 8-1　计时液流法使用的溶液

| 编号 | 镀层 | 基本金属或中间层金属 | 成 分 名 称 | 化 学 式 | 含量/(g/L) | 终点特征 |
|---|---|---|---|---|---|---|
| 1 | 锌 | 钢 | 硝酸铵 | $NH_4NO_3$ | 70 | 呈玫瑰色斑点 |
| | | | 硫酸铜 | $CuSO_4 \cdot 5H_2O$ | 7 | |
| | | | 1mol/L 盐酸溶液 | HCl | 70mL/L | |
| 2 | 镉 | 钢、铜和铜合金 | 硝酸铵 | $NH_4NO_3$ | 70 | 呈现底金属颜色 |
| | | | 1mol/L 盐酸溶液 | HCl | 10mL/L | |

（续）

| 编号 | 镀层 | 基本金属或中间层金属 | 成 分 名 称 | 化 学 式 | 含量/(g/L) | 终点特征 |
|---|---|---|---|---|---|---|
| 3 | 铜 | 钢、锌合金 | 氯化铁<br>硫酸铜 | $FeCl_3 \cdot 6H_2O$<br>$CuSO_4 \cdot 5H_2O$ | 300<br>100 | 钢上呈红色斑点<br>锌合金呈黑色斑点 |
| 4 | 镍 | 钢、铜和铜合金 | 氯化铁<br>硫酸铜 | $FeCl_3 \cdot 6H_2O$<br>$CuSO_4 \cdot 5H_2O$ | 300<br>100 | 钢上呈红色斑点<br>铜及铜合金露基体 |
| 5 | 铬 | 钢、镍 | 盐酸（密度1.19g/mL）<br>盐酸（密度1.84g/mL）<br>氯化铁<br>硫酸铜<br>酒精 | HCl<br>HCl<br>$FeCl_3 \cdot 6H_2O$<br>$CuSO_4 \cdot 5H_2O$<br>$C_2H_5OH$ | 220mL/L<br>100mL/L<br>60<br>30<br>100mL/L | 呈红色斑点或铜环 |
| 6 | 银 | 铜和铜合金 | 碘化钾<br>碘 | KI<br>$I_2$ | 250<br>7.5 | 呈现基体金属 |
| 7 | 锡 | 钢、铜和铜合金 | 氯化铁<br>硫酸铜<br>盐酸 | $FeCl_3 \cdot 6H_2O$<br>$H_2SO_4$<br>HCl | 15<br>30<br>60 | 呈红色斑点 |
| 8 | 铜青铜黄铜 | 钢 | 氯化镍<br>盐酸（密度1.19g/mL）<br>醋酸<br>三氯化锑 | $NiCl_3 \cdot 6H_2O$<br>HCl<br>$CH_3COOH$<br>$SbCl_3$ | 150<br>150mL/L<br>250mL/L<br>31 | 呈现黑色斑点 |

**163**

**3. 试样准备**

1）受检试样应用有机溶剂或氧化镁脱脂，用蒸馏水洗净，用滤纸吸干或放在洁净空气中晾干。镀后立即检验样品，可不脱脂。

2）最外层为镍镀层的试样，脱脂前先用蘸有1:1盐酸溶液的棉花擦除钝化层，然后再洗涤干燥。

3）最外层为铬镀层的试样，应用蘸有试液的锌棒接触受检表面，破坏钝化膜；检验下面镀层时，先用含质量分数为1%~2%三氧化锑的浓盐酸去除铬镀层。

4）对于镀铬、镀镉的镀层，一般应在铬酸盐钝化前测厚；对于已钝化的试样，可用蘸有浓度为 1:8 盐酸溶液棉花擦除钝化层，然后再清洗干燥后测厚。

5）检验时，要保证试样与室温一致。

### 4. 仪器准备

测定前将试验溶液倒入漏斗体积的 3/4，放开活塞，使溶液充满毛细管，用橡胶塞塞紧漏斗颈口，重新打开活塞，让溶液从漏斗中流出，直到有空气泡通过玻璃管吸入漏斗中，表示漏斗中压力已稳定。

如果在溶液充填毛细管时，在橡胶管或毛细管中有气泡，要把活塞打开，紧压橡胶管，将气泡排出。

### 5. 镀层厚度测定

将准备好的仪器固定在支架上，并使毛细管尖端与试样被测表面距离为 4~5mm，试样被测表面与水平面之间夹角为 45°±5°。打开活塞，同时用秒表记录时间，到试样表面出现终点变化时关闭活塞，同时停止秒表并记录溶液温度。

测量多层镀层时应分别记录每层镀层所耗时间。

测量时应做三次，取三次平均值。

当对某些镀层溶解终点观察有困难时，可在原仪器基础上增加终点指示装置。测量时，接通电路同时打开活塞开动秒表，当镀层溶解完毕呈现基体或中间层金属时，电流表指针发生偏转，此时为溶解终点，停止秒表。

### 6. 镀层厚度计算

计时液流法镀层厚度的计算公式为

$$\delta = \delta_t t$$

式中　$\delta$——镀层局部厚度（μm）；

$\delta_t$——在一定温度下，试液每秒钟所溶解的镀层厚度（μm/s）（其数值由表 8-2 查出）；

$t$——溶解局部镀层所需时间（s）。

对于一些特殊镀层，在上述计算基础上，还要引入校正系数，以使结果更加准确。

表 8-2　计时液流法测定镀层厚度时的 $\delta_t$ 值

（单位：$\mu m/s$）

| 镀层名称<br>溶液温度/℃ | 锌镀层 | 镉镀层 | 铜镀层 | 镍镀层 | 银镀层 | 锡镀层 | 铜-锡合金镀层(锡的质量分数为10%左右) | 备　注 |
|---|---|---|---|---|---|---|---|---|
| 5 | 0.410 | — | 0.502 | — | — | — | — | 表中所列 $\delta_t$ 数值适用于下列镀层：氰化物、硫酸盐、铵盐和锌酸盐电镀液中镀出的锌镀层；氰化物电镀液镀出的镉镀层；氰化物和焦磷酸盐电镀液镀出的铜镀层；硫酸盐电镀液镀出的镍镀层；氰化物、硫氰化物电镀液镀出的银镀层；氰化物电镀液镀出的铜-锡合金镀层；酸性或碱电镀液镀出的锡镀层 |
| 6 | 0.425 | — | 0.525 | — | — | — | — | |
| 7 | 0.440 | — | 0.549 | — | — | — | — | |
| 8 | 0.455 | — | 0.574 | — | — | — | — | |
| 9 | 0.470 | — | 0.600 | — | — | — | — | |
| 10 | 0.485 | 0.680 | 0.626 | 0.235 | 0.302 | 0.370 | 0.420 | |
| 11 | 0.500 | 0.700 | 0.653 | 0.250 | 0.310 | 0.382 | 0.440 | |
| 12 | 0.515 | 0.720 | 0.681 | 0.270 | 0.320 | 0.394 | 0.460 | |
| 13 | 0.530 | 0.745 | 0.710 | 0.290 | 0.330 | 0.406 | 0.480 | |
| 14 | 0.540 | 0.770 | 0.741 | 0.315 | 0.340 | 0.418 | 0.500 | |
| 15 | 0.560 | 0.795 | 0.773 | 0.340 | 0.350 | 0.430 | 0.520 | |
| 16 | 0.571 | 0.820 | 0.806 | 0.376 | 0.360 | 0.442 | 0.540 | |
| 17 | 0.589 | 0.845 | 0.840 | 0.424 | 0.370 | 0.455 | 0.560 | |
| 18 | 0.610 | 0.875 | 0.876 | 0.467 | 0.380 | 0.470 | 0.580 | |
| 19 | 0.630 | 0.905 | 0.913 | 0.493 | 0.390 | 0.485 | 0.602 | |
| 20 | 0.645 | 0.935 | 0.952 | 0.521 | 0.403 | 0.500 | 0.626 | |
| 21 | 0.670 | 0.965 | 0.993 | 0.546 | 0.413 | 0.515 | 0.647 | |
| 22 | 0.690 | 1.000 | 1.036 | 0.575 | 0.420 | 0.530 | 0.668 | |
| 23 | 0.715 | 1.035 | 1.100 | 0.606 | 0.431 | 0.545 | 0.690 | |
| 24 | 0.740 | 1.075 | 1.163 | 0.641 | 0.443 | 0.562 | 0.712 | |
| 25 | 0.752 | 1.115 | 1.223 | 0.671 | 0.450 | 0.580 | 0.732 | |
| 26 | 0.775 | 1.160 | 1.273 | 0.709 | 0.460 | 0.598 | 0.755 | |
| 27 | 0.790 | 1.205 | 1.333 | 0.741 | 0.465 | 0.616 | 0.778 | |
| 28 | 0.808 | 1.250 | 1.389 | 0.769 | 0.470 | 0.630 | 0.800 | |
| 29 | 0.824 | 1.300 | 1.429 | 0.800 | 0.475 | 0.652 | 0.823 | |
| 30 | 0.833 | 1.350 | 1.471 | 0.833 | 0.480 | 0.670 | 0.847 | |
| 31 | 0.850 | 1.410 | 1.515 | 0.862 | — | — | 0.870 | |
| 32 | 0.870 | 1.470 | 1.560 | 0.893 | — | — | 0.892 | |
| 33 | 0.883 | 1.530 | 1.610 | 0.923 | — | — | 0.915 | |
| 34 | 0.900 | 1.590 | 1.660 | 0.953 | — | — | 0.938 | |
| 35 | 0.917 | 1.655 | 1.710 | 0.983 | — | — | 0.960 | |
| 36 | 0.934 | 1.720 | 1.760 | 1.015 | — | — | — | |
| 37 | 0.951 | 1.790 | 1.810 | 1.045 | — | — | — | |
| 38 | 0.968 | 1.860 | 1.860 | 1.080 | — | — | — | |

## 二、溶解法

溶解法用相应溶液将电镀试样上的镀层去除，用称重法或化学分析法测定镀层的质量。同时测定被溶解镀层的表面积，根据密度、表面积和质量之间的关系计算出镀层的平均厚度。

此法适用于检验镀件上的平均厚度，测量误差一般小于5%。

1. 试样准备

将试样用有机溶剂或氧化镁脱脂，用蒸馏水冲洗，脱水干燥，保存在干燥器中备用。

2. 试验溶液

试验溶液应根据基体和镀层种类选取，具体见表8-3，所用试剂为化学纯，配制时使用蒸馏水或去离子水，允许多次使用。

**表8-3 溶解法测量镀层厚度所用溶液成分**

| 镀层种类 | 基体金属或中间镀层金属 | 溶 液 成 分 | 温度/℃ | 镀层金属质量测定方法 |
|---|---|---|---|---|
| 锌 | 钢 | 盐酸(HCl)（密度为1.19g/mL） 1L<br>三氧化二锑($Sb_2O_3$) 20g | 18~25 | 称重法 |
| 镉 | 钢 | 硝酸铵($NH_4NO_3$)饱和溶液 | 18~25 | 称重法 |
| 铜及铜合金 | 钢 | 铬酐($CrO_3$) 275g/L<br>硫酸铵$[(NH_4)_2SO_4]$ 110g/L | 18~25 | 称重法 |
| 镍 | 钢、铜及铜合金、锌合金 | 发烟硝酸（质量分数为70%以上） | 18~25 | 化学分析法 |
| 铬 | 镍、铜及铜合金 | 盐酸(HCl)（密度为1.19g/mL） 1体积<br>水 1体积 | 20~40 | 称重法 |
| 铬 | 钢 | 盐酸(HCl)（密度为1.19g/mL） 1L<br>三氧化二锑($Sb_2O_3$) 20g | 18~25 | 称重法 |
| 银 | 钢、铜及铜合金 | 硫酸($H_2SO_4$)（密度为1.84g/mL） 1L<br>硝酸铵($NH_4NO_3$) 50g | 50 | 称重法 |
| 锡 | 铜及铜合金 | 盐酸(HCl)（密度为1.19g/mL），10%（体积分数）<br>硝酸铵($NH_4NO_3$)，20%（体积分数） | 室温 | 称重法 |
| 锡 | 钢 | 盐酸(HCl)（密度为1.19g/mL） 1L<br>三氧化二锑($Sb_2O_3$) 20g | 15~25 | 称重法 |

3. 检验方法

采用称重法时，将已称重的试样浸入相应溶液中至镀层溶解，基体金属或中间金属完全裸露出时取出试样，冲洗干燥，再称质量。

用化学分析法时，待镀层溶解完毕取出试件后，用蒸馏水冲洗几次，冲洗水与溶解水合并，用化学分析法求出溶解到溶液中的镀层质量。

4. 镀层平均厚度计算

1）采用重量法时，试样镀层平均厚度计算公式为

$$\delta = (m_1 - m_2) \times 10^4 / A\rho$$

式中　$\delta$——镀层平均厚度（$\mu m$）；

　　　$m_1$——溶解前试样物理质量（g）；

　　　$m_2$——溶解后试样物理质量（g）；

　　　$A$——试样被溶解表面积（$cm^2$）；

　　　$\rho$——镀层材料的密度（$g/cm^3$）。

2）采用化学分析法时，试样镀层平均厚度计算公式为

$$\delta = m \times 10^4 / A\rho$$

式中　$\delta$——镀层平均厚度（$\mu m$）；

　　　$m$——化学分析法测得的镀层质量（g）；

　　　$A$——试样被溶解表面积（$cm^2$）；

　　　$\rho$——镀层的密度（$g/cm^3$）。

### 三、阳极溶解库仑法

阳极溶解库仑法适用于测量金属基体上单层或多层单金属镀层的局部厚度。但此法不适于测量阳极难以溶解的金等贵金属镀层，此法测量误差在 $\pm 10\%$ 以内，当镀层厚度大于 $50\mu m$ 或小于 $0.2\mu m$ 时，测量值精确度略低。

此法的原理是以恒定的电流在适当的溶液中将已知表面面积的镀层金属溶解，当镀层溶解完成使基体或中间层裸露时，电解池电压会发生突变指示到达终点。镀层厚度是根据溶解时消耗的电量、被溶解的表面面积、镀层的电化当量、密度以及阳极溶解电流效率计算确定。

## 1. 测量仪器

可使用各种型式结构的电解式测厚仪，当没有定型仪器使用时，可采用图 8-3 所示的装置测量，其中直流电源电压为 10~20V，整流电源波纹因数小于 5% 。此装置的测量电解池如图 8-4 所示，金属杯由不锈钢制成，橡胶垫 2 起绝缘和确定溶解面积作用。测量时应用电动搅拌器搅动工作时的溶液。

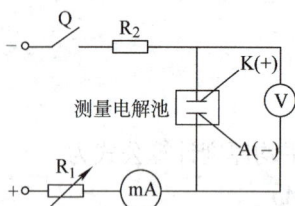

图 8-3　阳极溶解库仑法测量
厚度装置

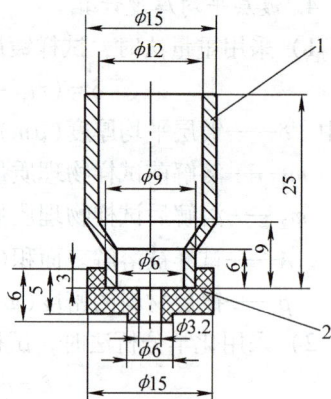

图 8-4　阳极溶解库仑法测
量用电解池

1—金属杯　2—橡胶垫

## 2. 试样准备

试样准备与计时液流法相同。

## 3. 试验溶液

试验溶液见表 8-4。所用试剂为化学纯，配制溶液时使用蒸馏水或去离子水。

表 8-4　阳极溶解库仑法测厚的溶液

| 镀层种类 | 基体金属或中间镀层金属 | 溶 液 组 成 | 含　量 |
|---|---|---|---|
| 锌 | 钢 | 氯化钠 | 100g/L |
| 镉 | 钢、铜、镍、铝 | 碘化钾<br>碘溶液 | 100g/L<br>1mL/L |

（续）

| 镀层种类 | 基体金属或中间镀层金属 | 溶液组成 | 含　量 |
|---|---|---|---|
| 铜 | 钢、镍、铝 | 酒石酸钾钠（$KNaC_4H_4O_6 \cdot 4H_2O$）<br>硝酸铵（$NH_4NO_3$） | 80g/L<br>100g/L |
| 铜 | 锌 | 未稀释的氟硅酸（$H_2SiF_4$） | >30%（质量分数） |
| 镍 | 钢、铜、铝 | 硝酸铵（$NH_4NO_3$）<br>硫氰酸钠（NaCNS） | 30g/L<br>30g/L |
| 铬 | 钢、镍、铝 | 无水硫酸钠（$Na_2SO_4$） | 100g/L |
| 铬 | 铜 | 盐酸（HCl）（密度为1.19g/mL） | 175mL/L |
| 银 | 钢、镍 | 硝酸（$HNO_3$）（密度为1.42g/mL）<br>硝酸钠（$NaNO_3$） | 4mL/L<br>100g/L |
| 银 | 铜 | 硫氰酸钾（KCNS） | 180g/L |
| 锡 | 钢、铜、镍 | 盐酸（HCl）（密度为1.19g/mL） | 175mL/L |
| 锡 | 铝 | 无水硫酸钠（$Na_2SO_4$） | 100g/L |

4. 检验方法

当使用图示装置时，应将电解池压在镀层表面受检部位，试样接电源正极，电解池金属杯接电源负极。注入相应试验溶液，电路接通后开动搅拌器，记录电流，注意观察电压与时间关系，当电压发生跃变时表明镀层溶解完毕，完成本次测量，记录所需时间。

5. 局部镀层厚度计算

阳极溶解库仑法所测局部镀层厚度按下式计算

$$\delta = kIt\eta10/A\rho$$

式中　$\delta$——镀层局部厚度（$\mu m$）；

　　　$I$——通过电解池电流（A）；

　　　$t$——溶解镀层所需时间（s）；

　　　$A$——试样被溶解的表面积（$cm^2$）；

　　　$\rho$——镀层的密度（$g/cm^3$）；

　　　$k$——镀层金属电化当量[$mg/(A \cdot s)$]；

　　　$\eta$——阳极溶解电流效率。

### 四、金相测厚法

金相测厚法使用显微镜检查镀件横断面，以测量金属镀层及化学保护层的厚度。此法测量准确度高，重现性好，通常作为镀层厚度测定中的仲裁方法(解决测量争议时使用)。

此法适用于 $2\mu m$ 以上的各种金属镀层和化学保护层的测厚。镀层厚度大于 $8\mu m$ 时，可作为仲裁检验，其测量误差一般为 $\pm 10\%$。镀层厚度大于 $25\mu m$ 时，其误差可降到 $5\%$。

#### 1. 仪器

使用经过校准的、带有游动测微计或目镜测微计的各种类型金相显微镜。

#### 2. 试样准备

试样取样方法与数量，可按镀件技术规定。一般可从主要表面之一处或几处切取。试样镶嵌前可加镀层厚度不小于 $10\mu m$ 的其他镀层，以保护待测试样的边缘。镶嵌时应使试样横断面垂直于待测镀层。采用环氧树脂冷镶嵌或胶木粉、聚乙烯粉等热镶嵌。镶嵌后的试样经研磨、抛光。

抛光后的试样要浸蚀，以便清晰地暴露镀层和金属基体。化学保护层试样不用浸蚀。常用的浸蚀剂见表 8-5。浸蚀完成后，先用清水冲洗试样，然后用酒精洗，用热风吹干待测。

**表 8-5 室温下使用的一些典型浸蚀剂**

| 浸蚀剂成分 | 含量 | 使用和说明 | 被浸蚀金属 |
|---|---|---|---|
| 硝酸($HNO_3$)(密度为 $1.42g/mL$)<br>乙醇($C_2H_5OH$)($95\%$，质量分数)<br>注意：这种混合溶液极不稳定，尤其在受热时 | 5mL<br>95mL | 用于钢铁上的镍或铬镀层。这种浸蚀液应是新配制的 | 钢 |
| 氯化铁($FeCl_3 \cdot 6H_2O$)<br>盐酸($HCl$)(密度为 $1.16g/mL$)<br>乙醇($C_2H_5OH$)($95\%$，质量分数) | 10g<br>2mL<br>98g | 用于钢、铜、铜合金基体上的金、铅、银、镍和铜镀层 | 钢、铜和铜合金 |
| 硝酸($HNO_3$)(密度为 $1.42g/mL$)<br>冰醋酸($CH_3COOH$) | 50mL<br>50mL | 用于确定钢和铜合金上多层镍镀层，即每层的厚度、鉴别组织及区分每一层镍 | 镍、过腐蚀的铜和铜合金 |

（续）

| 浸蚀剂成分 | 含量 | 使用和说明 | 被浸蚀金属 |
|---|---|---|---|
| 过硫酸铵$[(NH_4)_4S_2O_8]$<br>氢氧化铵$(NH_3H_2O)$（密度为0.88g/mL）<br>蒸馏水 | 10g<br>2mL<br>90mL | 用于铜和铜合金上锡和锡合金镀层。这种浸蚀液应是新配制的 | 铜和铜合金 |
| 硝酸$(HNO_3)$（密度为1.42g/mL）<br>氢氟酸$(HF)$（密度为1.14g/mL）<br>蒸馏水 | 5mL<br>2mL<br>93mL | 用于铝和铝合金上的镍和铜镀层 | 铝及其合金 |
| 铬酐$(CrO_3)$<br>硫酸钠$(Na_2SO_4)$<br>蒸馏水 | 20g<br>1.5g<br>100mL | 用于锌基合金上的镍和铜镀层，也适于钢铁上的锌和镉镀层 | 锌、锌基合金和镉 |
| 氢氟酸$(HF)$（密度为1.14g/mL）<br>蒸馏水 | 2mL<br>98mL | 用于铝合金阳极化 | 铝及其合金 |

### 3. 镀层厚度测量

将浸蚀过的试样放在金相显微镜上测量镀层厚度，同一部位上应测量 3 次，取平均值。如需测平均厚度，则应在镶嵌试样的全部长度上测量 5 个点，取其平均值。推荐使用放大倍数为：镀层厚度大于 20μm 时，放大 200 倍；镀层厚度小于 20μm 时，放大 500 倍。

**五、非破坏性测厚法**

非破坏性测厚法通常采用专用仪器进行厚度测量，其中常用的有磁性测厚仪及涡流测厚仪两种。此外还可应用 X 射线荧光仪器等进行非破坏性厚度测量。

磁性测厚仪适用于覆盖层和基体其中有一种是磁性金属的情况。国内常用的磁性测厚仪仅限于测量磁性金属基体上非磁性覆盖层的厚度。磁性测厚仪测量误差通常为 10%，对于较薄镀层，误差不小于 1.5μm。

涡流测厚仪测厚是利用一个带有高频线圈探头来产生高频磁场，使置于探头下的待测试件产生涡流，这种涡流反作用于探头使其阻

171

抗发生变化，阻抗变化量与待测试件之间的非导电层厚度有关，根据探头阻抗的变化，可以测量镀层的厚度。该仪器可测量非磁性金属基体上非导电镀层、非导体上单层金属镀层以及非磁性基体与镀层间电导率相差较大的镀层的厚度。厚度测量值可从仪器上直接读出。此法测量误差在 ±10% 以内。镀层厚度小于 3μm 时测量精度偏低。

## 第四节　铝氧化膜厚度检验

### 一、电击穿法

铝氧化膜层的厚度和致密性可由电击穿法评定。击穿电压越高，膜层越厚。

测量时交流电源一引出端通过球形电极接触氧化膜表面，另一端接铝基体。也可通过两个球形电极将电源两端同时接氧化膜表面，两极间距为 25mm。在球形电极上保持 0.5~1N 的压力，逐渐将两极间电压的由零开始升高，当氧化膜被击穿时，两极间电压会突然下降为零，此时的电压值即为击穿电压。

测量时要注意氧化膜及电极表面要洁净，排除划伤等影响测量的因素，结果取 3 次以上试验的平均值。

### 二、质量法

准备由生产零件同样材料制成的 50mm×100mm×1mm 试片，采用与生产零件一样的工艺在槽中氧化，然后清洗干燥，用精密天平称重。用下列溶液退除氧化膜：

| | |
|---|---|
| 磷酸（密度 1.72g/mL） | 35mm/L |
| 三氧化铬 | 20g/L |
| 温度 | 90℃ |
| 时间 | 10~15min |

氧化膜退除后将零件清洗干燥，再称重。前后两次质量之差为氧化膜重质量 $m$，按下式计算氧化膜厚度

$$\delta = \frac{m}{\rho S}$$

式中　δ——氧化膜平均厚度（μm）；

　　　m——氧化膜质量（g）；

　　　ρ——铝氧化膜密度，通常取 2.5g/cm³；

　　　S——铝氧化膜面积（dm²）。

这种方法不适用于含铜、镍的非均质铝合金氧化膜测量。

### 三、金相法和涡流测厚法

金相法和涡流测厚仪均适用于铝氧化膜的厚度的测量。其具体方法可参考本章第三节中有关内容。

## 第五节　镀层孔隙率检验

### 一、贴滤纸法

贴滤纸法适用于检验钢件和铜合金上的铜、镍、铬、镍/铬、铜/镍、铜/镍/铬、锡等镀层的孔隙率。

1. 试样、试液及测量步骤

受检试样应用有机溶剂或氧化镁脱脂，用蒸馏水洗净，用滤纸吸干或放在洁净空气中晾干。镀后立即检验的样品可不脱脂。

不同基体和镀层所用试验溶液、测定程序及斑点特征见表 8-6。

2. 测定时注意事项

1）为了显示直至钢、铜或黄铜基体的孔隙，可将带有孔隙痕迹的滤纸放在玻璃板上并在其上滴加数滴质量分数为 4% 亚铁氰化钾溶液，以去除试液与镀镍层作用的黄色斑点，剩下钢底层的蓝色斑点或与铜或黄铜基体作用的红色斑点。

2）为显示至镍镀层的孔隙，可将带有孔隙痕迹的滤纸放在玻璃板上，并在其上均匀滴加数滴二甲基乙二醛的氨水溶液（2g 二甲基乙二醛溶于 500mL 质量分数为 25% 氨水中），这时滤纸上显示的至镍镀层黄色斑点转变为玫瑰色。

173

**表 8-6　贴滤纸法试验溶液成分和测定程序及斑点特征**

| 镀层种类 | 基体金属或中间镀层金属 | 溶 液 成 分 | 含量/(g/L) | 粘贴滤纸时间/min | 测定程序 | 斑点特征 |
|---|---|---|---|---|---|---|
| 铬、镍/铬铜/镍/铬铬镍-铬 | 钢铜和铜合金 | 铁氰化钾{K₃[Fe(CN)₆]}<br>氯化铵(NH₄Cl)<br>氯化钠(NaCl) | 10<br>30<br>60 | 10 | 1)测定前应将试样的待测表面用有机溶剂或氧化镁膏脱脂,再用蒸馏水洗净,然后吹干或用滤纸吸干。如在电镀后接着测定,则不必脱脂。2)将浸透试验溶液的滤纸贴到试样待测表面上。滤纸与镀层表面之间不应有残留气泡,同时可不断向滤纸补加试验溶液,以使滤纸保持湿润,待到规定时间后,揭下印有孔隙斑点的滤纸,用蒸馏水冲洗后放在洁净玻璃板上,干燥后根据斑点特征计算孔隙数 | 蓝色点——孔隙到钢基体<br>红褐色点——孔隙到铜镀层或铜基体<br>黄色点——孔隙到镍镀层 |
| 镍 | 铜 | 铁氰化钾{K₃[Fe(CN)₆]} | 10 | 5 | | |
| | 铜和铜合金 | 氯化钠(NaCl) | 20 | 10 | | |
| 铜-镍镍铜镍 | 钢 | 铁氰化钾{K₃[Fe(CN)₆]}<br>氯化钠(NaCl) | 10<br>20 | 10 | | |
| 铜 | 钢 | 铁氰化钾{K₃[Fe(CN)₆]}<br>氯化钠(NaCl) | 10<br>20 | 20 | | |
| 锡 | 钢 | 铁氰化钾{K₃[Fe(CN)₆]}<br>亚铁氰化钾{K₄[Fe(CN)₆]}<br>氯化钠(NaCl) | 10<br>10<br>60 | 5 | | |
| 铜-锡 | 钢 | 铁氰化钾{K₃[Fe(CN)₆]}<br>氯化钠(NaCl) | 40<br>15 | 60 | | 鲜红色点——孔隙到铝基体 |
| 铜、锌、银 | 铝 | 铝试剂(玫红三羧酸铵)<br>氯化钠(NaCl) | 3.5<br>150 | 10 | | |

3）外层为铬的多层镀层孔隙检验，应在镀铬 30min 以后进行。

4）对于镀铜的钢件、铜及铜合金上的多层镀层在测定孔隙时，因显示铜及铜合金底层的孔隙斑点不能全部印在滤纸上，因此应计算试样上呈现的红褐色斑点数。

3. 孔隙率计算

直接观察相应孔隙的有色斑点，用一块刻有平方厘米格子的有机玻璃放在印有孔隙痕迹的检验滤纸上，数出对应滤纸与镀层表面接触面积格子中各种颜色斑点的总数，除以对应的格子数，即为该镀层的孔隙率。

## 二、涂膏法和浸渍法

这两种方法都是直接观察经处理后镀层表面出现的有色斑点数来确定镀层孔隙率。

1. 涂膏法试样准备

受检试样应用有机溶剂或氧化镁脱脂，用蒸馏水洗净，用滤纸吸干或放在洁净空气中晾干。镀后立即检验的样品可不脱脂。

2. 涂膏法测量孔隙率

涂膏法适用于检验钢件和铜、铝、锌及其合金上阴极性镀层孔隙率。涂膏法测量是用毛刷或其他方法将相应试验膏剂均匀涂覆在试样表面上，5～10min 后观察记录出现的有色斑点数。

涂膏法适用的镀层、膏剂成分和斑点颜色见表 8-7。

涂膏法试验膏剂的配制请参考有关文献。

**表 8-7 涂膏法适用的镀层、膏剂成分和斑点颜色**

| 基 体 金 属 | 镀 层 | 膏 剂 | 斑 点 颜 色 |
|---|---|---|---|
| 钢 | 所有镀层 | α-α 联苯吡啶或邻菲罗啉<br>盐酸<br>二氧化钛 | 红色 |
| 铜及铜合金 | 除锌、镉以外镀层 | 1）二苯基对二氨基脲<br>　醋酸<br>　过硫酸铵<br>　甘油<br>　二氧化钛<br>2）镉试剂Ⅱ<br>　过硫酸铵<br>　氨水<br>　二氧化钛 | 红-棕色<br><br><br><br>红色 |

（续）

| 基体金属 | 镀　层 | 膏　剂 | 斑点颜色 |
|---|---|---|---|
| 锌及锌合金 | 所有镀层 | 二苯基对二氨基脲<br>氢氧化钠<br>酒精<br>二氧化钛 | 玫瑰-淡紫色 |
| 铝及铝合金 | 所有镀层 | 铝试剂<br>过氧化氢<br>二氧化钛 | 玫瑰红色 |

### 3. 浸渍法测定镀层孔隙率

将试样放入相应浸渍液中数分钟，取出后记录有色斑点数。浸渍法测定镀层孔隙率用的溶液和测定步骤见表8-8。

表8-8　浸渍法测定镀层孔隙率用的溶液和测定步骤

| 基体 | 钢 | 钢 | 铝 | 铝 | 锌及锌合金 |
|---|---|---|---|---|---|
| 镀层 | 铜、镍、铬 | 锡、铜/锡 | 铜 | 铜、锡、银 | 铜/锡、铜/镍/铬 |
| 浸渍液成分 | 铁氰化钾<br>$\{K_3[Fe(CN)_6]\}$<br>10g<br>氯化钠(NaCl)<br>15g<br>白明胶 20g<br>加蒸馏水至 1L | 铁氰化钾<br>$\{K_3[Fe(CN)_6]\}$<br>2g/L<br>0.25mol/L 硫酸溶液(H₂SO₄)<br>10mL/L<br>体积分数为95%乙醇(C₂H₅OH)<br>200mL/L<br>食用动物胶 20～40g/L<br>(<25℃,20g/L;<br>25～35℃,30g/L;<br>>35℃,40g/L) | 茜素红(体积分数为95%酒精饱和溶液)<br>100mL/L<br>氯化钠(NaCl)<br>150g/L<br>白明胶 2g/L | 铝试剂(玫红三羧酸铵)3.5g<br>氯化钠(NaCl)<br>150g<br>白明胶 10g<br>加蒸馏水至 1L | 用1g/L碳酸钠中和过的质量分数为5%硫酸铜溶液 |

（续）

| | | | | |
|---|---|---|---|---|
| 测定方法 | 将试样放入25～30℃试液内静置5min后取出，用滤纸吸去水分，干燥后观察计算镀层的孔隙数 | 将试样放入25～40℃试液内，轻轻抖动2～3下 | 将试样放入试液内静置20～25min后取出，用清水洗涤并干燥，观察计算紫红色斑点数 | 将试样浇上或浸入25～40℃的试液中，然后取出，经5min后观察计算鲜红色斑点数 | 将试样浸入试液3min后取出，在室温下干燥，观察计算斑点数 |
| 斑点特征 | 孔隙到钢基体呈蓝色，至铜底层呈红褐色 | 呈蓝色 | 紫红色 | 鲜红色 | 红色或铜环色围绕的暗灰色 |

4. 孔隙率计算

$$孔隙率(个/cm^2) = n/A$$

式中　　$n$——孔隙斑点数（个）；

$A$——受检镀层面积（$cm^2$）。

结果取3次检验的算术平均值。

## 第六节　镀层硬度检验

镀层硬度是指镀层对外力引起的局部变形的抵抗能力。通常测量镀层硬度时是作显微硬度试验，只有较厚的镀层时需作宏观硬度试验。显微硬度的测量过程是利用仪器的金刚石压头加一定负荷，在被测试样表面压出压痕，再用读数显微镜量出压痕大小，通过计算或查表求得镀层的硬度。

常用显微硬度试验有维氏法及努氏法。维氏法使用正方锥体压头，压痕为正方形；努氏法使用正棱锥体压头，压痕为菱形。应根据实际镀层的种类、硬度、厚度等来选用合适的压头。

177

1. 测量显微硬度时的注意事项

1）采用金刚石压头的形式不同，计算公式也不同，所得硬度也有差异。

2）试样表面应平整、光滑、无油污，测量断面硬度时试样可按金相试样制备。

3）测量时压痕的形状、镀层边缘距离以及压痕对角线长度与镀层厚度的关系等均不应超出标准规定的范围。

4）在可能范围内应尽量选择较大的负荷，同时施加负荷时要平缓，无冲击，无振动。

5）同一试样取不同部位测量 5 次，取其测量平均值。

2. 硬度值计算

显微硬度值计算公式为

$$HV = KF/d^2$$

式中　HV——显微硬度（N/mm$^2$）；

　　　$F$——施加负荷（N）；

　　　$d$——压痕对角线长度（mm）；

　　　$K$——常数。

## 第七节　镀层耐蚀性试验

### 一、钢铁材料化学保护层的点滴试验

钢铁材料氧化或磷化化学保护层的点滴试验，是通过在膜层表面点滴相应试验溶液，根据膜层表面出现变化的时间判断膜层是否合格。其具体方法见表 8-9。

表 8-9　钢铁材料化学保护层的点滴试验

| 保护层类型 | 试验溶液成分 | 终点变化 | 合格标准 | 备　注 |
|---|---|---|---|---|
| 氧化膜（发蓝） | 质量分数为 2% 中性硫酸铜溶液 | 表面无变化 | 20s | 允许在 1cm$^2$ 内有 2~3 个接触处析出的红点 |

（续）

| 保护层类型 | 试验溶液成分 | 终点变化 | 合格标准 | 备　注 |
|---|---|---|---|---|
| 磷化膜 | 0.2mol/L硫酸铜　40mL<br>质量分数为10%氯化钠溶液　20mL<br>0.1mol/L盐酸溶液0.8mL | 出现玫瑰红色斑点 | 3min以上 | 作为油漆底层的快速磷化、冷磷化，以30s为合格 |

## 二、钢铁材料化学保护层的浸渍试验

测量时将脱脂去污后的钢铁材料氧化或磷化试样浸渍在质量分数为3%的氯化钠溶液中，要求试样悬挂在溶液中，不得接触槽壁。

对于氧化膜，浸渍试验前后称量试样质量，通过腐蚀失重衡量腐蚀程度。浸渍时间掌握以试样出现棕色斑点或一片棕色薄膜，氯化钠溶液发生混浊时为准。

对于磷化试样，浸渍2h后，取出观察，没有出现腐蚀锈点，则认为合格。

## 三、铝、镁及其合金化学保护层的点滴试验

铝、镁及其合金化学保护层的点滴试验，是通过在保护膜表面点滴相应试验溶液，根据膜层表面出现终点颜色的时间判断保护膜是否合格。

铝、镁及其合金氧化膜点滴试验方法见表8-10。铝及铝合金点滴试验时间标准见表8-11。镁及镁合金点滴试验时间标准见表8-12。

**表8-10　铝、镁及其合金点滴试验方法**

| 保护层类别 | 试验溶液成分 | 终点颜色 | 备　注 |
|---|---|---|---|
| 铝及铝合金阳极氧化膜 | 盐酸(密度为1.19g/mL)　25mL<br>重铬酸钾　3g<br>蒸馏水　75mg | 液滴变为绿色 | 氧化封闭处理后3h内进行试验 |

179

(续)

| 保护层类别 | | 试验溶液成分 | 终点颜色 | 备注 |
|---|---|---|---|---|
| 镁合金化学氧化膜 | 配方1 | 质量分数为1%氧化钠溶液 质量分数为0.1%酚酞酒精混合液 | 液滴呈现玫瑰红色 | |
| | 配方2 | 高锰酸钾　0.05g 硝酸(密度为1.42g/mL)　1mg 蒸馏水　100mL | 液滴呈现红色不消失 | 3min时红色不消失为合格 |

表8-11　铝及铝合金阳极氧化膜点滴试验时间标准

| 氧化方法 | 材　料 | 在不同温度下试验时间标准/min | | | | |
|---|---|---|---|---|---|---|
| | | 11~13℃ | 14~17℃ | 18~21℃ | 22~26℃ | 27~32℃ |
| 硝酸法 | 包铝材料(膜厚10μm以上) | 30 | 25 | 20 | 17 | 14 |
| | 裸铝材料(膜厚5~8μm) | 11 | 8 | 6 | 5 | 4 |
| 铬酸法 | 包铝材料 | — | — | 12 | 8 | 6 |
| | 裸铝材料 | — | — | 4 | 3 | 2 |
| 瓷质氧化法 | ZL 104 | 10 | 8 | 5 | 4 | 3 |
| | LY12 | 10 | 8 | 5 | 3.5 | 2.5 |

表8-12　镁及镁合金氧化膜点滴(配方1)试验时间标准

| 合金牌号 | 在不同温度下试验时间标准/min | | | | |
|---|---|---|---|---|---|
| | 20℃ | 25℃ | 30℃ | 35℃ | 40℃ |
| MB8 | 2 | 1.33 | 1.05 | 0.86 | 0.66 |
| MB1 | 2 | 1.33 | 1.05 | 0.86 | 0.66 |
| YM5 | 1 | 0.66 | 0.58 | 0.43 | 0.33 |

## 第八节　氧化膜耐磨性试验

### 一、钢铁材料氧化膜的耐磨性试验

钢铁材料氧化膜的耐磨性试验使用落砂试验仪，如图8-5所示。试验时要求试样表面粗糙度 $R_a > 1.6\mu m$，并且用酒精脱脂去污。将试样置于落砂试验仪上，将100g粒度为0.5～0.7mm的硅砂置于试验仪的漏斗中，硅砂经落砂仪上内径5～6mm、高500mm的玻璃管自由落下，冲击试验样表面。砂落完后，用脱脂棉除去试片表面灰尘，在被冲击部位滴一滴用氧化铜中和过的质量分数为0.5%硫酸铜（$CuSO_4 \cdot 5H_2O$）溶液，30s后，用水冲或脱脂棉擦去液滴，肉眼观察没有接触铜出现为样品耐磨性试验合格，否则为不合格。

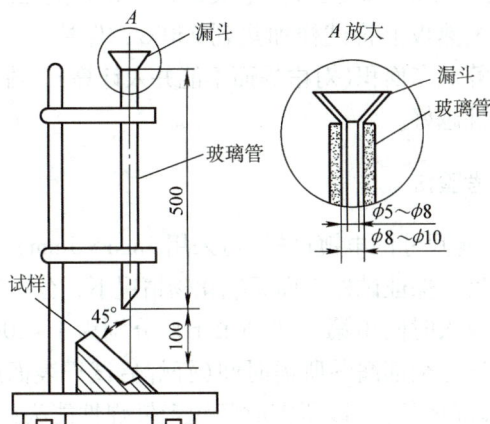

图 8-5  落砂试验仪

## 二、非铁金属氧化膜的耐磨性试验

将落砂试验仪稍加改装，即可用于非铁金属氧化膜的耐磨性试验。其方法是用一个内径为5mm、长度为1100mm、中间带有控制阀的玻璃管代替落砂仪的玻璃管。将厚度为0.5～1mm的试样固定在落砂仪试样架上，玻璃管末端距离试样表面为50mm。将100～200g砂子倒入漏斗中，砂子约占漏斗容积的1/2。打开控制阀，砂子自由落下冲击试样表面，试验过程中漏斗中砂子水平面应在不断补加新砂的作用下保持不变。当砂子冲击处呈现基体时，关闭控制阀。称取落下砂子的质量作为耐磨性衡量标志，反复试验3次，取算术平均值为结果。

此法适用于铝、镁、铜、锌及其合金上氧化膜的耐磨性试验，也可用于磷化膜耐磨性试验。

## 第九节　镀层钎焊性的测试

### 一、流布面积法

将一定质量的焊料放在待测电镀试样上，滴上几滴松香异丙醇焊剂，然后在电热板上将试样加热到250℃，保持2min，取下试样后用面积仪计算流布面积(对虚焊面不能并入计算)。流布面积越大，表明镀层钎焊性越好。

### 二、润湿考验法

取10块一定尺寸的电镀试样(可采用5mm×5mm)，先浸松香异丙醇焊剂，然后在保证试样表面无氧化物情况下，分别浸入250℃熔融的焊料中，浸入时间由第一块到第十块分别为1~10s，到时间立即取出。观察试样全部润湿所需时间(钎焊后试样表面应平滑，无不连续部位，无虚焊现象)，以所需时间短者钎焊性能为好，2s以内润湿好的试样为最好；10s润湿的为最差。

### 三、蒸汽考验法

对镀层的钎焊性能有严格要求的情况下，可用蒸汽考验法。将试样放在具有Λ形盖的容器中，容器中具有保持沸腾的水，试样与沸腾水面相距100mm，经过240h后，不管试样是否变色，让试样在空气中干燥，然后再用流布面积法或润湿考验法评定。此法的试验时间可根据产品具体使用条件缩短或延长。

## 复习思考题

1. 合格镀件的外观不应存在哪些疵病？

2. 简述镀层结合力的常用四种检验方法。

3. 简述镀层厚度的破坏性检验方法。

4. 简述铝件氧化膜厚度的三种检验方法。

5. 简述镀层孔隙率的三种检验方法。

# 第九章

# 电镀废水处理

**培训学习目标** 电镀废水处理是电镀行业为保护环境必须要做的一项工作。通过本章学习，了解主要镀种电镀废水处理的工艺方法，掌握含铬、含氰、酸碱废水的日常处理技术，能够独立进行一般主要镀种电镀废水的处理操作。

## 第一节　含铬废水处理

### 一、化学法

化学法处理含铬废水，常用的有药剂还原法、铁氧体法、铁屑铁粉处理法等。其中应用最多的为药剂还原法。

基本原理：电镀中的含铬废水一般是指含六价铬废水，主要产生于镀铬、镀锌和镀镉的铬酸盐钝化、塑料电镀的粗化工艺、镀银和铝氧化的前处理及后处理、铝件等的电化学抛光、铜件酸洗后的钝化以及某些退镀工艺等等。污染较大的为镀铬和镀锌钝化废水，废水中的六价铬的浓度随采用的工艺不同而异。

#### （一）亚硫酸氢钠法

1. 简单原理

利用低价态硫的含氧酸盐将六价铬还原成三价铬，常用的硫化物有焦亚硫酸钠、亚硫酸钠、亚硫酸氢钠、连二亚硫酸钠、硫代硫酸钠等。

焦亚硫酸钠溶于水时的水解产物为亚硫酸氢钠，连二亚硫酸钠溶于水后逐步水解为亚硫酸氢钠和硫代硫酸钠，因此实际上可将上述还原剂归结为亚硫酸氢钠和硫代硫酸钠两种。

2. 工艺参数的控制

(1) 废水中六价铬的含量　pH 值控制在 2.5，焦亚硫酸钠∶六价铬 = 3∶1。六价铬含量在 100mg/L 范围内，转化成氢氧化铬的沉降率最高。

(2) 投料比

要记住投料的比例！

亚硫酸氢钠∶六价铬 = 4∶1

焦亚硫酸钠∶六价铬 = 3∶1

亚硫酸钠∶六价铬 = 4∶1

投料比过大，浪费材料；投料比小了，还原不充分，出水中六价铬离子达不到国家排放标准。

(3) 还原时的 pH 值　pH 值在 2.5～3 时，反应约需 30min。pH 值高于 3.0 时，反应很慢。因此，pH 值应低于 3。为节约用酸，一般可将 pH 值调至 2.5～3。pH 值过低，会产生较多的二氧化硫气体。随着还原反应的进行，酸逐渐消耗，应及时补充，以保证反应所需酸度值。

(4) 沉淀 pH 值　因氢氧化铬呈两性，pH 值过高，生成的氢氧化铬会再度溶解；而 pH 值过低，又不能生成沉淀。适用的 pH 值为 6.7～7，最低为 5.6，最高不超过 8。

(5) 沉淀剂　一般采用质量分数为 20% 的苛性钠作沉淀剂。

(6) 还原反应终点的判断　用目测比色可以简单判定还原反应终点。

1) 试剂

1∶1 硫酸。

重铬酸钾标准液：称取在 150℃ 干燥并冷却的 0.2828g 重铬酸钾，用蒸馏水溶解并稀释至 1L。此溶液 1mL 等于 0.1mg 的六价铬。

二苯基碳二肼：称取 0.1g 二苯基碳二肼，溶于 50mL 无水酒精中。

2) 方法：取还原处理液 100mL，滴加 1∶1 硫酸四滴；加入二苯基碳二肼溶液 5mL；加入亚硫酸标准液 15mL，若溶液颜色变红，说明已近终点，可以进行中和沉淀；若不变红，则说明亚硫酸氢钠尚过量，可继续加入含六价铬的废水或用兰西法时溶液可继续使用。

3. 亚硫酸氢钠法的槽外集中处理

槽外集中处理是指将含铬废水集中到生产线外的废水储池，废水量达到一定程度时，间歇的将废水用泵注入反应池或直接向废水池投加化学药品进行化学处理。槽外集中处理法具有以下特点：

1）能处理多种含铬废水，可将镀铬、镀锌钝化、酸洗等含铬废水集中一起处理。

2）能处理生产中滴落的铬酸以及漏槽、过滤、倒槽等过程产生的废水。

3）采用间歇式处理，易于调整 pH 值、控制投药量及反应条件。

4）要求采用逆流漂洗工艺，以最大限度减少废水排放量，提高废水中铬酸浓度，以减少储池等设施。

5）本法与兰西法相比，要多增加废水储池。若生产量较大，应设两个以上的储池，交替使用。

4. 亚硫酸氢钠兰西法

（1）兰西法简介　兰西法是英国 Lancy 废水处理公司发明的废水处理方法，问世于 1945 年。这是一种废水全面循环的处理法。其处理流程经过不断改进日趋完善，以经济、实用、可靠等优点而著称。

兰西法的基本原理是在电镀生产线上设置化学处理溶液槽，循环处理工件从槽液中带出的电镀液，这样可以除去工件表面电镀液的 99%，再进入水循环漂洗槽清洗，清洗水中有害物的浓度低于排放标准。

兰西法有以下主要特点：

1）表面处理清洗工艺和废水处理工艺融为一体，避免两者脱节甚至发生矛盾的现象。

2）投药少，污泥少，处理费用低。

3）适应性强，管理简单方便。

4）可节约 80%~90% 的用水量。

5）对各种废水、废液可组成完善的处理体系，与分别独立的体系相比占地面积小，投资少。

（2）兰西法处理含铬废水　在镀铬槽后设置一个回收槽，经一次回收后工件再进入两只配制好的亚硫酸氢钠的清洗槽中清洗两次，此时附着在镀件表面的镀铬液溶入清洗槽，并在其中把六价铬还原成三价铬，然后用水一次清洗干净。回收槽中的溶液可回加到镀槽，补充蒸发的损失，含有亚硫酸盐的清洗槽溶液到了一定时间可转移至沉淀池，加碱调节 pH 值并生成 $Cr(OH)_3$ 回收。最后一个水洗槽排水可作为强腐蚀后的清洗水或直接排放，由于其中含有亚硫酸根会还原六价铬影响电镀液质量，不能回用到镀槽。

**（二）铁屑铁粉处理法**

铁屑铁粉不但能处理含铬废水，对锌、铜、银等重金属也有去除作用。由于此法原材料易于获得，价格便宜，处理效果较好，在国内外被广泛应用。其缺点是污泥量大，处理过程会消耗大量的酸。

1. 基本原理

铁屑铁粉在处理含铬及其他重金属废水中具有多种作用，包括还原作用、置换作用、中和作用、凝聚作用和吸附作用。

2. 铁屑处理工艺流程（图 9-1）

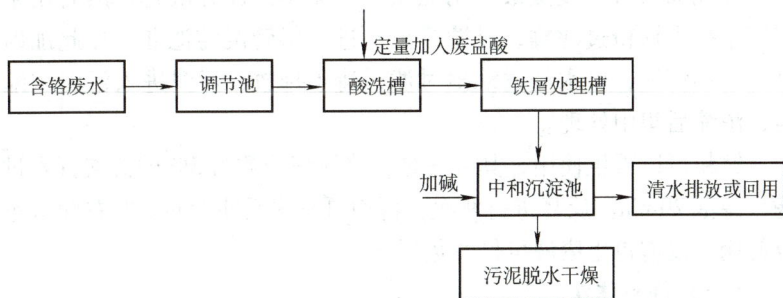

图 9-1　铁屑处理工艺流程

含铬废水先进入调节池以均化浓度和流量，从调节池出来的废水经酸洗槽用废盐酸将 pH 值调至 2～2.1，进入铁屑处理槽。铁屑处理槽为该处理工艺的主要设备，槽体由聚氯乙烯硬塑料板焊成。槽体分四个反应室，废水翻腾流经处理槽，防止断流，起搅拌作用，四个室内装满铁屑，废水经处理槽处理后进入中和沉淀池，在此加碱调节 pH7～9，使 $Cr^{3+}$ 和 $Fe^{3+}$ 生成氢氧化物沉淀。中和或沉淀 1h 左右，上层清液回用或排放，污泥干燥后集中处理。

3. 铁粉处理工艺流程（图 9-2）

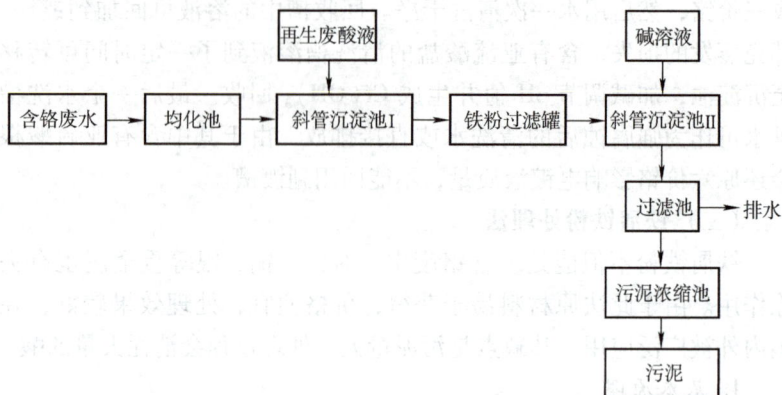

图 9-2　铁粉处理工艺流程

废水经均化池后，由泵注入斜管沉淀池Ⅰ，进行沉淀预处理。同时在此加入再生废酸液，用亚铁离子化学还原并酸化，然后用泵将废水打入铁粉过滤罐，过滤罐出水进入斜管沉淀池Ⅱ，在此加碱进行中和沉淀，出水经过滤池过滤，清水排放，污泥进入污泥浓缩池，浓缩后集中处理。

铁粉可以再生使用，其方法是：将体积分数为 5% 的盐酸打入过滤罐浸泡 20min。反复进行两次，再用自来水反冲 15min 左右即可重复使用。浸泡再生废液可作酸化用。

### （三）铁氧体法

废水中各种金属离子形成的铁氧体晶粒而沉淀析出的方法叫铁氧体法。铁氧体是复合金属氧化物的一类，正式名称为铁金氧磁铁，具有磁性，由于构成这类物质的主要是铁和氧，因此称为铁氧体。铁氧体有天然矿物和人造产品两大类。人造产品又称为磁性瓷或磁质瓷。

1. 工艺过程

要将沉渣制造成铁氧体，必须符合其工业要求。一般可将工艺分为投加亚铁离子、调整 pH 值、充氧加热、固液分离、沉渣处理五个部分。

（1）投加铁盐　要形成铁氧体，必须有足够的铁离子。尽管在电镀废水中含有一定的铁离子，但满足不了生产铁氧体的要求。可添加 $FeSO_4$ 或 $FeCl_2$ 来补充铁离子。投加量应根据废水中六价铬的含量而定，一般投加的比例为：$FeSO_4 \cdot 7H_2O: CrO_3 = 16:1$。

（2）投加碱液　对投加 $Fe^{2+}$ 后的废水，加入苛性钠将 pH 值调至 8~9，在缺氧及常温条件下，金属离子呈胶状氢氧化物沉淀：

$$Cr^{3+} + 3OH^- \longrightarrow Cr(OH)_3 \downarrow$$
$$Fe^{3+} + 3OH^- \longrightarrow Fe(OH)_3 \downarrow$$
$$Fe^{2+} + 2OH^- \longrightarrow Fe(OH)_2 \downarrow$$
$$Zn^{2+} + 2OH^- \longrightarrow Zn(OH)_2 \downarrow$$

此时溶液呈墨绿色，废水中金属离子已基本析出，排出沉淀后的上清液。

（3）通氧加热转化沉渣　加碱沉淀后的废水及废渣中还含有一定量的二价铁离子及铁的一部分中间沉淀的悬浮物，为加速二价铁的氧化速度，破坏胶状氢氧化物，将排放清水后的剩余部分加热到 60~70℃并通空气搅拌，通气加热时发生如下反应：

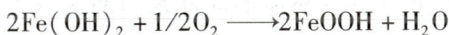

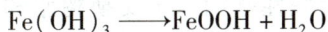

$$2Fe(OH)_2 + 1/2O_2 \longrightarrow 2FeOOH + H_2O$$
$$Fe(OH)_3 \longrightarrow FeOOH + H_2O$$
$$FeOOH + Fe(OH)_2 \longrightarrow FeOOH \cdot Fe(OH)_2$$
$$FeOOH \cdot Fe(OH)_2 + FeOOH \longrightarrow FeO \cdot Fe_2O_3 + 2H_2O$$

废水中的其他重金属离子反应与此大致相同。结果，二价金属离子占据部分 $Fe^{2+}$ 位置，三价金属离子占据部分 $Fe^{3+}$ 位置，即其他金属离子混杂在铁氧体晶格中，形成特性有所差异的铁氧体。

必须注意，反应温度不能过高，否则反应速度过快，会使 $Fe^{2+}$ 过剩而 $Fe^{3+}$ 不足，对生成铁氧体不利。

（4）固液分离　一般分离铁氧体的方法有三种：沉淀过滤、离心分离、磁力分离。

189

## 2. 处理含铬废水工艺流程(图9-3)

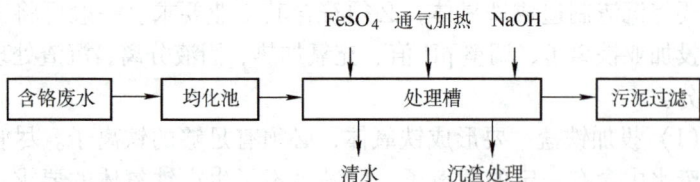

图 9-3　铁氧体处理含铬废水工艺流程

用铁氧体处理含铬废水：含铬废水经废水储池均化后，由泵打入处理槽，处理槽用钢板支撑，内涂耐热防腐材料，根据分析得出的铬酐含量投加硫酸亚铁，再加入氢氧化钠调节 pH 值为 8~9，此时溶液呈墨绿色。通气加热到 60~70℃，当沉淀物呈黑褐色时停止通气。静置沉淀后上清液回用或排放，沉淀经过过滤干燥后备用。

## 二、离子交换法

### (一) 离子交换树脂

#### 1. 离子交换树脂的结构及分类

离子交换树脂是高相对分子质量的多元酸或多元碱，其结构可以看作是含有很多活性交换基团的海绵体，这些活性基团通过三度空间的碳氢网状结构互相联结起来。离子交换树脂即是由高分子网状骨架和可进行离子交换的活性基团两部分组成。根据活性基团的不同，可分为酸性基团离子交换树脂和碱性基团离子交换树脂。具有活泼的酸性基团的树脂能交换阳离子，称为阳离子交换树脂；具有活泼的碱性基团的树脂能交换阴离子，称为阴离子交换树脂。

#### 2. 离子交换树脂的物理性质

树脂的使用和再生过程是反复循环进行的，其使用次数的多少是衡量树脂应用时经济价值的一个重要因素。此因素决定于树脂的物理及化学的磨耗及损耗程度。在树脂的耐久性中以耐磨性和耐热性最重要。

树脂有膨胀性，膨胀程度与树脂所结合基团的种类、浓度、相反离子种类和温度有关。

离子交换树脂是一种不溶物质，它不溶于酸、碱及有机溶剂。同时，对于一般的氧化剂和还原剂也比较稳定。

3. 离子交换树脂的化学性质

离子交换树脂的化学性质包括交换作用、催化作用及络盐作用等等。其中以交换作用最为重要。

**（二）离子交换法处理含铬废水原理**

离子交换法处理含铬废水，与化学法相比，能回收铬酸及回用水，但处理技术要求比化学法复杂。化学法处理含铬废水，是将阴离子形式存在的六价铬和以阳离子形式存在的金属杂质一起进行处理。但采用离子交换法却不能在一个交换柱中同时除去众多的离子，一般是让废水先经过阳柱除去金属阳离子，再经过阴柱除去阴离子。

在含铬废水中，六价铬一般呈铬酸根或重铬酸根的形式存在，而三价铬及其他金属离子则以阳离子的形式存在。离子交换法处理含铬废水的原理，就是当含有铬和其他金属离子的废水通过离子交换树脂层时，废水中的铬酸根与重铬酸根等阴离子与阳离子交换树脂发生交换反应而被吸附留在阳离子交换树脂上，三价铬及其他阳离子则与阴离子交换树脂发生交换反应而被吸附留在阴离子交换树脂上，从而把它们从废水中除去，使废水净化。

因为树脂的交换基团与外界离子的反应在一定条件下是可逆的，因此离子交换树脂经交换处理后，被溶液中的离子所饱和而失去交换能力时，可以采用较高浓度的酸（碱）液对树脂进行淋洗再生，将吸附在树脂上的阳（阴）离子洗脱出去，使树脂恢复交换能力。再将再生剂洗出液进行适当处理和浓缩，便可提取回收铬酐及其他有用物质。

**（三）交换柱的工艺流程**

根据阳、阴离子交换树脂的不同用量，以及对六价铬离子吸附的不同程度，有 H—OH 型 1∶1 流程、H—OH 型全酸性流程与 H—OH—OH 型全饱和流程，可根据实际情况选用。

1. H—OH 型 1∶1 流程

此流程阳、阴离子交换树脂用量为 1:1，交换柱运转时，前一半出水为酸性，pH 值为 2.5~5.5；后一半出水为中性，pH 值为 6~7，当六价铬离子泄漏至 0.5mg/L 时，停止运转进行再生。

此流程的交换量较低，回收的铬酸液纯度低。但由于酸性出水量少(约 30%)，稍加混合即可直接复用于生产。

2. H—OH 型全酸性流程

此流程阳、阴树脂的用量一般可按阳树脂:阴树脂 = 1.4:1，或两个阳柱交替运行来保证阴柱全酸性进水。也可采用 1:1 流程，此情况下，当流程运转至终点时，对阳柱进行再生，再生后继续运行，阳柱出水恢复酸性(pH 值为 2.3~2.5)后，阴柱六价铬离子泄漏量由 0.5mg/L 慢慢转为零，树脂由黄色逐渐转为棕红色。此后，每当阳柱出水呈中性时，即再生阳柱，保证阴柱全酸性进水。阴柱在全酸性进水的条件下，六价铬离子泄漏量达 0.5mg/L 时，运行结束，对阴柱进行再生。

此流程的交换量可高达 40% 左右，回收的铬酸液纯度也较 1:1 流程高。但阴柱再生一次，阳柱要再生 2.5 次，再生剂消耗量较大。同时阴柱出水有 50% 为酸性(pH 值为 2.5~5.5)，这部分水需另加处理。

3. H—OH—OH 型全饱和流程

此流程是在全酸性流程上，利用二根阴柱互相交替串联运转，使阴柱吸附六价铬离子达到饱和(进、出水中六价铬的浓度相等)后，再进行再生。

当全酸性流程运行至终点时，在阴柱后面再串联一根阴柱继续运转，当第一根阴柱吸附六价铬离子达到饱和时，即停止第一根阴柱的工作，对其进行再生，由第二根阴柱单独进行运转。当第二根阴柱在全酸性进水的条件下六价铬离子泄漏量达 0.5mg/L 时，再反过来将第一根(已再生好的)阴柱串联在第二根阴柱后面继续运转，这样反复交替互相串联运转，使二根阴柱都可以吸附六价铬离子达到饱和程度。

此流程的交换量最大，较全酸性流程高 16%，回收的铬酸液的纯度最高，可直接回用于配制镀铬电镀液。但此流程阴柱再生一次，阳柱需再生 3～3.5 次，再生剂消耗量较大。同时出水有 70% 为酸性，这部分水必须另加处理才能复用。此外，管道系统也比较复杂。

**（四）操作程序**

1. 操作程序

预处理→交换处理运转→冲洗→再生→淋洗→再次交换运转。

2. 程序说明

（1）预处理　含铬废水在处理前，必须将水中的油质、悬浮物及其他机械杂质除去，以免沾污树脂层，降低树脂的交换作用和堵塞交换柱，增大水阻力，影响出水量和增大交换柱内压力。

排除悬浮物及其他机械杂质的方法很多，可用砂滤罐、聚氯乙烯微孔管抽滤或其他机械过滤装置进行过滤。采用微孔管抽滤时，每班工作完毕后须用 2～3kg/dm² 的压缩空气反冲一次，时间为 15～20min。

（2）交换处理　用输水泵抽吸含铬废水（经过过滤器）先后输入阳、阴离子交换柱，按需要通过钠型回收柱或 OH 型阴柱流入净化蓄水池。

交换处理运转时，在输水泵起动前，按交换处理的流程打开水流线路上的阀门，然后起动输水泵，并按交换柱内的树脂的体积用节水阀将流速控制在 30～40 倍空间流速。

含铬废水先后通过阳、阴离子交换柱（按需要流经回收阳柱或 OH 型阴柱）后即为洁净的水，可将其排入净化水储水池备用，或直接输入电镀工段供洗涤工件用水。

交换柱在运转过程中，必须经常观察过滤罐进出水口的压力差和树脂层颜色变化情况，还经常检测阳、阴柱出水的水质，按所采取的流程要求控制阳、阴柱的交换终点。

根据过滤罐的进、出水的水质，按所采取的流程要求控制阳、阴柱的交换终点。当过滤罐的进、出口的水压差增大出水量过小时，立即停止运转，对其进行反冲洗，清除积存在过滤器内的污泥沉积物。

当交换柱达到交换终点时，即停止进水，并打开柱顶排气管阀

193

门，将柱内含铬废水放干流回含铬废水池。

（3）冲洗与再生　交换柱内的含铬废水流干后，打开柱顶出水口的排放阀门，从柱底涌入自来水或净化水进行逆洗，直至洗出水清晰和柱内空气泡排除完后再停止通水，当柱内水位降至离树脂层附近后再通入再生剂，再生剂及其用量见表9-1。

表9-1　再生剂及其用量

| 树脂类别 | 再生剂成分与浓度 | 再生剂用量 | 空间流速/$[L/(L_{树脂}\cdot h)]$ | 备　注 |
|---|---|---|---|---|
| 强酸性阳离子交换树脂 | $H_2SO_4$（质量分数为8%~10%） | 2~2.5倍树脂体积 | 1~2 | 再生率85% |
| 强碱性阴离子交换树脂 | NaOH（质量分数为10%~12%） | 1~2倍树脂体积 | 1~2 | 再生率85% |

再生剂通入交换柱后，打开柱底出水口排放管阀门，开始排放时流速可大些，当流出液呈酸性（或碱性）时即关闭排放阀门停止排放，使其浸泡15~60min后，重新打开排放管阀门并调节控制再生剂的流速排放。

（4）淋洗　树脂再生至终点后，即通入去离子水以10~30倍空间流速进行淋洗，直至洗出水呈中性或阳柱出水pH值为4~5（如用自来水淋洗时pH值为2.3~2.5）阴树脂pH值为9~10，水色清晰为止。淋洗树脂用水量约为树脂的2~3倍，淋洗水排入酸碱中和池内。树脂经再生和去离子水淋洗洁净后，即可恢复原有的交换能力，便可再次投入交换处理运转。

### 三、电解法

电解处理是利用电极与废水中有害物质发生电化学作用而消除其毒性的方法，属于电化学过程。

### （一）电解法处理含铬废水的原理

电解法处理含铬废水的原理，是利用铁电极通入直流电后，由于电解作用，产生了亚铁离子，在弱酸性条件下，亚铁离子将六价铬还原成三价铬。其反应过程如下：

阳极反应：
$$Fe - 2e \Longrightarrow Fe^{2+}$$
$$Cr_2O_7^{2-} + 6Fe^{2+} + 14H^+ \Longrightarrow 2Cr^{3+} + 6Fe^{3+} + 7H_2O$$
$$CrO_4^{2-} + 3Fe^{2+} + 8H^+ \Longrightarrow Cr^{3+} + 3Fe^{3+} + 4H_2O$$

阴极反应：
$$2H^+ + 2e \Longrightarrow H_2 \uparrow$$

随着电解过程的进行，消耗了大量的氢离子，使废水 pH 值上升，废水由弱酸性变成弱碱性，$Fe^{3+}$、$Cr^{3+}$ 以及过量的 $Fe^{2+}$ 生成氢氧化物沉淀。

$$Fe^{3+} + 3OH^- \Longrightarrow Fe(OH)_3 \downarrow$$
$$Cr^{3+} + 3OH^- \Longrightarrow Cr(OH)_3 \downarrow$$
$$Fe^{2+} + 2OH^- \Longrightarrow Fe(OH)_2 \downarrow$$

**（二）含铬废水电解处理的工艺流程**

含铬废水电解处理工艺流程因地势特点及废水处理量有差异，基本工艺流程如图9-4所示。

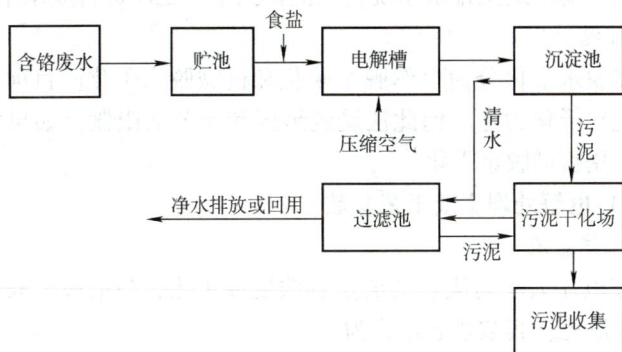

图9-4　含铬废水电解处理工艺流程

电镀生产中各排放点排放的含铬废水，流入废水集水池中贮存，间歇或连继地送到电解池进行电解处理。电解时加入适当的食盐并用压缩空气搅拌。经电解后含有氢氧化铁和氢氧化铬等沉淀物的废水流到沉淀池使沉淀物与水分离，清水可以排放或经过滤后循环使用。沉淀池内含有大量水分的污泥排入污泥干化场脱水干化。

工艺流程说明：

### 1. 贮池

电镀车间排出来的含铬废水首先排入贮池(或称为调节池或集水井),贮池主要作用是存储废水。由于电镀车间排出废水的浓度和流量随时变化。贮池对车间排出废水的流量和浓度均有自然调节作用。贮池的容量一般应能容纳车间平均排出水 4h 以上为宜。贮池应设有液位指示器,使操作人员能随时看出液位的高低。根据贮池高低位置不同,废水可自流或用泵提升到电解槽进行电解。

### 2. 电解槽

含铬废水进入电解槽后,在此进行电解反应和化学反应。为了克服电极钝化和使反应进行均匀,一般应通入压缩空气进行搅拌。电解槽有土建槽和塑料槽两种。

### 3. 沉淀池

经电解槽处理合格后的含铬废水流入沉淀池,在此进行沉渣和清水分离,清水送至排水系统,沉渣排到下一工序进行脱水干化。

### 4. 污泥干化

污泥脱水干化分为自然脱水干化和机械脱水干化。目前,国内以自然脱水干化为主。但此法受到地区和季节的限制。如果污泥量大最好采用机械脱水干化。

### (三) 电解处理主要工艺参数

### 1. 工作电流

工作电流大小与废水的流量和浓度成正比,与电极串联数和电流效率成反比。其数学表达式为

$$I = k(QC)/n \quad (连续式)$$

$$I = k(Q'C)/nt \quad (指间断式)$$

式中　$I$——工作电流(A);

　　　$k$——常数,还原1g铬所需理论电量(4A·h/g);

　　　$Q$——废水流量($m^3/h$);

　　　$C$——废水浓度($g/m^3$);

　　　$n$——电极串联数(正整数);

　　　$Q'$——电解槽有效水容积($m^3$);

　　　$t$——电解时间(h 或 min)。

2. 食盐投放量

投加食盐的主要目的是为了降低电压，为了保证水质，最好采用小极距，不投或少投放食盐。投放食盐量一般为 $0.5 \sim 1.0 kg/m^3$。

3. pH 值

pH 值一般以 $4 \sim 6.5$ 较好。

4. 温度

温度高，增加离子的活度，对处理有利。但温度高，容易使电极钝化，对处理不利。实际生产中不进行调节。

5. 电解时间

电解时间长，电耗低，管理费用少，但电解槽容积大，基建费用高；电解时间短，电耗高，管理费高，电解槽容积小，基建费用少。一般以 $5 \sim 30 min$ 较为合适。

### 四、活性炭法

#### （一）活性炭法处理电镀废水的特点

活性炭法广泛的应用于处理含铬废水和含氰废水，此法处理电镀废水的优点是：

1）活性炭耐酸、耐碱，在高温高压下不易破碎，有稳定的化学性能。

2）节省用水，清洗工件的废水用活性炭处理后不排放，可重复作清洗水。

3）投资省，设备简单，占地面积小，可直接在镀槽边工作，其操作维护比较方便。

4）处理费用低，活性炭来源广、廉价，并可再生反复使用。

5）不直接产生污泥，不易产生二次污染。

活性炭法也有不足之处，如废水中污染浓度高时活性炭再生较频繁；长期反复使用活性炭处理钝化含铬废水后，其水用来作清洗水时三价铬含量会增加，影响钝化膜质量。

#### （二）活性炭的性质

活性炭具有吸附性，这是其最主要的特性。活性炭处理电镀废水属于固液界面吸附，影响这种吸附的因素相当复杂，一

197

般来说，溶解度增大会造成吸附能力的降低。除氢离子外，离子化一般也不利于活性炭的吸附。表面积大的活性炭，其吸附效能高。

**（三）活性炭法处理含铬废水**

**1. 机理**

用活性炭处理含铬废水，根据处理水的条件和要求，一般认为是利用它的吸附和还原作用。

**2. 工艺流程**

用活性炭处理含铬废水的典型工艺流程有三种：即单吸附和处理、酸再生和处理以及碱再生和回收。图 9-5 为单吸附和处理以及酸再生和处理的工艺流程。

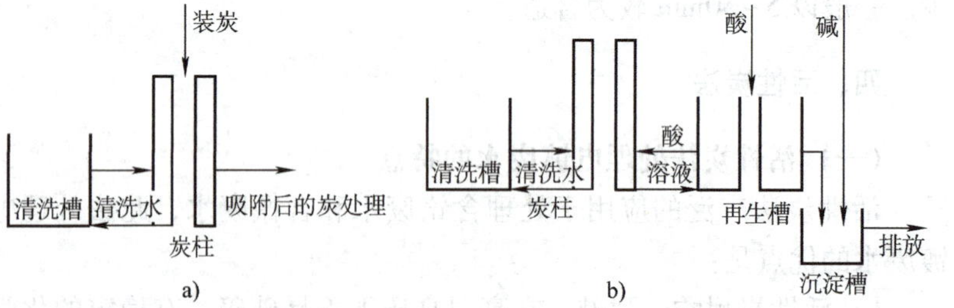

图 9-5　活性炭处理含铬废水工艺流程
a）单吸附和处理流程　b）酸再生和处理流程

第一种方法，将活性炭装入炭柱对含铬废水进行处理，处理期间含铬废水通过炭柱循环，处理后的水回复作清洗水，一直到排出水中有 $Cr^{6+}$ 泄出时，从柱底排出吸附饱和了的活性炭，上部再加入活性炭，而排出的活性炭重新进行再生或作固体废渣作专门处理。这种方法一次投资少，占地少，但管理复杂，是较早采用的方法。

第二种和第三种方法处理含铬废水同上，也是水循环，所不同的是当活性炭吸附饱和后，炭不废弃而是用酸或碱进行再生。

**3. 工艺条件**

1）活性炭的预处理：活性炭在使用前先筛去灰分，水洗，进一步除去漂在水面上的灰分，然后用体积分数为 5% $H_2SO_4$ 或 5% HCl

浸泡 4h 以上，使工作吸附容量基本上达到稳定后，再水洗后装入炭柱待用。经过预处理的活性炭显著提高了吸附 $Cr^{6+}$ 的能力，一般可提高吸附量 40%~60%。

2）废水的 pH 值：在活性炭处理含铬废水系统中，废水的 pH 值对活性炭的吸附影响很大。经过实验，废水的 pH 值一般控制在 3~5，进液浓度控制在 5~60mg/L 较好。当废水 pH 值不在 3~5 之间时，应及时调整，否则达不到处理效果。

3）炭柱参数（直径、高度、流速等）：炭柱参数不同，操作条件也不同，所能处理的水量也不同。在操作条件相同的情况下，炭柱越高，容许通过活性炭处理的水量也越大。

4）再生：活性炭吸附饱和后需进行再生。再生的方法有两种：一种是酸再生，另一种是碱再生。

酸再生用的酸一般为硫酸和盐酸，浓度越大，再生速度越快，再生洗脱也越彻底。再生最好在室温下进行浸泡。采用酸的用量为炭量体积的 2 倍或湿炭体积的 0.5 倍。再生时让其浸泡过夜，一般浸泡 2 次。

碱再生采用氢氧化钠溶液洗脱，碱的质量分数为 5%~20%，洗脱的方法也是以浸泡方式为好，一般用 2 倍于活性炭体积的碱分几次浸泡，时间为 2~3h。

## 五、反渗透法

反渗透法是一种膜分离技术，它可以把溶解在水中的物质与水分离开来。反渗透法的关键是制备高选择性的半透明膜。此外，还要求这种膜机械强度好、化学稳定性好、使用寿命长、性能衰降小，而且制膜要容易、价格低、原料易得。

1. 工艺流程

高浓度（铬酐含量 350~390g/L）镀铬溶液 700L，以一班制计，电镀液蒸发量为 22~30L，电镀液带出量为 1~2L，未经处理时每天排放漂洗水为 3~5t。

使用反渗透法处理并采用三级逆流漂洗，实现了闭路循环，每天从第三漂洗槽补入 22~30L 蒸馏水，然后依次溢入第一漂洗槽、贮存槽，废水经过滤后，进入反渗透组件进行分离和浓缩。浓缩后的浓水返回镀槽重新使用，淡水则进入漂洗槽作清洗水。

2. 装置

反渗透装置采用内压管形式。膜材料为非全对位聚砜酰胺膜，相对黏度为 1.82～1.93。

3. 膜的清洗

反渗透设备运行到 2 个月就需要清洗 1 次。可以用流速为 1.5m/s 的清洗水冲 15min，然后用流动的海绵球擦 2 次。

### 六、蒸发浓缩法

蒸发浓缩法是通过加热电镀废水使水分子汽化逸出，从而达到从含有重金属离子的废水中制取纯水；浓缩废水中的溶质加以回收利用或进一步处理这样两个目的的一种废水处理方法。

#### (一) 蒸发设备和工艺

1. 常压单效蒸发设备和工艺

常压单效蒸发是一种不再利用二次蒸汽热量的蒸发系统。该系统主要由预热器、蒸发器、汽液分离器、冷凝器、泵等设备组成。图 9-6 为常压单效蒸发工艺流程。

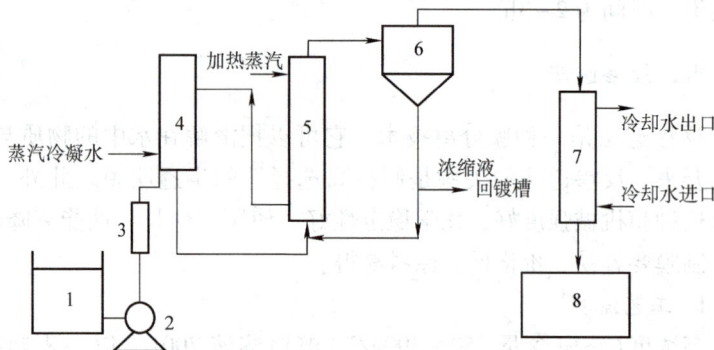

图 9-6　常压单效蒸发工艺流程

1—贮液槽　2—泵　3—流量计　4—预热器　5—蒸发器
6—汽液分离器　7—冷凝器　8—冷凝水回收器

## 2. 常压多效蒸发设备和工艺

当蒸发的水量较大时，加热蒸汽的消耗量也很高，为了经济利用蒸汽，可采用多效蒸发，即多次利用二次蒸汽进行蒸发的工艺。

多效蒸发的原理是把多个蒸发器串联，加热蒸汽通入第一级蒸发器，废水受热沸腾产生二次蒸汽，然后将其引入第二级蒸发器作热源，此时第二级蒸发器的加热室即为第一级蒸发器的冷凝室，依此类推，直至 $n$ 级蒸发器。由于热量得到了多次重复使用，从而可大大降低蒸汽的消耗量。蒸发 1kg 水所需的加热蒸汽量见表 9-2。

表 9-2　蒸发 1kg 水所需的加热蒸汽量

| 效　　数 | 单　效 | 双　效 | 三　效 | 四　效 | 五　效 |
|---|---|---|---|---|---|
| 单位蒸汽消耗量/[kg/(h·W)] | 1.1 | 0.57 | 0.40 | 0.30 | 0.27 |

### （二）蒸发浓缩法回收含铬废水

蒸发闭路循环回收含铬废水的工艺流程如图 9-7 所示。

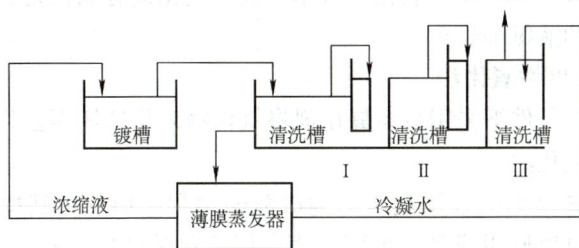

图 9-7　蒸发浓缩法回收含铬废水工艺流程

工件出镀槽后，依次进入第一、二、三级漂洗槽中清洗，而清洗水靠槽间的水位差，依次流入三、二、一级漂洗槽，经第一级漂洗槽中排出的水进入薄膜蒸发器，经蒸发浓缩后的浓缩液回镀槽使用，冷凝水引出作第三级漂洗槽重复用于清洗工件。

蒸发器经运行一段时期后，第三级漂洗液中的含铬浓度基本上保持不变，即采用该工艺处理系统可使各级漂洗槽的含铬浓度趋于一种动态平衡，因而可在保证清洗质量的前提下实现零排放。

## 第二节　含氰废水处理

### 一、化学法

#### （一）概述

尽管处理含氰废水的方法很多，例如电解氧化、活性炭处理、离子交换、蒸发浓缩、反渗透（膜分离）法等等，但在实际生产中应用最多、最广的仍为化学法。化学法包括以下三种方法：碱性氧化法；硫酸亚铁与氰根反应生成亚铁氰化物法；在密闭设施中，加酸使废水中氰根以氢氰酸气体的形式逸出，再利用碱液吸收回收氰化钠的方法。由于第二种方法的产物亚铁氰化物不能直接排放而必须加以回收利用，而第三种方法对设备的要求极高，因此现在应用最广的是第一种碱性氧化法。

这种方法是基于氰根具有一定的还原能力，采用氯系和臭氧氧化剂能将 $CN^-$ 和 $CNO^-$ 氧化。常用的氯系氧化剂有漂白粉、漂白精、次氯酸钠和液氯等。

#### （二）碱性氧化法

在碱性条件下采用氯系氧化剂将氰化物氧化破坏而去除的方法，叫做碱性氧化法。

氯系氧化剂中采用最多的为次氯酸钠和漂白粉，其次为液氯。次氯酸钠可以使用成品，也可以用电解氯化钠产生。各种氧化剂虽然形态不同，但都是利用次氯酸根的氧化作用。

1. 氧化原理与氧化剂

氯气与水接触，发生歧化反应生成次氯酸根和盐酸：

$$Cl + H_2O \longrightarrow HCl + HClO$$

这一反应异常迅速，常温下几秒钟就可以完成。

漂白粉和漂白精在水中的反应为：

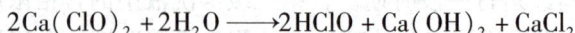

$$2Ca(ClO)_2 + 2H_2O \longrightarrow 2HClO + Ca(OH)_2 + CaCl_2$$

次氯酸根有很强的氧化能力，在酸性条件下氧化效果好。

氯系氧化剂除氰，按照氰化物被破坏的程度不同，分为一级处理及二级处理两种工艺。

含氰废水在酸性条件下被氯氧化为氰酸盐后排放，称为一级处理。其化学反应为：

$$CN^- + ClO^- + H_2O \longrightarrow CNCl + 2OH^- \quad （酸性条件下）$$

$$CNCl + 2OH^- \longrightarrow CNO^- + Cl^- + H_2O \quad （碱性条件下）$$

反应式为氧化还原反应，此反应在任何 pH 条件均能迅速完成，但生成的氯化氰有剧毒，在酸性条件下很不稳定，易挥发；在碱性条件下，有足够的氧化剂存在实际转变为微毒的氰酸根。反应的 pH 高，则转变快；反之则慢。若 pH 值小于 8.5，即有释放出氯化氰的危险，因此一级处理必须在碱性条件下进行。

显然，一级处理未能将氰处理完全。彻底的处理为二级处理，将碳氮键完全破坏掉。二级处理有两种方案：

1）一级处理完成后将废水 pH 值调至 2~3，使 $CNO^-$ 水解为 $CO_2$ 和 $NH_3$：

$$CNO^- + 2H_2O \longrightarrow CO_2 + NH_3 + OH^-$$

2）在过量氧化剂存在时，仍在碱性条件下将 $CNO^-$ 进一步氧化为 $CO_2$ 和 $N_2$：

$$2CNO^- + 3ClO^- \longrightarrow CO_2 + N_2 + 3Cl^- + CO_3^{2-}$$

或表示为：

$$2CNO^- + 3Cl_2 + 4OH^- \longrightarrow 2CO_2 + N_2 + 6Cl^- + 2H_2O$$

方案1)生成的氨也是一种污染物，而且此法消耗酸多，排放时需将调节溶液 pH 值。酸化过早，易释放出剧毒的氯化氰，操作过程不易控制。因此，一般所说的二级处理，均指方案2)，即二级完全氧化处理。

选用不同的氧化剂各有利弊。液氯适用于处理含氰废水浓度高、废水排放量大的。此法处理费用最低、污泥量也最少，但通氯操作复杂，自动化水平低，投氯量难以控制。投放量少，氧化不彻底；投放量过多，则排水中余氯过高，会产生二次污染。

采用次氯酸作氧化剂，投料方便安全，投药量易于控制，污泥量少。但货源无法控制，国内货源紧张，适于废水量少、含氰浓度低时使用。

漂白粉货源较广，当废水中含有酒石酸盐络合剂时，可生成酒石酸沉淀，有利于络合氰离子的破络。但污泥量大，药品存放期短，并且难以保管。

采用电解氯化钠制备次氯酸钠的方法近年来有所发展。

2. 废水处理工艺流程

（1）一级处理工艺流程　碱性氯化法一级处理含氰废水可以采用连续流程，也可采用间歇处理。连续处理时应设置自动检测装置；间歇处理可采用兰西法，也可用槽外处理法。连续法简单工艺流程如图9-8所示。

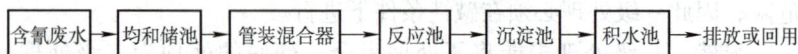

含氰废水 → 均和储池 → 管装混合器 → 反应池 → 沉淀池 → 积水池 → 排放或回用

图9-8　碱性氯化法一级处理含氰废水连续法简单工艺流程

流程中管装混合器为一种新型混合器，效果良好，节约场地，是一种比较完善的处理流程。从车间排出的含氰废水，经均和储池均和浓度后，由泵注入管装混合器，在混合器前投加碱液，调节pH值至11~12，投碱量由pH计自动控制。再在第二个管装混合器前投加次氯酸溶液（或漂白粉溶液。液氯则可以用水射泵注入），投入量由ORP计自动控制，反应池出水处的ORP值为+300mV，废水经翻腾式反应池进一步反应后进入沉淀池，投加高分子絮凝剂加速重金属氰氧化物等的沉降，间歇用压缩空气搅拌和排泥。经处理后的废水从沉淀池上部出口排入中和池，加酸调节pH值至6.5~8.5，加酸量由工业pH计控制。中和后的废水回用或排放。从排泥口排出的污泥经干化后集中处理。

槽外集中处理适用于产量不大的中小型电镀厂点。其简单工艺流程如图9-9所示。

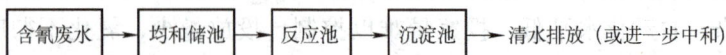

含氰废水 → 均和储池 → 反应池 → 沉淀池 → 清水排放（或进一步中和）

图9-9　碱性氯化法处理含氰废水槽外集中处理简单工艺流程

在反应池中先加入碱液将pH值调至11~12，再加入氧化剂进行反应，投加量要根据含氰浓度而定，待反应终止时将废水排入沉淀池沉淀，清水排入酸性废水中进行中和或用作酸洗清洗水。沉淀经过滤、干化后集中处理。

国内目前大多采用一级处理，但在国际上二级处理已较为普遍采用。

（2）二级处理工艺流程　　二级处理能将氰的碳氮键破坏，将氰酸盐进一步氧化为 $CO_2$ 和 $N_2$，次氯酸根具有强氧化能力。若氧化剂为次氯酸，其化学反应如下：

$$2NaCNO + 3HClO \longrightarrow 2CO_2 + N_2 + 2NaCl + HCl + H_2O$$

对残存的氯化氰，其化学反应如下：

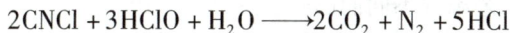

$$2CNCl + 3HClO + H_2O \longrightarrow 2CO_2 + N_2 + 5HCl$$

二级处理工艺流程也分为连续式和间歇式两种，也可采用兰西法和槽外集中处理。只是在一级处理的基础上再加用反应池或化学洗净槽，在此投加稀硫酸，将 pH 值调至 6.0~8.5，再投加氧化剂进行进一步反应。

**（三）臭氧处理法**

用臭氧处理含氰废水，处理水质好，不存在氯氧化法的余氯问题，且污泥量少，操作简单，以空气为原料，没有原材料供应运输问题，但耗电量较大，设备投资高。

1. 臭氧的制取

尽管制取臭氧的方法很多，如化学法、电解法、紫外线法以及无声放电法等。但是，目前唯一经济又实用的生产方法为无声放电法。此法能提供大量的低浓度臭氧，足以供给大规模的工业使用。

2. 处理方法

用臭氧处理含氰废水，一般也分为二级处理：第一级将氰氧化为 $CNO^-$，第二级再将氰氧化成 $CO_2$ 和 $N_2$。由于第二阶段反应很慢，可投加 1mg/L 左右硫酸铜作催化剂。第一阶段投药比理论为 $CN^- : O_3 = 1 : 1.85$，pH 值控制在 10~12；第二阶段理论投药比为 $CN^- : O_3 = 1 : 4.61$，pH 值控制在 8 左右。实际投药比要大些，可根据实验确定。

## 二、电解法

### （一）工艺流程

含氰废水电解处理以不溶性的石墨为阳极，铁板为阴极，废水中的氰根在直流电的作用下在阳极被氧化成无毒物质。含氰废水电解处理的流程与含铬废水电解处理流程相同。

电解处理含氰废水产生的沉淀物比电解处理含铬废水所产生的沉淀物要少得多，在废水浓度较低及悬浮物较少的情况下，电解除氰后的水可不经沉淀和过滤而直接排放，不再设置沉淀池和污泥干化场。含氰废水电解处理的设施和操作与含铬废水处理基本相同，仅是具体的工艺条件不同而已。

### （二）影响电解处理含氰废水的主要因素

#### 1. 废水的 pH 值

电解处理含氰废水应在碱性条件下进行。若 pH 值偏低，不利于氯对氰根的氧化，同时可能产生剧毒的氢氰酸气体逸出；若 pH 值偏高，在食盐含量较低的情况下，阳极电流效率下降，除氰效果降低。一般 pH 值控制在 9 ~ 10 之间。

#### 2. 食盐添加量

投加食盐的目的是增大废水的导电率，降低槽电压，减少电能消耗。但是如果食盐投加量太多，不但会增加食盐消耗费用，而且处理效率反而下降。一般在处理浓度较高的含氰废水时，食盐可多加一些，反之可少加一些。在处理含氰 25 ~ 100mg/L 浓度的废水时，通常加入 1 ~ 2g/L 食盐。

#### 3. 净极距

电解处理含氰废水用较厚的石墨作阳极，电解槽的阳极和阴极之间的距离常以表面间距即净距离（称净极距）表示。当电流密度和食盐投加量一定时，净极距越小，槽电压越低，处理效果越好。当电解槽容积不变时，缩小净极距，还可以提高阳极面积与有效水容积之比。因此，电解槽设计安装要尽最大可能的减小净极距，以便提高处理效率和减少费用。目前，国内投产的电解槽一般采用 20 ~ 30mm 的净极距。

### 4. 阳极电流密度

当食盐加入量一定时，按含氰废水的氰化物浓度的高低决定采用电流密度的大小。废水含氰浓度高，电流密度大；反之，电流密度小。从经济角度考虑，采用低电流密度和较长的电解时间较合算。对处理含氰浓度低的废水，现在一般采用 $0.4 \sim 0.7 A/dm^3$ 的阳极电流密度。

### 5. 空气搅拌

为提高处理效率和防止沉淀物粘附在极板表面上或沉积于槽底，电解槽需安装空气搅拌器。实践证明，不搅拌将延长电解时间。搅拌的空气量也不宜过大。否则，由于空气导电性差，使槽电压增高。搅拌的空气量以不使悬浮物沉淀为适度。

## 三、活性炭法

### （一）机理

在含有氰化物的废水中，如果有足够的溶解氧并有铜离子存在时，在活性炭上有下列反应：

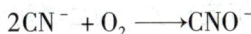

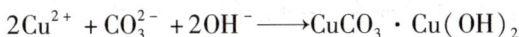

$$2CN^- + O_2 \longrightarrow CNO^-$$
$$CNO^- + 2H_2O \longrightarrow HCO_3^- + NH_3$$
$$HCO_3^- + OH^- \longrightarrow CO_3^{2-} + H_2O$$
$$2Cu^{2+} + CO_3^{2-} + 2OH^- \longrightarrow CuCO_3 \cdot Cu(OH)_2$$

游离氰的毒性可以通过活性炭的催化氧化而解毒，含氰废水中存在 $Cu^{2+}$ 时，形成氰化铜，活性炭对铜氰络离子的吸附能力大于单独的铜和氰根，可提高吸附床的流速。此外，铜还影响氧化过程，氰酸盐水解为氨和二氧化碳，铜在活性炭表面上形成碱式碳酸铜沉淀。这种沉淀的积累会增加水头损失，到一定程度时用酸洗去，回收其中的铜，再用碱中和洗出液，作为含铜液继续循环使用。

### （二）工艺流程和操作条件

工艺流程采用三柱串联固定床吸附流程。其中两根柱装活性炭，另一根柱装活性炭和固体氧化剂的混合物，采用升流进液，其工艺流程如图9-10所示。

207

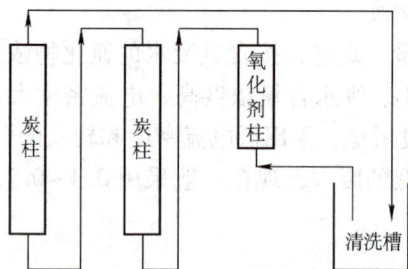

图 9-10  活性炭法处理含氰废水工艺流程

1. 活性炭的预处理

将活性炭筛去灰分，然后用质量分数为 3% 氯化铜或质量分数为 5% 硫酸铜浸泡 4h 以上，最后用水洗除去多余的铜盐，晾干再装柱，经这样预处理的活性炭除氰效率可提高 2~3 倍。

2. 进水水质

预处理的水中若沉淀较多，则应先过滤后再进柱，要求进水的 pH 值为 6~9，进液浓度要求总氰在 100mg/L 以下，铜的浓度在 50mg/L 以下。进水中若沉淀较多，则会堵塞活性炭孔，其结果必定导致水头损失，同时影响吸附。

与含铬废水一样，进水 pH 值对吸附容量有很大影响。活性炭吸附氰化物最佳的 pH 值应在 6~9 之间，这时氰大部分呈络合状态。在该 pH 值条件下，无论对纯氰化镀铜或氰化镀铜基合金废水均适用。

3. 加固体氧化剂

在活性炭里加入少量固体氧化剂对破坏氰和提高活性炭的吸附能力都有较大的影响，从吸附机理中知道，氰的毒性是通过活性炭的催化氧化而被消除的。从静态和动态吸附试验也证实，加入固体催化剂能提高吸附能力，提高的百分率取决于氧化剂性质、用量、接触时间等因素。

四、反渗透法

用反渗透法处理含氰废水尚属研制阶段，这里不作介绍。

## 第三节 酸碱废水处理

各电镀厂点因镀种、生产量、生产工艺、工艺布置、厂房结构、排水通道等的不同，废水的酸碱含量也不同，排放酸碱废水的量可能差别很大。在确定酸碱废水的处理方法前，必须对本单位废水的酸碱性质等进行认真调查研究，才能制定出经济合理、效果良好的处理方法。

处理酸碱废水虽然也可以用膜分离法、离子交换法、电解法等，但从经济效果上考虑，目前绝大多数单位都采用不同的中和法处理。

酸碱废水按不同 pH 值可分为：

| | |
|---|---|
| pH < 4.5 | 强酸性废水 |
| pH = 4.5～6.5 | 弱酸性废水 |
| pH = 6.5～8.5 | 中性废水 |
| pH = 8.5～10 | 弱碱性废水 |
| pH > 10 | 强碱性废水 |

实际的电镀酸碱废水中，含有多种金属离子，当废水中基本不含氰、氨等络合剂时，往往利用中和反应生成氢氧化物沉淀而将铜、锌、镍、镉、铬(三价)、铁(三价)等同时除去。

### 一、氢氧化物沉淀法

#### (一) 金属的氢氧化物分类

按照溶解度的大小可将金属氢氧化物分为三类：

1) 易溶氢氧化物：碱金属锂、钠、钾等的氢氧化物。

2) 部分难溶氢氧化物：其溶解度比较小，碱土金属镁、钙、钡等的氢氧化物属于这一类。

3) 难溶氢氧化物：其余金属的氢氧化物。

因为有毒金属离子多系重金属离子，其氢氧化物的溶解度都相当小，因此可借中和反应使金属离子呈氢氧化物沉淀而除去。

#### (二) 金属氢氧化物沉淀与 pH 值的关系

一种难溶的氢氧化物是否能从溶液中沉淀出来，主要取决于溶

209

液的 pH 值。从理论上可以计算出金属离子浓度一定时生成沉淀的相应 pH 值。

设氢氧化物以 $M(OH)_n$ 表示，其溶度积为 $K_{sp}$，金属离子初始浓度为 $P$ mol 离子/L，则

$$pH = 14 - (\lg P - \lg K_{sp})/n$$

由此可知：

1）金属离子浓度相同时，溶度积 $K_{sp}$ 越小，沉淀析出物的 pH 越低。

2）同一金属离子，浓度 $P$ 越大，沉淀析出物的 pH 越低。

当 $n=2$ 时，沉淀终止时的 pH 值刚好比沉淀开始时的 pH 值增高 1。实际上

$$pH = 14 - \lg(P/K_{sp})/n$$

根据溶液的 pH 值，也可以从理论上计算出相应的 pH 值条件下金属离子的浓度

$$P = K_{sp} \times 10^{n(14-pH)} \ (mol/L)$$

设相应金属的克原子量为 $m$，将浓度单位化为 mg/L，则金属离子的浓度

$$P' = mK_{sp} \times 10^{n(14-pH)-3} \ (mg/L)$$

对于实际的电镀废水体系，表 9-3 提供了除去各种金属离子的最佳 pH 值范围。

表 9-3  除去各种金属离子的最佳 pH 值范围

| 金属离子 | pH 范围 | 残留浓度/(mg/L) | 备　注 |
|---|---|---|---|
| $Al^{3+}$ | 5.5~8 | <3 | 从 pH6.5 左右以上再溶解 |
| $Cd^{2+}$ | >10.5 | <0.1 | |
| $Cr^{3+}$ | 7~9 | <2 | 从 pH9 以上再溶解 |
| $Cu^{2+}$ | 7~14 | <1 | |
| $Fe^{2+}$ | 5~12 | <1 | 从 pH12.5 左右以上再溶解 |
| $Fe^{3+}$ | 9~12 | <1 | |
| $Mn^{2+}$ | 10~14 | <1 | 从 pH12 左右以上再溶解 |
| $Ni^{2+}$ | >9 | <1 | |

(续)

| 金属离子 | pH 范围 | 残留浓度/(mg/L) | 备 注 |
|---|---|---|---|
| $Pb^{2+}$ | 9~9.5 | <1 | |
| $Sn^{2+}$ | 5~8 | <1 | |
| $Zn^{2+}$ | 9~10.5 | <1 | 从 pH10.5 左右以上再溶解 |

对微酸性电镀废水加碱进行中和时，若中和后立即过滤，则沉淀较快；反之，若靠自然沉降，则需要静置较长时间，不能连续中和排放。

另外，中和后静置一段时间对于除去金属离子是很有利的。采用助滤剂进行连续过滤，可以免去大的沉淀池，其去除金属离子的效果也是相当好的。

## (三) 氢氧化物的沉降

由于多数氢氧化物呈细微悬浮或胶体状，因而自然沉降比较困难或者沉降时间很长。为加速其沉降，可投加无机凝聚剂或高分子絮凝剂。

## 二、碱性废水处理法

电镀碱性废水分为单一碱性废水和混合碱性废水。典型的单一碱性废水有锌酸盐镀锌废水和离子交换法处理废水后阴树脂再生废水。混合碱性废水多产生于电镀生产线上设有化学或电化学脱脂、钢铁件发蓝等强碱性工艺过程中。

### (一) 单一碱性废水处理

锌酸盐镀锌废水采用投药中和沉淀法进行处理可取得较好效果，其处理工艺流程如图9-11所示。

1. 主要技术参数

排水量：一次清洗水 0.5 $m^3$/2h，二次清洗水 1.0 $m^3$/2h。

废水含锌量：一次清洗水中约为 100mg/L，二次清洗水中约为 5~10mg/L。

废水 pH 值：>12，排水 pH 值：8.5~9.0。

处理周期：每2h处理1次。

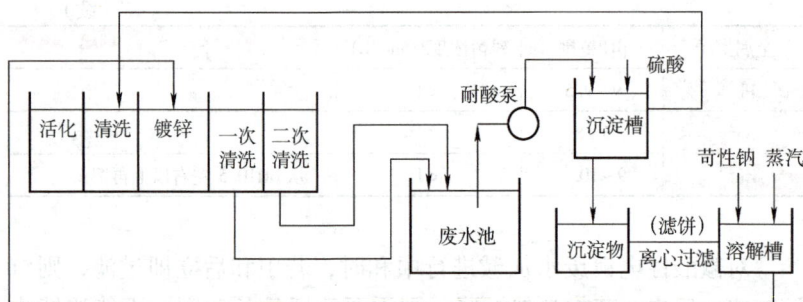

图 9-11　投药中和沉淀法处理单一碱性废水工艺流程

2. 处理方法

1）将一次和二次清洗水排入容积大于 $1.5m^3$ 的废水池中（清洗槽换用清水）。

2）用泵将废水从储存池提升至高位沉淀反应槽。

3）将工业硫酸在搅拌条件下徐徐加入沉淀反应槽中，调整 pH 值至 $8.5 \sim 8.8$（硫酸添加量约为每 $1m^3$ 废水 1kg）。

4）沉淀 20min 后开启阀门，将上部清液放至镀前清洗槽中作镀前清洗用水，下部沉淀排出后进行离心过滤。

5）将过滤所得滤饼放入盛有少量镀锌溶液的容器中，补充固体苛性钠，通入蒸汽加温，使沉淀溶解生成锌酸盐。

6）溶解生成的锌酸盐，溶液经过滤后贮存，作为电镀液补充液。

7）碱不溶物中主要含镁、钙、硅、铁等杂质，作为废渣处理。

全部设施占地约为 $5 \sim 6m^2$，具有占地面积小，工艺设备简单，易于上马，节约用水，可回收锌盐，处理效果好等特点。

**（二）离子交换法再生废水处理**

离子交换法处理电镀废水时，纯水阴柱往往用苛性钠进行再生，再生废水呈碱性。利用此碱性废水可以处理镀锌钝化废水，阳柱再生水中含有大量的 $Cr^{3+}$ 和 $Zn^{2+}$，可用阴柱再生碱性废水来中和沉淀 $Cr^{3+}$ 和 $Zn^{2+}$ 等金属离子。其处理工艺为：

1）将强酸性的阳柱再生水和纯水阴柱再生水分别收集于贮存

池中。

2）在搅拌条件下将纯水阴柱再生水慢慢加入阳柱再生水中，调整 pH 值至 3 左右。

3）加入稍大于计算量的亚硫酸氢钠，用于还原阳柱再生水中残存的 $Cr^{6+}$。待亚硫酸氢钠全部溶解后再继续加入纯水阴柱再生水，调节 pH 值到 8~9。

4）加入部分水解聚乙烯酰胺 PAM78001 絮凝剂约为 $8.5 \times 10^{-6}$，以加速沉淀物的沉降。

5）沉淀后的上层清液中含 $Zn^{2+}$ 为 0.2~0.4mg/L、含 $Cr^{3+}$ 为 0~0.2mg/L、$Fe^{3+}$ 为痕迹、$Cr^{6+}$ 检不出，可作为钝化清洗水或排放。

6）沉淀经过滤后放置待处理。

**（三）混合碱性废水处理**

混合碱性废水是指从车间生产线排出的含有多种金属阳离子及阴离子的碱性废水。这种废水一般只能处理后排放，难以回收利用。

中和碱性废水可以采用投药中和、酸性废水中和及酸性废气中和。

1. 投药中和

（1）药剂　碱性废水可借投放商品或废弃的无机酸进行中和。这种方法特别适用于 pH > 10 的强碱性废水。常用的无机酸为硫酸及盐酸。硫酸价格低，应用广。盐酸反应产物溶解量大，泥渣量小，但出水中溶解物多，当对溶解物有较严格控制时此法不适用。

中和各种碱性废水所需不同浓度的酸量见表 9-4。

表 9-4　中和各种碱性废水所需不同浓度的酸量

| 碱性物质 | 中和 1kg 碱所需不同浓度的酸量/kg | | | | | |
|---|---|---|---|---|---|---|
| | 硫　酸 | | 盐　酸 | | 硝　酸 | |
| | 100% | 98% | 100% | 36% | 100% | 65% |
| NaOH | 1.22 | 1.24 | 0.91 | 2.53 | 1.57 | 2.42 |
| KOH | 0.88 | 0.9 | 0.65 | 1.8 | 1.13 | 1.74 |
| $Cu(OH)_2$ | 1.32 | 1.35 | 0.99 | 2.74 | 1.7 | 2.62 |
| $NH_3$ | 2.88 | 2.94 | 2.14 | 5.95 | 3.71 | 5.71 |

213

对于实际的碱性废水是难以分别确定各种碱的含量的。因此，酸的投加量只能在实际操作时通过测定 pH 值来确定。一般是边投药边测 pH 值，至中和到规定的 pH 值为止。

（2）工艺流程　投药多采用间歇式操作。当废水量较大时，要求有较大的处理场地。若有条件实现投药自动控制时，也可进行连续操作。废水中重金属离子的沉淀去除可采用两段式处理：先将上清液或过滤水的 pH 调至 8.5~6.5 后排放。

由于各电镀厂点场地情况及废水都有各自的特点，对于混合废水的处理设施只能针对具体情况加以设计，很难有定型产品供使用。以下处理工艺流程可供参考：

1）间歇两段式工艺流程：当在电镀生产线上采用了多级逆流漂洗时废水量小，沉淀池及处理设施可以小些；当清洗方法落后废水量大时，必须设置大的池子。要解决间歇投药沉淀与电镀连续排水的矛盾，必须设置大的贮存池及两个以上的反应沉淀池。当有两个以上的反应沉淀池交替使用，贮存池可以小些。

当贮存池较大而废水量较小时，可设置一个反应沉淀池间歇工作。但贮存池的容量必须足够大，其容量由产生的废水量、反应沉淀池容量及沉淀时间来确定。当电镀生产采用一班制时，有足够的时间来处理贮存池中的废水，这种方法是适用的。

投药中和的 pH 值由废水中重金属离子的成分确定，其 pH 值一般可选在 8~9.5，可使多数重金属离子呈氢氧化物沉淀除去。为缩短沉淀时间，最好能投加高分子絮凝剂。

要提高自动化操作程度，可采用液位自动控制、工业 pH 计及电磁阀门来控制水泵、污泥泵、加药剂及絮凝剂。

2）连续式工艺流程：连续式工艺流程必须设置自动控制。因为电镀废水量及 pH 值一般都有较大波动，只有自动跟踪变化量才能控制好投药量。快速混合管的处理方法可供参考。快速混合管的中和反应在废水管道内进行，其示意图如图 9-12 所示。

从生产线来的碱性废水流入预沉池，经可调流量的泵进入快速混合管，由 pH 计探测 pH 值后将信号送入电控器，电控器根据废水流量及 pH 值的需要来控制加酸电磁阀以控制加酸量。混合管内的废

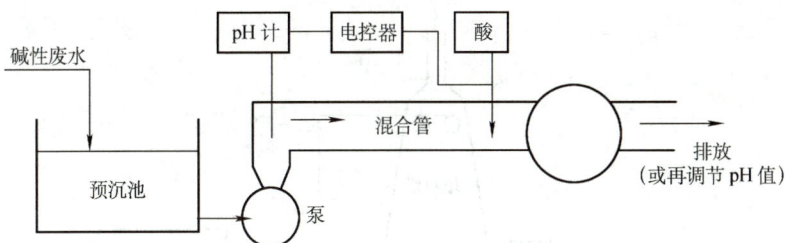

图 9-12　投药中和沉淀法连续式工艺流程

水流速要足够高(亦可在管内设置旋流片),最好使水流呈紊流状,搅拌均匀。由于中和反应系离子反应,瞬间即可完成,因此尽管在管道内也能使反应进行彻底。反应后的废水经压滤机滤去沉淀后排放(或者再加一控制设施进一步调节 pH 值后排放)。

这种方法要求较高的电子技术,但占地面积小,操作自动化程度高。

2. 利用酸性废水中和

一般的电镀厂点均设有专门的酸洗间,可以利用酸洗间排出的酸性废水来中和碱性废水,可达到以废治废的目的。

3. 利用烟道气中和

烟道气中含有体积分数为 24% 的二氧化碳,有时还含有少量的二氧化硫及硫化氢,烟道气与电镀碱性废水反应产物为弱酸强碱烟,水解后呈碱性,因此酸性物质必须超量供应。中和 1kg NaOH 需要 $CO_2$ 0.55kg,或 $SO_2$ 0.8kg,或 $H_2S$ 0.43kg。考虑到超量供应,实际上需要量还要多些。

利用烟道气中和碱性废水的工艺为:接触筒与烟囱合建,鼓风机放在前面,接触筒做成填料塔。碱性废水经泵由塔顶的喷头喷下,烟道气由下而上逆向接触,如图 9-13 所示。

用烟道气中和碱性废水,烟道气也同时得到净化,因此,接触筒又叫净化器。中和效果与烟道气成分及接触时间有关。利用烟道气中和碱性废水可同时起到消烟除尘效果,但处理后废水的色度、硫化物含量、耗氧量均显著增加。

各种碱性废水处理方法比较见表 9-5。

215

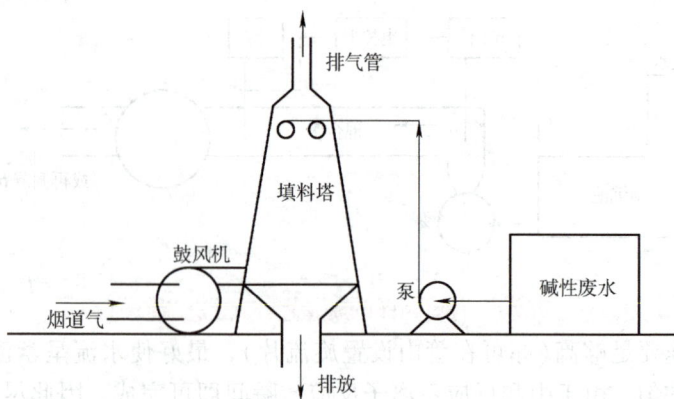

图 9-13 烟道气中和处理工艺流程

表 9-5 碱性废水处理方法比较

| 处 理 方 法 | 适 用 条 件 | 主 要 优 点 | 主 要 缺 点 | 备 注 |
|---|---|---|---|---|
| 加酸中和 | 需用工业盐酸、硫酸、硝酸 | 如用三酸副产品则比较经济 | 如用三酸工业品则不经济 | |
| 烟道气中和 | 1. 要求有大量烟道气，并要求烟道气不能中断<br>2. 有大型锅炉及靠近锅炉 | 1. 既能除尘又能降低废水中碱度<br>2. 可节约大量除尘用水 | 烟道改造麻烦，废水 pH 值处理后下降，但其他指标如水温、硫化物等都有所提高 | |

### 三、酸性废水处理法

从电镀车间酸洗间排出废水的 pH 值一般都呈酸性。就一般电镀厂而言，若所有废水均混合在一起，多数为酸性废水。中和酸性废水的主要方法有三种：投药中和法、过滤中和法、利用碱性废水和废渣中和。

**（一）投药中和法**

1. 常用药剂及投药量

中和酸性废水一般投加石灰，也可选用苛性钠、碳酸钠、石灰石或白云石，还可利用工业废渣电石渣、锅炉灰以及用石灰软化水时排出的废渣和电镀生产中废弃的脱脂剂、发蓝液等。

在中和过程中，中和剂有以下 3 个作用：

第一，和酸起中和作用。

第二，和其他酸性盐类起作用。

第三，使其他金属离子成氢氧化物沉淀析出。

因此，在计算药剂消耗量时，应将三种消耗都考虑进去。

电镀废水中含有的酸和盐种类很多，从理论上计算中和剂的耗量是很困难的，一般只能由试验确定。

2. 药剂的投放及处理工艺流程

投药中和酸性废水最常用的药剂为石灰和石灰石。投加石灰可分为干投和湿投。而石灰石的溶解度很小，只能干投。干投可将石灰研成粉末投加。对石灰石，则需先经过颚式破碎机粗碎后再经锤式破碎机粉碎，使粒径小于 0.5mm，因而实际生产上多投加石灰。

干投石灰虽然设备简单，但反应缓慢不充分，石灰耗量大，沉渣多，因此多采用湿投。

湿投石灰的工艺流程如图 9-14 所示。

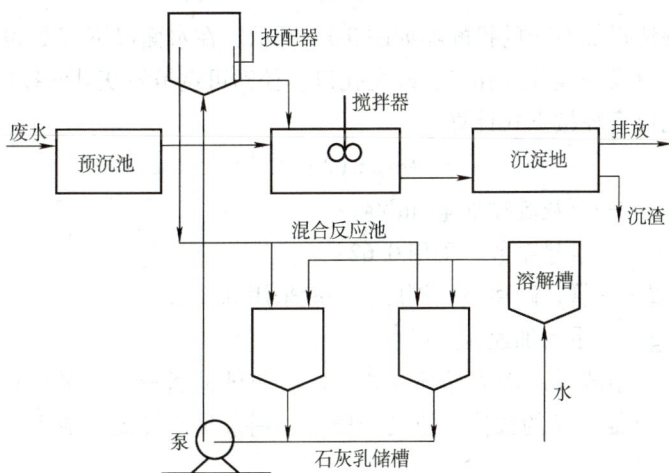

图 9-14 湿投石灰工艺流程

废水先经过预沉池进行悬浮物的澄清、水质及水量的均和,以减少投药量及创造稳定的处理条件。再进入混合反应池,此时投加药剂,进行搅拌,发生中和发应,最后流入沉淀池分离沉渣。石灰在溶解槽内溶解后,将含有石灰质量分数为40%~50%的上部工作液经耐碱泵注入投配器,投入混合反应池。为防止沉淀,在石灰乳贮槽中应设机械泵。

3. 投药中和设备

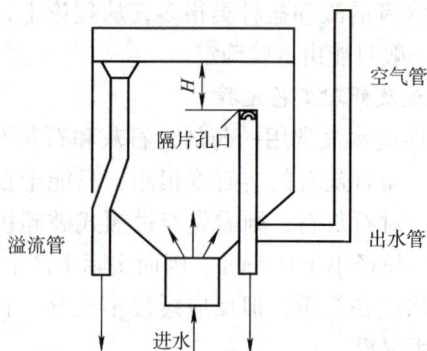

空气管

隔片孔口

溢流管

出水管

进水

图 9-15　湿法投加石灰投配器

湿法投加石灰的投配器如图 9-15 所示。在水面以下 $H$ 处设出水管,管口设一隔片或孔口,改变孔口直径即可调节石灰乳的投加量。

孔口直径按下式计算

$$d = \left[ 4q/\mu\pi(2gH)^{1/2} \right]^{1/2}$$

式中　$q$——石灰乳投加量($m^3/s$);

　　　$\mu$——流量系数,采用 0.62;

　　　$H$——管口距离液面深度,一般采用 0.2m;

　　　$g$——重力加速度($m/s^2$)。

投配系统采用溢流循环方式,使石灰乳输送量大于需要量,以维持投配器中 $H$ 的数值,使投配稳定,剩余量沿溢流管流入石灰乳贮槽。

混合反应槽不宜采用穿孔板式,因易堵塞,而以障板式应用最广。其容积以 5min 停留时间计算。沉淀池可采用竖流式及平流式。竖流式上升流速采用 0.3~0.5mm/s，平流式前进速度采用 3~5mm/s。停留时间按 1~2h 考虑。若采用凝聚法在沉淀池中进行固液分离，则体积可以缩小些。清除污泥可采用污泥泵及静压水力。有条件最好采用压滤机，可连续除去沉渣。

### （二）过滤中和法

让酸性废水经过碱性滤料而中和的方法叫做过滤中和法。此法仅适用于中和酸性废水。

#### 1. 滤料的选择

滤料必须有一定的机械强度和透水能力。常用的碱性滤料为石灰石、大理石和白云石。前两种的主要成分为 $CaCO_3$，后一种的主要成分为 $CaCO_3 \cdot MgCO_3$。

滤料的选择应该根据中和反应产物的溶解度来确定。硝酸和盐酸的钙盐具有较大的溶解度，因此可以选用石灰石、大理石或白云石作滤料。各种硫酸盐的溶解度相差很大，硫酸镁最大，硫酸钠次之，硫酸钙最小。因此，当废水中硫酸含量较高时，应选用白云石等含镁的滤料。但白云石来源少，成本高，反应较慢。若能正确控制硫酸浓度，中和硫酸时也可选用石灰石或大理石。计算表明，为使生成硫酸钙的量不超过其溶解度，在 0℃、10℃、20℃、30℃ 时，相应硫酸浓度应小于 1.0g/L、1.1g/L、1.16g/L、1.2g/L，或其质量分数应小于 0.1%、0.11%、0.116%、0.12%。

滤料的粒径由所采用的过滤设施而确定。当采用普通中和池时为 30~80mm，采用升流式中和塔时为 0.5~3mm，采用滚筒式中和池时为 10~20mm。

#### 2. 过滤中和池

过滤中和是在过滤池中进行的。它是由耐酸材料制成的池子或容器，内装碱性滤料，酸性废水一般由下而上流经滤池而得以中和。随着中和反应的进行，在工作区中的有效成分越来越少，随着杂质不断增加，滤料层不断塌陷，而废水达到中和目的所需的滤料层高度将不断增加。因此，应当及时补充滤料。当经过多次补充后，出水达到要求的滤料层高度刚好等于滤池的允许装料高度时，则整个滤池已达不到处理要求，此时必须部分或全部倒床换料。

中和滤池分为普通中和池、滚筒式中和池和升流式中和池。前两种效果较差，应用不多。下面介绍升流式中和池。

升流式中和滤池采用较小粒径（0.5～3mm）的滤料。当废水由下而上以较高滤速（60～70m/h）流过滤池时，使滤料呈悬浮状，体积发生膨胀，滤料互相碰撞，剥离表面生成的硬壳。它具有下述优点：

1）因滤料粒径小，反应总面积大，可缩短中和时间，减小滤池体积。

2）滤料表面不断更新，可允许废水中有较高含量的硫酸。

3）采用升流运动，剥离掉的硬壳易被水冲走，反应生成的气体$CO_2$难于堵塞滤床。

当升流式中和滤池上下直径一致时，流速恒定，称为恒速式升流滤池。这种滤池的不足之处是细小滤料会随水流失。滤池下部直径小、上部直径大时称为变速式升流滤池。下部流速保持在60～70m/h，而上部流速减为15～20m/h，这样可弥补恒速式升流滤池的不足，允许滤料粒径小于0.5mm的细微颗粒达到40%以上也不致被水带走。

**（三）利用碱性废水和废渣中和**

可以利用电镀生产线排出的碱性废水来中和从酸洗间排出的酸性废水，达到以废治废的目的。但是，由于废水酸碱性及水量的波动，为使操作平稳，应分别设置均和池。

实际使用时很难计算中和酸性废水所需碱量及碱性废水含碱量。当均和池容量较大时，可通过不断测定pH值人为控制酸性和碱性废水流量来控制出水pH值。

利用含碱废锅炉灰、电石渣等也可以中和酸性废水。

锅炉灰中含有的氧化钙。利用酸性废水冲运或喷淋灰渣，能获得一定的中和效果。电石渣中含有一定量氢氧化钙，将电石渣投入酸性废水中，也可进行中和。但是，当灰渣及电石渣等不足或供应中断时，必须有其他的紧急处理措施。

各种酸性废水处理方法比较见表9-6。

表9-6 各种酸性废水处理方法比较

| 处 理 方 法 | 适 用 条 件 | 主 要 优 点 | 主 要 缺 点 | 备 注 |
|---|---|---|---|---|
| 酸碱废水相互中和 | 1. 各种酸性废水<br>2. 废水中酸碱度基本一致,中和后能使pH值为6.5～8.5 | 1. 节省中和药剂<br>2. 设备简单<br>3. 管理简化 | 1. 废水流量及浓度波动较大时,处理效果难以保证<br>2. 废水变化情况不易掌握时,则要设均化池,或补加药物 | |
| 投药中和 | 1. 各种酸性废水<br>2. 酸性废水中重金属与杂质较多的废水 | 1. 适应性强,对含杂质废水可免去预处理构造物<br>2. 对含重金属盐的废水经预处理后,可以将金属离子沉降下来<br>3. 处理后pH值可达到6.5～8.5 | 1. 管理复杂<br>2. 当投石灰或电石渣时,污泥量较多<br>3. 经常处理费用较高 | 控制pH值为8～9才有利于重金属沉淀 |
| 升流式过滤中和 | 适用于废水中只含硝酸、盐酸,并不含有大量的悬浮物和油脂等<br>适用于含硝酸、硫酸、盐酸废水 | 1. 设备简单<br>2. 污泥量较少,设备较小 | 1. 对废水浓度、流量、流速都有一定限制<br>2. 废水中如含油污及悬浮物要进行预处理<br>3. 对滤料粒径要求较严 | |

## 第四节 电镀废气处理

在电镀生产的主要环节中都要产生废气,例如镀前的酸洗、脱脂会产生大量的酸碱废气;某些镀种,如强碱性电镀、镀铬等也会产生大量废气；在用化学法退除某些不良镀层时，也可产生酸性或碱性废气。

## 一、酸碱雾的抑制

采用一定的措施使酸雾和碱雾的逸出量大大减少，称为酸碱雾的抑制。多数的抑雾措施都利用了表面活性剂的发泡性。

## 二、酸洗雾的抑制

钢铁件的酸洗普遍采用盐酸和硫酸，而铜件的酸洗多采用硝酸与硫酸的混合酸。

### （一）采用表面活性剂抑制钢铁件酸洗雾

对于加温的硫酸酸洗液，因粘度较大且液温较高，可加入质量分数为 $0.01 \sim 0.1g/L$ 的十二烷基硫酸钠，依靠酸洗时产生的氢气及其搅拌作用能在酸洗液表面产生较厚的泡沫，可起到较好的抑雾作用。在室温下用盐酸退除不良的锌、镉等镀层时，由于产生气泡较多，搅拌作用较强，加入十二烷基硫酸钠或 OP 乳化剂也有较好的抑雾效果。

### （二）加入尿素抑制硝酸雾

在用混合酸、浓硝酸对铜件进行酸洗或退除不良铜、镍等镀层及溶解钼等金属时，会产生大量氮氧化物气体，其中主要为 NO 和 $NO_2$。在酸洗液中加入一定量的尿素，可以抑制酸洗氮氧化物，大大减少其瞬时浓度，可起化学抑雾作用。

在混合酸中加入尿素的量，因混合酸的用途而异。在铜件酸洗及退除不合格镀层时可按 $3 \sim 10g/L$ 添加；在溶解钼等金属时，可按 $80 \sim 100g/L$ 添加；当不用硝酸而用 $NH_4NO_3$ 或 $NaNO_3$ 提供 $NO_3^-$ 作酸洗时，可按 $30 \sim 40g/L$ 添加。尿素消耗后应及时补充。

用尿素抑制氮氧化物，可大大减少 $NO_2$ 黄烟的产生和逸散，但不能完全消除氮氧化物。经尿素抑制后再配合以简单的水喷淋吸收，能使排气中的氮氧化物含量低于国家排放标准，而不必作复杂的吸收处理。

### 三、铬酸雾的抑制

镀铬的电流效率低，电解时产生大量的氢气和氧气。当不采用抑雾措施时，由于电镀液表面张力很大，氢气泡和氧气泡逸出时带有很大能量，当其在液面破裂时会把液膜剧烈的分散成极细的雾飞溅到空气中。由于电镀液加温，在电镀液蒸发时也会带出一些铬酸。

生产中采用塑料球抑制铬酸雾或采用表面活性剂抑制铬酸雾。

#### （一）采用塑料球抑制铬酸雾

采用 $\phi 5 \sim \phi 20$mm 的空心塑料球，将其大小相间铺盖一层或二层于镀铬溶液表面，即能起到抑雾作用。这种措施方法简单，具有长期效果。但采用的塑料球必须是耐铬酸的聚乙烯或聚氯乙烯制品。此法对硬镀铬较为理想，因硬镀铬时一般取件不频繁，装挂比较牢固。而对于装饰性镀铬，此法使用起来不太方便。

#### （二）采用表面活性剂抑制铬酸雾

加入高泡型表面活性物质，借助阴阳极反应产生大量氢气和氧气而使电镀液表面产生泡沫复合层，从而起到抑制铬酸雾的作用。表面活性剂抑制铬酸雾的另一作用是：它能降低电镀液表面张力，使液泡能量减少，破裂时的飞溅作用大大下降，不致于将大量铬酸雾溅入空气中。

目前，使用 F-53 氟碳表面活性剂效果很好。F-53 是一种全氟烷基醚磺酸盐，有三种规格：F-53A、F-53B、F-53C。其使用温度分别为 $50 \sim 65$℃、$40 \sim 60$℃、$65 \sim 70$℃。

F-53 的使用量为：装饰性镀铬按 $0.03 \sim 0.04$g/L 添加，镀硬铬和乳白铬按 $0.05 \sim 0.06$g/L 添加。其含量越高，生成的泡沫层越厚；硫酸含量越高，则产生的泡沫层越薄。实际生产时，泡沫层厚度以控制在 $2 \sim 3$cm 为宜。

使用 F-53 应注意如下几点：

1）在含铬酐 50g/L 的低浓度镀铬溶液中起泡现象不明显，效果不理想。

2）尚需在一段时间内开启较小的排风设施。

3）因 F-53 溶解度很低，必须先以小于质量分数为 1% 的浓度将其溶解于沸水中并趁热搅拌加入电镀液中。

4）因泡沫中积聚大量氢气和氧气，混合气体遇火花或过热时易产生爆鸣，故要采取以下相应的避免措施：

① 电镀液液面距离槽面应大于 150mm，以免泡沫接近或接触极棒，以致取放挂具时小的火花引起爆鸣。

② 保证挂具与极棒接触良好，并尽量避免带电入槽和出槽，以免过热或产生电火花。

③ 不可一次向镀槽中加入大量水而使泡沫升起。

5）抛光后的工件必须除尽抛光膏后再镀铬，否则会严重影响 F-53 的使用寿命。

6）在选用 F-53 时应注意其使用温度，镀乳白铬应选用 F-53C，不宜用 F-53B。

7）用离子交换法处理镀铬废水时，F-53 有可能降低树脂对六价铬的交换容量。

**四、镀铬废气的净化**

当不便采用抑雾措施时，对镀铬废气应进行吸收净化处理。目前对镀铬废气，几乎都采用物理吸收。实践证明，采用网格式铬雾回收器，具有体积小、阻力小、结构简单、维护管理方便、回收效率高等优点，因而被普遍采用。

**（一）网格式净化器的型号和工作原理**

网格式铬酸废气净化回收器分为立式和卧式两个系列，主要有 11 个型号。两个系列网格回收器的额定风量和使用风量见表 9-7。其额定风量和使用风量采用过滤迎风面的风速分别为 2.5m/s 和 2～3m/s。

表 9-7　网格回收器的型号与风量

| 型　　号 | L₂ | L₃ | L₄ | L₆ | W₂ | W₃ |
|---|---|---|---|---|---|---|
| 额定风量/($m^3/h$) | 2000 | 3000 | 4000 | 6000 | 2000 | 3000 |
| 使用风量/($m^3/h$) | 1600～2400 | 2400～3600 | 3200～4800 | 4800～2400 | 1600～2400 | 2400～3600 |

（续）

| 型 号 | $W_4$ | $W_6$ | $W_8$ | $W_{12}$ | $W_{16}$ |
|---|---|---|---|---|---|
| 额定风量/（m³/h） | 4000 | 6000 | 8000 | 12000 | 16000 |
| 使用风量/（m³/h） | 3200~4800 | 4800~7200 | 6400~9600 | 9600~14400 | 12800~19600 |

铬酸本身具有密度大、挥发性小及易于凝聚的特点。铬酸雾被带入风罩后形成一种多分散性的气溶胶，铬酸雾滴一般比较粗大且大小不等。不同粒径的铬酸雾滴悬浮在浮动空气中时，互相碰撞形成较大的液滴；一部分雾滴与抽风罩、风管碰撞也能变大并凝聚成液滴。

当含铬酸雾滴的空气进入净化器而尚未达到过滤网格时，由于箱体截面积比进风管截面积大，空气流速降低，已经因碰撞而变大的液滴在重力作用下不能继续前进而从空气中分离出来。当铬酸废气经过网格时，被分散而经过许多狭窄弯曲的通道，增加了互相碰撞变大的机会，在吸附及重力作用下，细小铬雾滴附在网格表面，不断凝聚变大，最后从网格上降落下来。分离出的铬酸沿排液管流入集液箱，净化后的空气经风机排空。

**（二）网格式净化器的安装及使用**

1. 设备的配套选用

各种型号网格式净化回收器都有一定的风量适用范围。当设备配套不适当时，或者风速低，抽风量不足；或者风速高，阻力陡增，网栅易坏，净化效率降低。回收器应设置在风机吸入端。回收器前的风道及部件宜用硬聚氯乙烯板制作，其后的风道、风机可采用钢制。风机、回收器及镀槽如何配合，最好经设计计算而确定。

2. 安装注意事项

1）为便于安装及维修，净化器底部应高出地面30cm以上。

2）净化器不宜安装在烈日暴晒处，以防硬聚氯乙烯过早老化。

3）净化器内凝聚下来的铬酸必须畅通地流出。为此，集液管（排液管）不能直通大气，每个回收器应带液封器，使用前于其中预先注入铬酸液或清水。同时，排液管孔径不宜太小，应为φ15mm或更大，以免因吸风时带入灰尘泥沙而沉积堵塞。

225

4）要加强法兰处的密封。为防止法兰处渗漏，除要求制成的法兰要平整外，还要选择好密封材料。使用软聚氯乙烯耐腐蚀性较好，厚度宜大一些。

### 3. 维护要求

对净化回收器进行维护的关键是定期清洗。使用一段时间后，回收器的网栅上会积聚来自空气的灰尘和泥沙以及干涸的铬酐。若不及时清洗，会增加阻力，甚至造成堵塞。一般使用半个月就应将栅格取出来用自来水清洗一次。也可在结构上稍加改动，即在八字形网栅下面加一根 $\phi30mm$ 聚氯乙烯管，在管的侧上方两边各钻 5 个 $\phi3mm$ 小孔，将自来水管接到塑料管上，清洗时打开水龙头喷淋管喷出水来进行喷淋清洗，每次清洗只要 $1\sim2min$ 即可。

## 五、氮氧化物的净化

氮氧化物是电镀生产中产生的有毒气体中危害较大、较难治理的酸性废气。氮氧化物的污染源很广，由于产生条件不同，治理方法也不同。表面处理中氮氧化物的产生有其特点，必须针对其特点采用适当的方法进行治理。

吸附氮氧化物的主要方法有吸附法和液体吸收法。前者称为干法，后者称为湿法。

### （一）吸附法

吸附法是采用吸附剂对氮氧化物进行物理或化学吸附而净化除去的方法。在表面处理中净化氮氧化物的吸附剂目前比较有前途并已用于生产实践的为活性炭。活性炭具有吸附容量高、对低浓度 $NO_x$ 吸附能力强的特点。选用活性炭时，应采用孔径稍大于 $NO_x$ 分子直径的活性炭。活性炭对 $NO_x$ 的吸附量随着温度的升高而下降。由于它对强极性水分子也具有良好的吸附作用，在高温高湿情况下，水分子能取代已吸附的 $NO_x$ 分子。因此，对于使用中已经吸附饱和的活性炭可用蒸汽加湿或沸水煮而使 $NO_x$ 脱附再生。

活性炭的再生工艺流程为：

1）取出活性炭，用质量分数为 20% 的苛性钠浸泡。

2）水洗。

3）用体积分数为 20% 的硫酸浸泡。

4）水洗。

5）用蒸汽蒸煮。

吸附法治理氮氧化物具有工艺简单、净化效率高、运转成本较低等优点。但吸附容量不够大，阻力较大，因而风机压头损失较大，再生较为复杂而且应及时再生，否则吸附的 $NO_x$ 会自然脱附。

**（二）液体吸收法**

液体吸收法是用水或多种水溶液吸收废气中氮氧化物的方法。此法工艺较简单，投资不多，某些方法能以硝酸盐等形式回收氮氧化物中的氮。按照吸收剂种类不同，液体吸收法又可分为水吸收法、酸吸收法、络合吸收法、氧化吸收法、碱性溶液吸收法、吸收还原法等。在表面处理中常采用后三种方法。

1）氧化吸收法是采用氧化剂将部分 NO 氧化为 $NO_2$ 以提高碱吸收效果。氧化吸收法还能将碱吸收时生成的亚硝酸盐氧化为无害的硝酸盐。所用氧化剂可以是体积分数为 40% 左右的硝酸、活性炭催化氧化、氯系氧化剂、高锰酸钾、臭氧、过氧化氢等。

2）碱性溶液吸收法是利用氢氧化钠、碳酸钠、氢氧化钙、氢氧化铵等的碱性溶液吸收氮氧化物，使其生成硝酸盐和亚硝酸盐。当氮氧化物的氧化度比较低时，可采用氧化吸收法。表面处理中产生 $NO_x$ 氧化度很不稳定，多数情况下不大于 50%，因而采用氧化吸收法其吸收效率总比单独用碱液吸收时为高。

3）吸收还原法是用亚硫酸盐、硫化物、尿素等还原剂的水溶液为吸收剂，将氮氧化物吸收并还原为氮气，吸收净化率较高。

**（三）液体吸收设施**

液体吸收的主要设施为吸收塔。吸收塔的类型很多，主要有空塔、填料塔、无溢流筛板泡沫塔、溢流筛板塔和斜孔板塔等，其结构繁简不同，吸收效果也不一样。应用较多的为填料塔和斜孔板塔。从制造难易角度考虑，应该是填料塔易于推广，适应性也较强。下面详细介绍一下填料塔。

在空塔内设置一至三层塑料网板托架，网板上堆放填料，每层填料上方设溶液喷嘴，即成为填料塔，其结构如图9-16所示。

在图示的填料塔中，填料为空心塑料花球，气体由下而上，液体按相反方向喷淋。由于填料比表面积大，表面吸附的液体增加了气液接触面积，气流曲折经过填料，又增加了反应时间，因而吸收效率很高，塔体积也较小。

**六、其他电镀废气的净化**

电镀生产中除产生铬酸废气、氮氧化物外，一般还有盐酸及硫酸酸洗废气、氰化物废气、含氟化氢废气。它们的净化比较简单，多数可采用湿法净化氮氧化物的设施。

**（一）含硫酸及盐酸废气的净化**

电镀钢铁件酸洗普遍采用盐酸和硫酸，含硫酸及盐酸废气虽然量较大，但其危害较铬酸废气及氮氧化物废气为小，净化也较简单。

由于硫酸溶解度较大且挥发性小，含硫酸废气可采用简单的水吸收。吸收塔可用填料塔。循环水使用一段时间后硫酸浓度增加，可排出作为配制硫酸酸洗液或镀前活化液的硫酸稀释剂。采用苛性钠溶液作中和吸收也可。循环液中硫酸钠浓度高时，可结晶回收硫酸钠，作为某些镀种导电盐使用。

盐酸在水中溶解度较小挥发性较大，单用水吸收，吸收液中盐酸含量不允许太高。当已察觉出明显的挥发时，可排出作为配制盐酸酸洗或活化液的稀释剂。如用稀苛性钠中和吸收，苛性钠的消耗量较大，但允许循环液盐的浓度较高。吸收液可排出后结晶回收氯化钠，作为锅炉软化水磺化媒的再生剂。采用填料塔能得到大于90%的吸收效率。

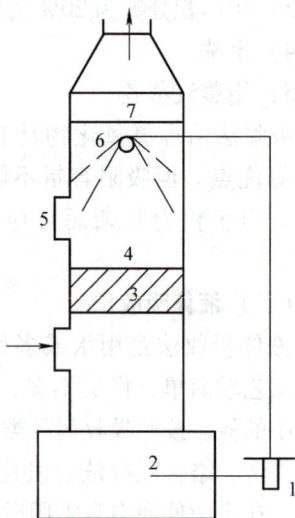

图9-16　吸收塔结构示意图
1—循环泵　2—循环液池　3—填料层
4—洗涤塔　5—换料手孔
6—喷嘴　7—挡水板

## （二）氰化物废气的净化

用氰化作电镀前处理或氰化镀种产生的含氰化物废气一般可采用湿法吸收，吸收剂可用硫酸亚铁或氯系氧化剂。

## （三）含氟化氢废气的净化

电镀生产中含氟化氢废气的量不大。对这种废气可用碳酸钠水溶液进行湿法净化吸收。采用质量分数为 $0.5\%$ 的碳酸钠水溶液喷淋吸收，其流速小于 $2.5\,m/s$，用空塔吸收，保证有 $1\sim2s$ 的反应时间，此法对低浓度 HF 气体的净化效率可大于 $85\%$。

采用氢氧化钙水溶液吸收时，可生成 $CaF_2$ 沉淀，吸收效率高，但此时不宜采用填料塔，以免使用时间长后沉淀在填料上结块。

## 复习思考题

1. 硫酸氢钠法处理含铬废水的工艺参数都有哪些？怎样控制？
2. 兰西法处理含铬废水具有什么特点？
3. 简述铁屑法处理含铬废水的工艺流程。
4. 离子法处理含铬废水中交换柱有哪几个工艺流程？
5. 电解法处理含铬废水中的贮存池具有什么作用？
6. 电解法处理含铬废水的工艺参数都有哪些？怎样控制？
7. 活性炭法处理电镀废水具有什么优点？
8. 简述碱性氯化法一级处理含氰废水的工艺流程。
9. 影响电解处理含氰废水的主要因素有哪些？
10. 处理含氰废水的活性炭怎样进行预处理？
11. 简述镀锌废水采用投药中和沉淀法的工艺流程。
12. 在中和过程中中和剂有什么作用？
13. 简述几种酸性废水处理方法的优缺点。
14. 怎样抑制铬酸雾？

# 试 题 库

## 知识要求试题

### 一、判断题（对画√,错画×）

1. 一些导体依靠离子的移动来导电,称为离子导体或第一类导体。 （ ）

2. 任何金属浸在它的盐的电解质溶液中即组成电极。 （ ）

3. 电化学是研究两类导体界面的性质及其界面上所发生变化的科学。 （ ）

4. 标准氢电极的电极电位在任何温度下均为零。 （ ）

5. 电位越负的金属(负电性金属),如铝、镁等,越容易在阴极上镀出来;而电位越正的金属(正电性金属),如金、银、铜等,则越不容易镀出来。 （ ）

6. 在电极与溶液界面上存在着的大小相等、电荷符号相反的电荷层,叫做双电层。 （ ）

7. 电极与溶液界面间存在着电位差,称为电极电位。电极电位的绝对值是可测量的。 （ ）

8. 在电解质溶液中,任何电极上都同时进行着氧化反应和还原反应。 （ ）

9. 金属放在酸、碱、盐溶液中,在任何条件下,均形成可逆电极。 （ ）

10. 只有可逆电极会产生极化现象，不可逆电极不会产生极化现象。（    ）

11. 当有电流通过时，阴极的电极电位向正的方向偏移的现象，称为阴极极化。（    ）

12. 电极在不同的电流密度下，其过电位或极化值也是不相同的。（    ）

13. 极化值只适用于可逆电极，而过电位不仅适用于可逆电极，也适用于不可逆电极。（    ）

14. 在电镀时，电化学极化与浓差极化可能同时存在，当电流密度较小时，以浓差极化为主；而在高电流密度下，电化学极化占主要地位。（    ）

15. 在电镀中，使阴极发生较大的电化学极化作用，对于获得高质量的结晶镀层是十分重要的。（    ）

16. 电镀合金时，必须使两种金属离子的析出电位相同或相近，才能使它们共同放电而镀出合金镀层。（    ）

17. 提高阴极极化度，可以提高电镀液的分散能力和覆盖能力。（    ）

18. 电极过程主要包括三个单元步骤：液相传质步骤、电子转移步骤、新相生成步骤。（    ）

19. 当电极过程受到几个步骤共同控制时的过电位，等于这几个步骤独自作为控制步骤时的过电位的总和。（    ）

20. 电镀液是通过阴、阳离子的移动来导电的。其传质方式为扩散、对流和电迁移。（    ）

21. 提高金属电结晶时的阴极极化作用，可以提高晶核的生成速度，便于获得结晶细致的镀层，因此阴极极化作用越大越好。（    ）

22. 电镀形状复杂的零件或用于预镀时，一般采用浓度较高的电镀液。（    ）

23. 在不同的金属上的氢过电位是不同的。氢过电位越大，析氢越困难；反之，氢过电位越小，析氢越容易。（    ）

24. 无论阳极还是阴极，其电流效率均小于100%。（    ）

25. 络合剂能增大阴极极化，使镀层结晶细致，并能促进阳极溶

231

解和提高阴极电流效率。 （　　）

26. 阴极电流密度越大，阴极极化作用也越大，镀层结晶越细致紧密。 （　　）

27. 升高电镀液的温度，通常会加快阴极反应速度和离子扩散速度，降低阴极极化作用，因此一定会使镀层结晶变粗。 （　　）

28. 对于镀镍、镀铜、镀铬的电镀液，升高电镀液温度可以提高电镀液的导电性、促进阳极溶解、提高阴极电流效率、减少镀层针孔、降低镀层内应力。 （　　）

29. 采用搅拌电镀液可以在较高的电流密度和较高的电流效率下得到紧密细致的镀层。 （　　）

30. 当其他条件不变时，极化度较大的电镀液，其分散能力较好。 （　　）

31. 镀镍溶液中加入氯化钠或氯化镍，主要起缓冲剂的作用。 （　　）

32. 添加剂按其作用可分为无机添加剂和有机添加剂。 （　　）

33. 导电盐多选用强电解质，一般为碱金属或碱土金属的盐，它们在电镀液中完全电离。 （　　）

34. 缓冲剂通常是弱酸、弱碱或弱酸、弱碱的盐，在电镀液中的电离程度比较小，能够使电镀液的 pH 值保持稳定。每种缓冲剂只能在一定的 pH 值范围内起作用。 （　　）

35. 有机添加剂对金属电解析出过程的影响，都是通过在金属/溶液界面上的吸附作用来实现的。有机添加剂本身不参加反应。 （　　）

36. 添加剂的吸附包括物理吸附和化学吸附。 （　　）

37. 有机添加剂的光亮作用，是有机添加剂在阴极表面的吸附和阻挡作用的结果，吸附越强光亮作用越大。 （　　）

38. 添加剂能够吸附在阴极表面，提高阴极极化，使得晶核的生长速度大于晶核的生成速度，从而获得晶粒细小而平滑的镀层。 （　　）

39. 电镀槽或电解槽对导电杠的要求是只要导电杠能承受工件的重量就行。 （　　）

40. 工件电镀后采用自然干燥仅适用于允许有少量斑点的工件，如铸铁镀件。 （　）

41. 霍尔槽试验仪是控制电镀质量和选择最佳电镀工艺条件的试验设备。 （　）

42. 对细长形工件电镀，多采用横挂的方法，但为了让电镀液更好地落下，最好采用纵斜挂法。 （　）

43. 吸入式喷枪是利用压缩空气直接把砂粒压进混合室，再从喷嘴喷出。 （　）

44. 振动擦光机是依靠工件自身在振动时相互摩擦而擦光表面氧化物等污垢的，故桶中不需另加磨料或油料。 （　）

45. 对特殊形状的工件，如不锈钢手术钳等，可在钟形滚光机中进行处理。 （　）

46. 采用三氯乙烯清洗设备时，三氯乙烯蒸气层的高低是由设备中冷却管的高低所决定的。 （　）

47. 滚镀时，工件装料量过大，虽然工件翻滚不良，但金属沉积速度仍快。 （　）

48. 电热鼓风干燥箱，不能既作镀件干燥用，又作镀件除氢处理用。 （　）

49. 电镀液中的有机杂质可以用过滤机直接分离除去。 （　）

50. 为了加快电镀液的澄清速度，使用筒式滤芯过滤机时应选择致密的滤芯。 （　）

51. 在阴极移动搅拌时，如果让阴极以振幅为 $1 \sim 100mm$、频率为 $10 \sim 1000Hz$ 振动，就可以进行高速电镀。 （　）

52. 含有润湿剂的电镀液，不能采用压缩空气搅拌的原因是空气中的氧能使润湿剂分解。 （　）

53. 磁性厚度计是测定磁性基体上的磁性镀层的。 （　）

54. 表面粗糙度测定仪是用于测量金属材料及工件镀层上某一点的粗糙度值的。 （　）

55. 盐雾试验箱是在自然气候环境中"三防"试验设备之一。

（　）

56. 库仑测厚仪和多层镍耐蚀性测厚仪的使用都对镀层产生破坏

233

作用。　　　　　　　　　　　　　　　　　　　　　　（　　）

57. 电镀整流器在环境恶劣的场所只适宜用空冷和水冷，而不宜用油冷。　　　　　　　　　　　　　　　　　　　　　　（　　）

58. 用于电镀电源的晶闸管，主要是三端子反向阻断晶闸管。（　　）

59. 在晶闸管整流器中，不必设置硒整流器所必需的转换器和饱和电抗器等控制器。　　　　　　　　　　　　　　　　（　　）

60. 在三氯乙烯清洗设备中，工件是由三氯乙烯溶液浸洗干净的。　　　　　　　　　　　　　　　　　　　　　　　　（　　）

61. 在滚桶中，工件的装料量宜少不宜多，才能保证工件翻滚良好。　　　　　　　　　　　　　　　　　　　　　　　　（　　）

62. 微型滚镀机自带电力传动卧式滚筒，全机重量为 6kg 左右。
　　　　　　　　　　　　　　　　　　　　　　　　　　　（　　）

63. 电热鼓风干燥箱仅有一个排气管与外界大气相通，它同时起着排气和更换箱内空气的作用。　　　　　　　　　　　（　　）

64. 负压吸酸机的两个高位密封储酸罐应比酸洗槽口高出 0.5m 以上，才能保证酸罐内的酸自动流向酸洗槽内。　　　（　　）

65. 磁性厚度计可以测定钢铁件上的镍镀层厚度。　　（　　）

66. 由于硅整流元件上已装有散热器，所以在电路上可不必另外装备其他保护设备。　　　　　　　　　　　　　　　（　　）

67. 实施自动恒电压控制和自动恒电流控制后，当输入电压及负载有变动时，即能使输出电压和输出电流保持稳定。　（　　）

68. 由于硅整流器的瞬时过载能力和耐冲击电压都比硒整流器要好，所以硅整流器得到了广泛应用。　　　　　　　（　　）

69. 金属铝是两性金属，在酸、碱溶液中不稳定，在其表面上电镀是比较容易的。　　　　　　　　　　　　　　　（　　）

70. 提高铝上镀层结合力的关键在于仔细清除铝表面上的自然氧化膜并防止它重新生成，通常要在铝基上预镀一层与之结合牢固的底层或中间层。　　　　　　　　　　　　　　　（　　）

71. 铝件经过化学浸锌镍合金处理后，即可在其上直接镀亮镍。
　　　　　　　　　　　　　　　　　　　　　　　　　　　（　　）

72. 对高纯度铝件电镀时，可以采用直接电镀一层薄锌层的特殊预处理。　　　　　　　　　　　　　　　　　　　（　　）

73. 铝件的化学脱脂时间不可过长，脱脂溶液中一般不加氢氧化钠。　　　　　　　　　　　　　　　　　　　　（　　）

74. 铝件的浸蚀是为了达到活化基体和提高镀层结合力的目的，只可以用碱浸蚀。　　　　　　　　　　　　　　（　　）

75. 经过碱浸蚀和酸浸蚀出光的铝及铝合金工件，表面去除了油污露出了新鲜的基体，可以直接在电镀液中电镀。　　（　　）

76. 喷砂后的铝及铝合金工件经脱脂、出光，在盐酸、硫酸或碱的浸蚀液中活化后即可直接电镀铜或镍。　　　　（　　）

77. 铸铝件磷酸阳极氧化后，可立即进行电镀。　　（　　）

78. 铝件浸锌时，常在浸锌溶液中加入少量的三氯化铁，锌和铁共沉积可改善镀层结合力和提高耐蚀性。　　　　（　　）

79. 当在铝合金上电镀硬铬、锌或氰化镀黄铜时，浸锌后可直接电镀，而不必预镀。　　　　　　　　　　　　（　　）

80. 铝及其合金经浸锌或电镀薄锌后预镀一层铜，即可作为电镀其他镀层的底层。预镀铜可采用光亮硫酸盐镀铜。　（　　）

81. 铝及铝合金二次浸锌时，第二次浸锌时间要短一些。（　　）

82. 不锈钢电化学脱脂所用的溶液与普通钢铁件相同，但不锈钢采用阴极电解脱脂，一般不使用阳极电解脱脂。　（　　）

83. 去除不锈钢件上的氧化皮，一般都需要经过松动、浸蚀氧化皮及清除挂灰等三个阶段。　　　　　　　　　（　　）

84. 球墨铸铁件比灰铸铁件镀铬还要困难些。　　　（　　）

85. 不锈钢浸蚀后的浮灰可用稀酸漂洗干净。　　　（　　）

86. 粉末冶金件最有效最简便的表面处理方法是喷砂处理。　　　　　　　　　　　　　　　　　　　　　　　（　　）

87. 铁基粉末冶金件经过表面处理与封孔处理后，即可按正常条件电镀。　　　　　　　　　　　　　　　　　（　　）

88. 锌合金铸件酸浸后，一般先要进行预镀镍或预镀铜后才能电镀其他金属，以保证镀层与基体的结合力。　　（　　）

89. 锌合金压铸件一般是应选用含铝质量分数为 4% 左右的锌合

235

金材料，以提高电镀产品的合格率。　　　　　　　　　（　　）

90. 锌合金压铸件的预镀层如果采用铜层，应镀薄一些，不能超过 $7\mu m$。　　　　　　　　　　　　　　　　　　　　　　（　　）

91. 采用不锈钢分别活化和预镀工艺获得的镀层结合力并不是最好的，常用于单件或小批工件的电镀。　　　　　　　　　（　　）

92. 锌合金压铸件表面疏松，在磨光和抛光时表层去除量应大一些。　　　　　　　　　　　　　　　　　　　　　　　（　　）

93. 锌合金压铸件不能采用浓的强碱和强酸进行前处理。（　　）

94. 粉末冶金工件无论是镀氰化铜、镀铬、镀锌均应带电入槽，先以高于正常电流密度 $1\sim1.5$ 倍的冲击电流密度施镀 $5\sim30s$，再转为正常电流密度电镀，以提高镀层与基体的结合力。　　（　　）

95. 钢铁铸件电镀时，镀前浸蚀不能时间过长，以免产生过腐蚀，铸铁件表面析出碳和硅，影响镀层质量。　　　　　　　（　　）

96. 锌合金上的不合格镀层无论采用何种退除方法均会对底层造成腐蚀，严重时会使工件报废。　　　　　　　　　　　　（　　）

97. 铸铁件碱性镀锌时，采用冲击电流电镀可以获得质量良好的镀层。　　　　　　　　　　　　　　　　　　　　　　　　（　　）

98. 无论已上釉的陶瓷还是素烧陶瓷，均应先用 $120\sim180$ 目石英砂喷砂后再进行化学粗化。　　　　　　　　　　　　（　　）

99. 使用辅助阳极的主要目的是加大阳极面积，防止阳极钝化。
　　　　　　　　　　　　　　　　　　　　　　　　　　（　　）

100. 使用辅助阳极的主要目的之一是把阳极电流引到镀件内孔等欲镀部位。　　　　　　　　　　　　　　　　　　　　　（　　）

101. 辅助阳极一般通过绝缘物固定在挂具上以保持它与镀件的相对位置。　　　　　　　　　　　　　　　　　　　　　　（　　）

102. 使用保护阴极是为了减少或防止镀件边缘部位出现毛刺、结瘤等疵病。　　　　　　　　　　　　　　　　　　　　　（　　）

103. 保护阴极是为了在电镀中保护镀件、防止其划伤。（　　）

104. 保护阴极使用的材料不能在电镀液中溶解或与电镀液起化学反应。　　　　　　　　　　　　　　　　　　　　　　　　（　　）

105. 只有使用导电材料才能防止工件尖端部位电力线集中造成

的出现毛刺现象。 （　　）

106. 涂漆保护是指镀件局部电镀时在工件上不需要镀层的部分涂上绝缘漆或其他涂料。 （　　）

107. 局部电镀时涂漆保护的目的是保护工件重要表面防止其碰伤划伤。 （　　）

108. 涂漆保护使用的涂料应当能耐受电镀液的腐蚀。 （　　）

109. 局部电镀时涂蜡保护实现起来最简单。 （　　）

110. 当电镀液温度较高时（＞40℃），需选用特定的蜡制剂来实现涂蜡保护。 （　　）

111. 涂蜡保护可用水煮来去除。 （　　）

112. 电镀挂具的主要作用就是承受悬挂镀件的重量。 （　　）

113. 电镀挂具吊钩用来起吊镀件。 （　　）

114. 吊钩既要承受挂具和镀件的全部重量又要保证极杆上的电流能顺利到达挂具。 （　　）

115. 挂具吊钩要选用有一定强度并且导电良好的材料来制作。
（　　）

116. 挂具提杆用于操作时将挂具提起，要保证有一定强度。
（　　）

117. 挂具主杆承担将电流传递到各支杆及挂钩上的作用。
（　　）

118. 挂具主杆设计时可不考虑强度问题。 （　　）

119. 挂具挂钩用来悬挂阳极和镀件。 （　　）

120. 挂具挂钩主要联接到支杆上。 （　　）

121. 挂具支杆与主杆之间以及支杆与挂钩之间要有良好的导电性能。 （　　）

122. 通用挂具上除与镀件和极杆接触的导电部位以外，其他各部位均应进行绝缘处理。 （　　）

123. 挂具绝缘处理可以使电流集中在被镀工件上，可节约金属材料和电能消耗。 （　　）

124. 绝缘处理后挂具上所有表面都是的绝缘的。 （　　）

125. 悬挂式挂钩镀件自由悬挂在挂钩上，适用于电流密度较大

镀件的电镀。               (   )

126. 悬挂式挂钩装卸方便,可利用抖动转换接触点,挂具印迹不明显。              (   )

127. 夹紧式挂钩利用弹性夹紧镀件的某一部位,这种方式导电性良好。              (   )

128. 通用挂具外形尺寸主要受到镀槽尺寸的限制。 (   )

129. 挂具材料要求导电性能良好,机械强度高,成本低,不易受腐蚀。              (   )

130. 当镀件形状复杂使用通用挂具达不到镀件质量要求时,需要使用专用挂具。           (   )

131. 专用挂具上不包括辅助阳极、保护阴极。  (   )

132. 使用专用挂具主要目的是使电镀时电流分布更加均匀。

                  (   )

133. 通过对电镀废水成分的分析,可以防止有害物质的泄露,有效地保护环境卫生,消除安全事故隐患。   (   )

134. 随着自动化程度的提高,仪器分析法已经完全可以代替化学分析法。              (   )

135. 由于仪器精密度不够所造成的误差属于系统误差。(   )

136. 由于分析人员的粗心大意导致的误差属于偶然误差。

                  (   )

137. 系统误差和偶然误差是完全可以避免的。  (   )

138. 过失误差在察觉后,数据要舍弃不要。   (   )

139. 用能称出 0.001g 的分析天平称得的某药品的质量是 1.682g,那么其中的数字"2"是有效数字。    (   )

140. 在称量数据 8.6470g 中,数字 0 不属于有效数字。(   )

141. 试样采集时,为了做到溶液选取均匀,采样时千万不能加水。                (   )

142. 高锰酸钾滴定法是氧化还原滴定法中的很常见的一种。

                  (   )

143. 碘在碘量滴定法中,不但可以作氧化剂也可以用作还原剂。

                  (   )

144. 银量法是络合滴定分析法中的一种。 （　）

145. 随着温度升高，酸性指示剂的变色范围会逐渐向碱性方向移动。 （　）

146. 在实际应用中，酸碱指示剂的变色范围越宽越好。 （　）

147. 玻璃器皿不能用于盛氢氟酸等强烈腐蚀性能的化学药品，也不能长时间存放浓的或热的强碱性溶液。 （　）

148. 在保存天平时，为了避免摆动，砝码放回砝码盒中，两个天平盘放在一边。 （　）

149. 在使用天平称量时，可以用洗干净的手直接拿取砝码。 （　）

150. 称量时，在左边天平盘上放称量物，在右边天平盘上加砝码。 （　）

151. 加砝码的顺序是从大的开始，偏重时更换小砝码。 （　）

152. 物质的量浓度的符号用 $c$ 表示，单位是 mol/L。 （　）

153. 阴极电流效率 $\eta_k$ 通常都小于 100%。 （　）

154. 配制硫酸稀释溶液时，先加硫酸后加蒸馏水。 （　）

155. 电镀时，阳极的电流效率一定大于 100%。 （　）

156. 霍尔槽结构中，阳极到阴极各部分的距离一定要保持一样，才能达到实验的效果。 （　）

157. 电镀液的导电性能是以电导率来衡量的。 （　）

158. 配制电镀液时，一般要先将主盐溶解在镀槽中，然后再加入络合剂、导电盐、光亮剂等。 （　）

159. 霍尔槽实验仪是控制电镀质量和选择最佳电镀工艺条件的试验设备。 （　）

160. 电镀液中的有机杂质可以用过滤机直接分离除去。 （　）

161. 电镀液的分散能力和覆盖能力相互关连，覆盖能力好的电镀液，其分散能力也一定好。 （　）

162. 镀银时，一般要求预镀铜的时间要比镀银的时间长得多。 （　）

163. 外观检验是用目力观察镀件进行质量检验的一种方法。 （　）

164. 外观检验不合格零件无需进行其他项目的检验。（　　）

165. 外观检验不合格零件可通过其他性能的检验变成合格零件。（　　）

166. 外观检验可将镀件分为合格和废品两类。（　　）

167. 对于一部分不影响镀层使用性能的疵病，在检验时可视情况给予合格。（　　）

168. 外观检验为废品零件可经返工修复重新变为合格零件。（　　）

169. 外观检验时发现零件有未镀上部位应判断为废品。（　　）

170. 钢铁氧化后外表应呈均匀的黑色或微带蓝色的黑色。（　　）

171. 钢铁磷化膜的外观由浅灰色到灰黑色。（　　）

172. 合格钢铁磷化膜不允许有未磷化部位。（　　）

173. 合格钢铁磷化膜允许有花斑、锈迹、损坏磷化膜完整性的擦伤碰伤等疵病。（　　）

174. 合格铝及铝合金的化学保护膜的外观应致密均匀。（　　）

175. 镁合金氧化后外观应呈乳白色。（　　）

176. 锉刀试验用于镀层硬度检查。（　　）

177. 锉刀试验适用于镀厚较厚零件的结合力测试。（　　）

178. 弯曲试验时不管采用哪种弯曲方式，镀层有起皮、脱落现象就可判定结合力不合格。（　　）

179. 阳极溶解库仑法测厚时，镀层越厚误差越小。（　　）

180. 计时液流法通过测量被溶液溶解金属的质量来推算镀层厚度。（　　）

181. 使用金相显微镜测量镀层厚度时，应先制备镀层剖面的金相样品。（　　）

182. 使用金相显微镜测量镀层厚度时，要求显微镜带有游动测微计或目镜测微计。（　　）

183. 使用金相显微镜法可以实现非破坏性测厚。（　　）

184. 非破坏性测厚是指不用破坏镀覆层直接用仪器测量其厚度的方法。（　　）

185. 磁性测厚仪适用于测量磁性金属基体上非磁性覆盖层的厚度。                                （    ）

186. 涡流测厚仪测厚时，厚度越小，测量精度越高。    （    ）

187. 铝氧化膜厚度可用磁性测厚仪测量。        （    ）

188. 由电击穿法评定铝氧化膜层的厚度时，击穿电压越高，膜层越厚。                                （    ）

189. 镀层孔隙率检验可有贴滤纸法。            （    ）

190. 用弯曲阴极法测量电镀液分散能力时阴极背面需要绝缘。
                                        （    ）

191. 直角阴极法是用试验阴极上镀层面积占阴极面积的百分比来评价电镀液深镀能力。                    （    ）

192. 内孔法测量电镀液深镀能力，镀入深度与内孔直径之比越大，深镀能力越好。                        （    ）

193. 电镀后立即检验孔隙度的样品可不进行脱脂处理。（    ）

194. 外层为铬的多层镀层孔隙率检验，应在镀铬 30min 以内进行。                                    （    ）

195. 通常测量镀层硬度时是做显微硬度试验。    （    ）

196. 显微硬度是通过金刚石压头上负荷的大小换算出来的。
                                        （    ）

197. 显微硬度是通过金刚石压头压痕的大小换算出来的。
                                        （    ）

198. 化学保护层的点滴试验是根据保护层表面出现终点颜色的时间来判断其是否合格。                    （    ）

199. 钢铁氧化膜的耐磨性试验是使用落砂试验仪。（    ）

200. 有色金属氧化膜的耐磨性试验是通过称取落下砂子的质量作为耐磨性的标志。                        （    ）

201. 流布面积法测试钎焊性能时其流布面积越大，表明镀层钎焊性越好。                            （    ）

202. 润湿考验法测试钎焊性能时是观察试样全部润湿所需时间，时间越长，钎焊性能越好。                （    ）

203. 测量溶液 pH 值时，精密试纸比酸度计测量精度高。

（　　）

204. pH 试纸会因长期保存及日晒等因素造成失效。（　　）

205. 测量电镀液分散能力可以用霍尔槽试验法。（　　）

206. 连续生产时可用霍尔槽试验来快速确定所需添加剂的种类和数量。（　　）

207. 不论电镀液 pH 值是否改变，均可利用霍尔槽试验快速调整添加剂含量。（　　）

208. 一切物质都是由分子组成的。（　　）

209. $H_2O$ 的相对分子质量是 18g。（　　）

210. 空气是化合物。（　　）

211. 分子是保持物质化学性质的最小微粒。（　　）

212. 同种元素的原子具有的质子数相同。（　　）

213. 氧原子的质量就是氧的相对分子质量。（　　）

214. 凡是含氧元素的物质，就是氧化物。（　　）

215. 二氧化硫是非金属氧化物。（　　）

216. 某种物质完全燃烧后生成物的总质量等于该物质的质量。

（　　）

217. 污水站投药量越大，处理后的水质也越好。（　　）

218. 气浮池内气泡越均匀，气浮效果越好。（　　）

219. 溶气罐的压力越高，气浮池运行效果越好。（　　）

220. 一切物质都是由分子组成的。（　　）

**二、选择题**（将正确答案的序号填入括号内）

1. 下列物质中（　　）是第一类导体。

A. 电解质溶液　　　　　　　B. 熔融电解质

C. 半导体　　　　　　　　　D. 固体电解质

2. 标准氢电极的电极电位在（　　）条件下均为零。

A. 任何温度　　B. 0℃　　　C. 100℃　　　D. 绝对零度

3. 没有电流通过时，可逆电极所具有的电极电位叫做（　　）。

A. 非平衡电位　　　　　　　B. 平衡电位

C. 稳定电位　　　　　　　D. 非稳定电位

4. 在可逆电极上有(　　)反应。

　　A. 两对　　　　B. 一对　　　　C. 多对　　　　D. 四对

5. 当有(　　　　)通过时，阳极的电极电位向正方向偏移的现象，称为阳极极化。

　　A. 阳离子　　　　　　　　B. 阴离子

　　C. 电流　　　　　　　　　D. 金属的水化离子

6. 某电极在给定的电流密度下的电极电位，与其起始电位之差，叫做(　　)。

　　A. 过电位　　B. 析出电位　　C. 极化度　　D. 极化值

7. 电镀时，(　　)会降低电化学极化作用。

　　A. 加入络合剂　　　　　　B. 加入添加剂

　　C. 升高电镀液的温度　　　D. 提高电镀液的浓度

8. 电镀时，采用机械搅拌或压缩空气搅拌来加强电镀液的对流，可以(　　)。

　　A. 提高电化学极化作用　　B. 降低电化学极化作用

　　C. 提高浓差极化作用　　　D. 降低浓差极化作用

9. 当电流通过电极时，电流密度发生单位数量变化，所引起的电极电位改变的程度，叫做(　　)。

　　A. 析出电位　　B. 极化度　　C. 极化值　　D. 过电位

10. 电化学反应的速度用(　　)来表示。

　　A. 极限电流密度　　　　　B. 极化度

　　C. 过电位　　　　　　　　D. 电流密度

11. 要想提高整个电极过程的速度，必须首先采取措施提高(　　)的反应速度。

　　A. 速度控制步骤　　　　　B. 液相传质步骤

　　C. 电子转移步骤　　　　　D. 新相生成步骤

12. 在电镀液的导电过程中，(　　)主要发生在阴、阳极附近。

　　A. 对流　　　　B. 扩散　　　　C. 电迁移　　　　D. 沉积

13. 在电镀液中，络合剂常保持一定的游离量。游离络合剂含量高，则(　　)。

A. 沉积速度高　　　　　　　　B. 分散能力和覆盖能力较差

C. 阴极电流效率降低　　　　　D. 结晶粗

14. 电镀时，发生"烧焦"现象，是因为（　　）。

A. 电流密度过小　　　　　　　B. 电流密度过大

C. 电镀液温度过高　　　　　　D. 结晶粗

15. 电镀（　　）时，电源的波纹越小越好。

A. 氰化铜　　　B. 金合金　　　C. 银　　　　D. 铬

16. 下列镀液中（　　）的阴极电流效率随着电流密度增大而降低。

A. 氰化镀铜　　　　　　　　　B. 硫酸盐光亮镀铜

C. 镀铬　　　　　　　　　　　D. 钾盐镀锌

17. 硫酸盐镀铜溶液中，加入硫酸，主要作用就是（　　）。

A. 光亮剂　　B. 导电盐　　　C. 络合剂　　D. 缓冲剂

18. 焦磷酸盐镀铜溶液中添加二氧化硒，可以作为（　　）。

A. 光亮剂　　B. 导电盐　　　C. 络合剂　　D. 缓冲剂

19. 在镀镍溶液中，阳极活化剂采用（　　）。

A. 有机添加剂　　　　　　　　B. 硫酸

C. 络合剂　　　　　　　　　　D. 含氯离子的盐类

20. 缓冲剂通常是（　　）。

A. 有机添加剂　　　　　　　　B. 碱金属或碱土金属的盐

C. 弱酸、弱碱或其盐　　　　　D. 含氯离子的盐类

21. 有机添加剂对镀层的内应力有显著的影响，是因为（　　）。

A. 添加剂的物理吸附

B. 镀层中夹杂添加剂的还原产物

C. 添加剂的化学吸附

D. 添加剂的选择性吸附

22. 有些有机添加剂，例如（　　），它们本身并不在电极上发生还原反应，然而在电极上有较强的吸附作用，是优良的晶粒细化剂。

A. 炔醇　　　　　　　　　　　B. 酮类

C. 聚乙二醇、聚乙烯醇　　　　D. 醛类

23. 钢铁工件的氧化和磷化处理,应采用( )制作挂具或挂篮。

A. 塑料                 B. 铜及其合金

C. 钢铁                 D. 铝及其合金

24. 电源设备中能发出最平直的直流电波形的是( )。

A. 晶闸管整流器         B. 硒整流器

C. 直流发电机组         D. 脉冲电源

25. 制造酸浸槽的材料宜采用( )。

A. 钢板                 B. 水泥制品

C. 不锈钢板或钛板       D. 钢板衬塑料

26. 喷砂用的压缩空气在进入喷砂室前,必须经过( )。

A. 烘干处理           B. 油水分离净化处理

C. 过滤固体杂质处理      D. 加湿处理

27. 用于喷砂的石英砂粒度通常为( )。

A. 大于1mm    B. 1~3mm    C. 3~5mm    D. 大于5mm

28. 当清理滚筒的内切圆直径大于或等于500mm时,为防止工件因撞击过于剧烈而受到损伤,常采用的滚筒形状为( )。

A. 六角形    B. 八角形    C. 十角形    D. 圆形

29. 下列金属工件中适宜滚镀的是( )工件。

A. 易粘贴的薄片        B. 有棱角的

C. 镀层厚度超过$10\mu m$的    D. 皮箱包角

30. 最难滚镀的镀层是( )。

A. 锌镀层    B. 铬镀层    C. 锡镀层    D. 铜镀层

31. 在卧式滚桶中,工件装料量应占滚桶容积的( )较为合适。

A. 1/3      B. 1/2      C. 2/3      D. 80%

32. 对精度要求较高的工件,应采用( )滚镀槽。

A. 卧式                 B. 倾斜潜浸式

C. 微型                 D. 大型

33. 将酸液自酸坛中压出,所用压缩空气的最高工作压力为( )kPa。

A. 40　　　　B. 60　　　　C. 80　　　　D. 100

34. 用(　　)测量镀层厚度，对镀层有破坏作用。

A. 磁性厚度计　　　　　　　B. 涡流测厚仪

C. 库仑测厚仪　　　　　　　D. X 射线衍射仪

35. 测量阴、阳极极化曲线的试验设备是(　　)。

A. 盐雾试验箱　　　　　　　B. 霍尔槽试验仪

C. 电镀参数测试仪　　　　　D. 电镀溶液检测仪

36. 在不破坏镀层的情况下，测量钢铁件镍镀层的厚度应选用(　　)。

A. 磁性厚度计　　　　　　　B. 库仑测厚仪

C. 涡流测厚仪　　　　　　　D. 溶解法

37. 具有体积小、效率高、寿命长的直流电源是(　　)。

A. 硅整流器　　　　　　　　B. 硒整流器

C. 接触整流器　　　　　　　D. 直流发电机组

38. 当镀件表面积恒定需长时间连续通电镀硬铬时，应选用(　　)控制。

A. 自动恒电压　　　　　　　B. 自动恒电流

C. 自动恒电流密度　　　　　D. 脉冲电流密度

39. 能在负载电流增加的同时，自动升高输出电压的是(　　)控制。

A. 自动恒电压　　　　　　　B. 自动恒电流

C. 自动恒电流密度　　　　　D. 脉冲电流密度

40. 硒整流器的冷却方式常用(　　)。

A. 空冷　　　B. 油冷　　　C. 水冷　　　D. 风冷

41. 铝及其合金件的阳极氧化挂具应采用(　　)材料制作。

A. 聚氯乙烯塑料板　　　　　B. 钢铁

C. 铝及其合金或钛　　　　　D. 铜及其合金

42. 采用压缩空气搅拌电镀液时，让气泡从(　　)进行搅拌较为合适。

A. 镀件下方向上　　　　　　B. 槽面向下

C. 槽底向上　　　　　　　　D. 槽边向水平方向

43. 采用水冷却的电源不要安装在( )的地方。

A. 离镀槽太近　　B. 温度太高　C. 0℃以下　　　D. 水压太高

44. 在振动擦光机中，工件是与一定量的( )在密封的工作筒内经强烈的机械振动而进行擦光的。

A. 磨料　　　　　B. 油料　　　　C. 酸或碱　　　D. 磨料及油料

45. 电镀槽内需要通过最大的电流为 750A，所选用的黄铜（H62）杠的直径应为( )。

A. 30mm　　　　　B. 40mm　　　C. 20mm　　　　D. 10mm

46. 倾斜潜浸式滚镀槽的最大装料量应为( )。

A. 2/3 桶容积　　　　　　　　B. 1/2 桶容积

C. 15kg 以下　　　　　　　　D. 25kg 以下

47. 对于有反冲的预涂助滤剂过滤机，只要开启反冲泵，就能自动地把( )冲洗掉。

A. 原预涂层　　　　　　　　　B. 固体大颗粒

C. 固体小颗粒　　　　　　　　D. 溶解性杂质

48. 适于中小厂使用的安全自动供酸装置是( )。

A. 压缩空气输送装置　　　　　B. 高位槽自流输送装置

C. 负压吸酸机　　　　　　　　D. 耐酸泵

49. 光亮电镀用的电源宜采用( )控制。

A. 自动恒电压　　　　　　　　B. 自动恒电流

C. 自动恒电流密度　　　　　　D. 间隙电流和周期换向

50. 晶闸管整流器具有( )的特点。

A. 不需要变压器

B. 不需要转换器和饱和电抗器等控制器

C. 冷却风扇的噪声最小

D. 不需要冷却设备

51. 对于三端子反向阻断晶闸管，当在( )的微小脉冲信号时，从阳极到阴极就有电流通过。否则，没有电流通过。

A. 控制极、阴极之间加入正向

B. 控制极、阳极之间加入正向

C. 控制极、阳极之间加入反向

D. 控制极、阴极之间加入反向

52. 在中性盐雾试验时，对所喷盐雾中氯化钠的质量分数国内外广泛采用的是(　　)。

A. 2%　　　　　B. 3%　　　　　C. 5%　　　　　D. 6%

53. 铝件电化学脱脂应当采用(　　)。

A. 阴极电解脱脂　　　　　　　B. 阳极电解脱脂

C. 先阴极后阳极电解脱脂　　　D. 先阳极后阴极电解脱脂

54. 铝及铝合金工件经脱脂、出光后可直接电镀硬铬，开始的数分钟内电流密度应当(　　)，然后施加正常电流密度。

A. 用小电流密度活化

B. 用 2 倍于正常电流密度进行冲击

C. 用 10 倍于正常电流密度进行冲击

D. 阶梯式给电，逐步升高电流密度

55. 下列镀种中，不能用于铝件预镀的是(　　)。

A. 氰化镀黄铜　　　　　　　　B. 预镀中性镍

C. 硫酸盐镀铜　　　　　　　　D. 焦磷酸盐镀铜

56. 锌合金压铸件一般应选用含铝质量分数为(　　)左右的锌合金材料，以提高电镀产品的合格率。

A. 7%　　　　　B. 4%　　　　　C. 12%　　　　　D. 6%

*57. 铝件电镀前常用的特殊预处理工艺有(　　)。

A. 浸锌　　　B. 阳极氧化　　　C. 电镀铬　　　D. 盐酸侵蚀

*58. 铁基粉末冶金件的封孔方法有(　　)。

A. 有机溶剂　　　　　　　　　B. 石蜡封孔

C. 硬脂酸锌封孔　　　　　　　D. 沸水封孔

59. 锌合金预镀氰化铜时，游离氰化钠的浓度不宜太高，一般不加(　　)。

A. 酒石酸钾钠　　　　　　　　B. 碳酸钠

C. 氢氧化钠　　　　　　　　　D. 硫氰酸钠

60. 为了去除含铜的铝件经脱脂或碱浸蚀后残留在其表面上的灰黑色膜，常常在(　　)的溶液中出光。

A. 1:1 盐酸溶液　　　　　　　B. 1:1 硝酸与氢氟酸的混合酸

C. 1:1 硝酸溶液     D. 质量分数为 20% 硫酸

61. 对于油污严重、复杂形状的铸件，应采用(　　)脱脂。

  A. 化学   B. 喷砂   C. 阴极电解  D. 阳极电解

62. 对不锈钢件进行浸蚀时，(　　)型浸蚀效果好，对基体金属腐蚀得比较缓慢，但溶液需要加温且浸蚀后的工件表面有较多残渣。

  A. 盐酸-硝酸      B. 硝酸-氢氟酸

  C. 硝酸-氢氟酸-盐酸    D. 盐酸-硫酸

63. 对精密的不锈钢件进行浸蚀时，采用(　　)型溶液浸蚀后表面光洁。

  A. 盐酸-硝酸      B. 高铁盐

  C. 硝酸-氢氟酸-盐酸    D. 盐酸-硫酸

64. 锌合金压铸件磨光与抛光时，去除工件表面层的厚度尽量不要超过(　　)，以防止和减少表面孔隙的暴露。

  A. 0.05 ~ 0.1mm     B. 0.001 ~ 0.01mm

  C. 0.5 ~ 1mm      D. 0.2 ~ 0.5mm

65. 锌合金压铸件电化学脱脂应当采用(　　)。

  A. 先阴极后阳极电解脱脂  B. 阳极电解脱脂

  C. 阴极电解脱脂     D. 先阳极后阴极电解脱脂

66. 锌合金压铸件的预镀层如果采用铜层，应镀厚一些，镀层厚度不应少于(　　)。

  A. 7mm   B. 70μm   C. 0.7μm   D. 7μm

67. 下列材料中(　　)镀前不能采用喷砂处理。

  A. 锌合金压铸件    B. 铝合金件

  C. 不锈钢件      D. 粉末冶金件

68. 钢铁铸件含碳量和含(　　)量较高，表面大都有较厚的氧化皮和残存硅砂等杂质，表面粗糙，基体疏松多孔。

  A. 铝   B. 硅   C. 锰   D. 钒

*69. 使用辅助阳极设计可以(　　)。

  A. 使镀层各处的厚度均匀

  B. 改变电流极性

C. 使电流在被镀工件上分布均匀

D. 增加溶液导电性

*70. 镀铬时辅助阳极材料常用下列哪几种材料？（　　）

A. 铅丝　　　　　　　　　　B. 铅管

C. 镀铅的铁阳极　　　　　　D. 铜棒

E. 铁板

71. 镀厚铬时工件边缘出现毛刺，最好采取下列哪种措施？（　　）

A. 减少电流密度　　　　　　B. 使用保护阴极

C. 增大阳极面积　　　　　　D. 使用辅助阳极

72. 为保证管状工件内壁镀铬层厚度均匀，最好采取下列哪种措施？（　　）

A. 使用辅助阳极　　　　　　B. 使用保护阴极

C. 将管口朝向阳极　　　　　D. 将管口背向阳极

*73. 下面情况中哪种情况可用胶带保护实现局部电镀？（　　）

A. 不镀部分形状复杂　　　　B. 不镀内孔

C. 不镀管状工件外壁　　　　D. 不镀平面

74. 当工件不镀部分边缘尺寸精度要求高，选用哪种绝缘方法好？（　　）

A. 涂漆保护　　　　　　　　B. 涂蜡保护

C. 相互屏蔽保护　　　　　　D. 辅助阳极

75. 涂漆保护不能用什么方法去除（　　）。

A. 水煮　　　　B. 溶剂溶解　　C. 剥离　　　　D. 机械加工

76. 局部电镀中下面哪种措施容量对电镀液造成污染？（　　）

A. 涂漆保护　　　　　　　　B. 胶带保护

C. 相互屏保护　　　　　　　D. 涂蜡保护

*77. 下列哪几种材料适合制作挂具吊钩（　　）。

A. 铅　　　　　B. 黄铜　　　　C. 铜　　　　　D. 钢

78. 电镀挂具绝缘不宜用下列哪种方法（　　）。

A. 包扎聚氯乙烯薄膜　　　　B. 浸过氯乙烯清漆

C. 涂刷塑料涂料　　　　　　D. 涂蜡

*79. 通用挂具上哪几部分具有导电部位？（　　　）

A. 支杆　　　　B. 主杆　　　　C. 吊钩　　　　D. 提杆

E. 挂钩

80. 电镀工件上有不通孔或凹形部位时在装挂时其口部应（　　　）。

A. 稍朝上倾斜　　　　　　　B. 稍朝下倾斜

C. 垂直向上　　　　　　　　D. 垂直向下

*81. 下面哪些材料适于做挂具的挂钩材料（　　　）。

A. 铅丝　　　　B. 磷青铜丝　　　C. 钢丝　　　　D. 铝丝

82. 下列分析方法中，属于滴定分析法的是（　　　）。

A. 沉淀滴定分析法　　　　　B. 分光光度分析法

C. 色谱分析法　　　　　　　D. 重量分析法

83. 下列造成误差的原因中，不属于系统误差的是（　　　）。

A. 蒸馏水不纯造成的误差

B. 仪器精密度不够造成的误差

C. 温度偏低造成的误差

D. 由于分析人员的主观因素所造成的操作误差

84. 以下误差减免的方法中，属于偶然误差的减免方法的是
（　　　）。

A. 使用比较纯的试剂，如分析纯（AR）或者优级纯（GR）

B. 做空白实验

C. 选择合适的方法

D. 做几次平行测定取其平均值

85. 下列方法中，属于过失误差的是（　　　）。

A. 读错了刻度值　　　　　　B. 室内湿度太大

C. 环境温度太高　　　　　　D. 所用试剂纯度不够

86. 以下原因所造成的可疑数据必须舍弃的是（　　　）。

A. 在溶液摇动过程中测得的数值

B. 选用的试剂错误

C. 做三次重复测定值中，数据差别最大的那个值

D. 在不同温度下测得的数值

87. 下列测量数据中，数字"0"不是有效数字的是（　　　）。

**251**

A. 1.5630　　B. 68.705　　C. 0.1456　　D. 5.0942

88. 下列指示剂中属于自身指示剂的是(　　)。

A. 高锰酸钾　　B. 淀粉　　　C. 铬黑 T　　　D. 酚红

89. 可以用直接法配制的标准溶液是(　　)。

A. 盐酸标准溶液　　　　　　B. 氢氧化钠标准溶液

C. 高锰酸钾标准溶液　　　　D. 碘标准溶液

90. 下列方法中属于络合滴定法的是(　　)。

A. 用硝酸银滴定 $CN^-$ 离子　　B. 用碘量法滴定次亚磷酸钠

C. 用氢氧化钠滴定 $H^+$ 离子　　D. 用硫酸滴定 $Ba^{2+}$ 离子

91. 下列方法中采用的是沉淀滴定法的是(　　)。

A. 用硝酸银滴定 $CN^-$ 离子　　B. 用高锰酸钾法滴定 $Fe^{2+}$ 离子

C. 用盐酸溶液滴定氢氧化钠　　D. 用硝酸银滴定 $Cl^-$ 离子

*92. 下列方法中属于氧化还原滴定法的是(　　)。

A. 银量法　　B. 高锰酸钾法

C. 碘量法　　D. 用硝酸银标准溶液滴定氰离子的方法

*93. 下列条件属于沉淀滴定法符合的条件是(　　)。

A. 生成沉淀物的溶解度必须很小

B. 沉淀反应必须能迅速、定量的进行

C. 能够用适当的指示剂或其他的方法确定滴定的终点,沉淀的吸附现象应不防碍滴定终点的确定

D. 沉淀的现象应该不防碍滴定结果

*94. 使用银量法可以测定以下哪些离子(　　)。

A. $Cl^-$　　　　B. $Br^-$　　　C. $CN^-$　　　D. $NO_3^-$

*95. 下列指示剂属于酸碱指示剂的是(　　)。

A. 邻苯氨基苯甲酸　　　　　B. 甲基橙

C. 酚酞　　　　　　　　　　D. 淀粉

*96. 下列化学药品不可以用玻璃器皿盛放的是(　　)。

A. 盐酸　　　B. 碳酸钠　　C. 氢氟酸　　　D. 浓 NaOH

97. 下列给出的电镀液中,分散能力最好的是(　　)。

A. 氰化镀银电镀液　　　　　B. 酸性镀锌电镀液

C. 镀铬电镀液　　　　　　　D. 酸性镀铜电镀液

98. 一般认为，下列哪种基体的覆盖能力最好(　　)。

A. 镍基体　　　B. 黄铜基体　C. 铜基体　　　D. 钢基体

99. 在硫酸盐镀锌工艺配方中，下列成分是主盐的是(　　)。

A. 硫酸钠　　　B. 硫酸锌　　　C. 硫酸铝　　　D. 硫酸铝钾

100. 在氰化镀镉电镀液中，碳酸盐含量过多的主要弊病是造成(　　)的原因。

A. 镀层结合力降低　　　　　B. 阴极电流效率低

C. 阳极不能正常溶解　　　　D. 沉积速度降低

101. 以下原因不会产生有机杂质的是(　　)。

A. 添加剂的加入　　　　　　B. 光亮剂的加入

C. 脱脂不彻底带入　　　　　D. 阳极不纯带入

102. 下列方法不能去除碳酸钠的是(　　)。

A. 采用冷却结晶后过滤　　　B. 熟石灰水沉淀

C. 氢氧化钡沉淀　　　　　　D. 加热挥发

103. 碱性镀锡溶液中二价锡的去除可通过(　　)方法去除。

A. 冷却过滤　　　　　　　　B. 加入双氧水

C. 加热　　　　　　　　　　D. 活性炭过滤

104. 在碱性镀锡电镀液中，对电镀液最有害且最敏感的金属杂质是(　　)。

A. 铝　　　　　B. 锡　　　　　C. 二价锡　　　D. 铁

105. 在电镀过程中，要求临界电流(　　)。

A. 越大越好　　　　　　　　B. 适中

C. 越小越好　　　　　　　　D. 恒定不变最好

106. 下列镀种中，必须采用预镀一层中间层提高结合力的是(　　)。

A. 氰化镀锌　B. 镀镉　　　C. 镀银　　　　D. 酸性镀锌

107. 镀层外观检验时，以下哪种情况能直接判断为废品？(　　)

A. 表面明显的树枝状结瘤　　B. 过腐蚀镀件

C. 镀层光亮不够　　　　　　D. 镀层光亮不够

*108. 镀层外观检验时，以下哪种情况能直接判断为有疵病的镀件？(　　)

A. 需重新抛光镀件

B. 需退除不合格镀层而重新电镀的镀件

C. 有机械损坏的镀件

D. 过腐蚀的镀件

109. 钢铁件氧化后下面哪种外观为不合格?(　　)

A. 局部淬火等部位色泽有差异　B. 表面有未氧化部位

C. 工件表面有过腐蚀　　　　　D. 外观为浅灰色

*110. 铝、镁及其合金的化学保护层出现下面哪种现象为不合格?(　　)

A. 有夹具印痕　　　　　　B. 有破坏氧化膜的明显擦伤

C. 氧化膜有疏松和花斑　　D. 硬质阳极氧化为灰黑色

111. 金属线材电镀层结合力最好用下面什么方法检验。(　　)

A. 弯曲法　　B. 锉刀法　　C. 热震法　　D. 划格法

112. 当电镀层比较厚时,选择哪种方法进行镀层结合力检验。(　　)

A. 锉刀法　　　B. 划痕法　　　C. 弯曲法　　　D. 热震法

113. 阳极库仑法测厚时如何判断镀层溶解完毕?(　　)

A. 电流突变　　　　　　B. 电压突变

C. 颜色突变　　　　　　D. 电流密度突变

114. 测量小型镀件的镀层平均厚度应用什么方法?(　　)

A. 计时液流法　　　　　B. 溶解法

C. 阳极库仑法　　　　　D. 磁性测厚法

*115. 下面几种方法中哪种方法可以测量镀镍层厚度?(　　)

A. 电击穿法　　　　　　B. 金相显微镜法

C. 弯曲法　　　　　　　D. 溶解法

116. 金相显微镜测厚镶样时试样横断面与待测镀层的方向是(　　)。

A. 互相垂直　　B. 互相水平　　C. 互相呈45°　　D. 互相呈30°

*117. 下面几种方法中哪种可以测量铝氧化膜厚度?(　　)

A. 热震法　　　　　　　B. 金相测厚法

C. 计时液流法　　　　　D. 涡流测厚仪

118. 下面哪种方法适用于测量钢基体上所有镀层孔隙率? (　　　)

A. 涂膏法　　　　B. 浸渍法　　　C. 贴滤纸法　　　D. 金相法

*119. 测定铜和铜合金基体上铬及镍镀层孔隙率时, 可选用下列哪些方法。(　　　)

A. 贴滤纸法　　　B. 浸渍法　　　C. 涂膏法　　　D. 金相法

120. 用浸渍试验测量钢铁材料磷化试样, 其浸渍时间为(　　　)h。

A. 1　　　　　　B. 2　　　　　　C. 3　　　　　　D. 4

*121. 下列方法中哪些是用来测试镀层钎焊性能的。(　　　)

A. 涂膏法　　　　　　　　　B. 流布面积法

C. 蒸汽考验法　　　　　　　D. 溶解法

*122. 测试电镀液分散能力可用下面哪些方法? (　　　)

A. 远近阴极法　　　　　　　B. 直角阴极法

C. 弯曲阴极法　　　　　　　D. 流布面积法

*123. 测试电镀液深镀能力可用下面哪些方法? (　　　)

A. 直角阴极法　　　　　　　B. 内孔法

C. 弯曲阴极法　　　　　　　D. 凹穴试验法

124. 摩尔是物质的(　　　)。

A. 质量单位　　B. 数量单位　　C. 量的单位　　D. 体积单位

125. 污水池水位应控制在(　　　)。

A. 1/3 处　　　　B. 1/2 处　　　C. 3/4 处　　　　D. 2/3 处

126. 稀释硫酸时, 操作顺序应该是(　　　)。

A. 把硫酸倒入水中

B. 把硫酸倒入水中并不停地搅拌

C. 把水倒入硫酸中

D. 把水倒入硫酸中并不停地搅拌

127. 污水调节池水位应控制在(　　　)。

A. 1/2 处　　　　B. 2/3 处　　　C. 1/5 处　　　　D. 1/4 处

128. 污水池水位过高时, 应将出口控制门(　　　)。

A. 不动　　　　　B. 向上拉　　　C. 向下拉　　　　D. 完全打开

129. 斜管沉淀池正常工作时, 应(　　　)。

A. 定期抽污水　　　　　　　　B. 连续抽污泥

C. 白班抽污水　　　　　　　　D. 夜班抽污水

130. 第一类工业废水中有(　　)种物质能在环境中或植物内蓄积，对人体健康产生长远影响的有害物质。

A. 10 种　　　B. 5 种　　　C. 14 种　　　D. 8 种

131. 按处理程度，废水处理一般可分成三级，其中二级处理的任务是(　　)。

A. 去除悬浮状固体污染物

B. 去除微生物不能分解的有机物

C. 大幅度地去除有机污染物

D. 去除微生物和分解后的有机物

132. 砂滤罐出水不清洁时，应(　　)。

A. 反冲洗　　　　　　　　　　B. 减少出水量

C. 加大出水量　　　　　　　　D. 先用大量水冲洗

133. 溶气泵两端轴承发热超过规定值，应(　　)。

A. 浇水降温　　　B. 停泵检查　　C. 紧盘根　　　D. 松盘根

134. 污水站处理后的水质发生变化时，应(　　)。

A. 调整加药量　　　　　　　　B. 调整出水量

C. 调整砂滤回水量　　　　　　D. 调整进水量

135. 污水调节池内的水位逐渐下降，应(　　)。

A. 调节出水量　　　　　　　　B. 调节药量

C. 调节污泥量　　　　　　　　D. 调节进水量

136. CDA 是表示水中有机物污染程度常用指标之一，它的含义是(　　)。

A. 化学耗氧量　　　　　　　　B. 生物化学耗氧量

C. 溶解氧　　　　　　　　　　D. 有机化学耗氧量

137. (　　)办法能更有效地保护环境。

A. 控制排放浓度　　　　　　　B. 提高污染物排放标准

C. 控制排放总量　　　　　　　D. 降低污染物排放标准

138. 水泵运转时产生振动，其原因是(　　)。

A. 轴承缺油　　　　　　　　　B. 负荷过大

C. 地角螺栓松动　　　　　D. 水泵水量不足

139. (　　)是污水处理投加的混凝剂。

A. 聚合氯化铝　B. 氢氧化钠　C. 氯化钠　　　D. 次氯酸钠

140. 污水站开始运行时，应先起动(　　)。

A. 砂滤泵　　　　　　　　B. 污水提升泵

C. 气浮系统　　　　　　　D. 混凝剂添加器

141. (　　)可确定某一区域的环境质量。

A. 环境分析　　B. 环境监测　C. 化学分析　D. 物理分析

142. 聚合氯化铝是一种(　　)。

A. 单质　　　　B. 化合物　　　C. 混合物　　　D. 有机物

143. 气浮系统压力低应(　　)。

A. 起动空压机　　　　　　B. 减少流量

C. 增大流量　　　　　　　D. 停止气浮系统

144. 污水提升泵抽不上水主要是由于(　　)。

A. 底网堵塞　　　　　　　B. 水泵负荷过大

C. 水泵出水量小　　　　　D. 水泵出水量过大

145. 气浮池运行正常时，气浮池表面(　　)。

A. 有较大气泡　　　　　　B. 有均匀小气泡

C. 有水翻花　　　　　　　D. 无明显反应

146. 气浮罐压力过高时是由于(　　)。

A. 空压机坏了　B. 电压太低　C. 强行降压　D. 强行升压

## 三、计算题

1. 已知镀镍溶液的阴极电流效率是 85%，阴极电流密度为 1.5A/dm$^2$，求 40min 所得镀层的厚度(镍的密度为 8.8g/cm$^3$，镍的电化当量为 $k = 1.095$g/(A·h)，工件总面积是 15dm$^2$)？

2. 已知镀铬电镀液的电流效率为 13.9%，通电电流为 40A，在阴极上析出铬的质量为 3.6g，试求需用的电镀时间[铬的电化当量为 0.324g/(A·h)]？

3. 在室温 20℃时用计时液流法测定铜镀层厚度，镀层溶解时间 12s，查表 8-2 求 $ht$。试计算该镀层厚度。

257

4. 溶解法测量镍镀层（密度为 $8.9g/cm^3$）厚度，化学分析法测得溶解镀层质量为 0.4g，镀层表面积为 $80cm^2$，镍的电化当量为 $1.0mg/(A\cdot s)$。试计算镀层厚度。

5. 阳极库仑法测量镀铜层（密度为 $8.9g/cm^3$，电化当量为 $0.329mg/(A\cdot s)$）厚度，电流密度为 $1.5A/dm^2$，溶解时间为 5s，被溶解面积为 $0.5dm^2$，电流效率为 100%。试计算镀层厚度。

6. 质量法测量铝氧化膜厚度，试片按 $50mm \times 100mm \times 1mm$ 的试片，退除氧化膜前后质量时分别为溶解下氧化膜重 13.00g 和 12.67g。试计算氧化膜厚度。

7. 弯曲阴极法测量电镀液分散能力，试样 A、B、D、E 各面中央部位的镀层厚度分别为 $8.3\mu m$、$4.3\mu m$、$7.2\mu m$、$6.5\mu m$。试计算电镀液的分散能力。

8. 配制质量分数为 1% 的聚合氯化铝溶液 1000kg，需加多少聚合氯化铝？

9. 污水站每小时投加 $3m^3$ 质量分数为 1% 的聚合氯化铝溶液。试求污水站每天需要多少质量分数为 1% 的聚合氯化铝溶液？

10. 试求水分子中氢原子的含量是多少？

11. 现有质量分数为 1% 的聚合氯化铝溶液 100kg，欲配制成质量分数为 0.5% 的聚合氯化铝溶液需加多少水？

12. 污水站每小时投加 $4m^3$ 质量分数为 1% 的聚合氯化铝溶液，问污水站每天需要加入多少公斤聚合氯化铝？

13. 将 40gNaOH 溶液溶了 1L 水中，求其物质的量浓度（NaOH 相对分子质量为 40）？

## 四、简答题

1. 何谓电极和电极反应？

2. 什么是电极电位？什么是标准电极电位？简述标准氢电极的概念。

3. 简述平衡电位与稳定电位的区别？

4. 何谓电极的极化？

5. 何谓电化学电极和浓差极化？它们对电镀有何影响？电镀时

采取何种措施影响电化学极化和浓差极化？

6. 何谓电极过程？电极过程包括哪些单元步骤？

7. 找出电极反应的速度控制步骤有何意义？如何改变速度控制步骤的速度？

8. 简述金属的阴极过程？影响金属离子阴极还原反应的因素有哪些？

9. 简述金属的电结晶过程？如何获得结晶细致的镀层？

10. 金属的阳极过程有何特点？影响金属阳极过程的因素有哪些？

11. 简述析氢对金属电沉积的影响？如何减少析氢现象？

12. 影响镀层性能的因素有哪些？

13. 影响镀层分布的主要因素有哪些？如何获得均匀镀层？

14. 电镀添加剂是如何分类的？

15. 简述缓冲剂、导电盐的作用原理？

16. 有机添加剂的作用机理是什么？

17. 简述整平剂、润湿剂的作用原理？

18. 如何选择电镀添加剂？

19. 如何使用和维护电镀添加剂？

20. 什么叫保护层法？保护层有哪些？对保护层有哪些要求？

21. 什么是阳极性镀层？什么是阴极性镀层？试举例说明。

22. 选择镀层的依据是什么？选择镀层的方法有哪些？

23. 简述氰化镀锌工艺的优缺点。

24. 氰化镀锌工作条件的影响因素有哪些？

25. 氰化锌镀层发脆、电镀液分散能力差的原因是什么？如何解决？

26. 氰化镉镀层附着性不好、表面起泡的原因是什么？如何解决？

27. 氰化镀铜时电流密度正常，但工件局部或全部无镀层；镀层呈暗红色、阳极附近电镀液呈浅蓝色的原因是什么？如何解决？

28. 简述解决镀镍故障的步骤与方法。

29. 镀铬工作条件对镀硬铬有什么影响？

30. 镀铬溶液中各组分的作用是什么？

31. 镀银后为什么要进行防银变色处理？

32. 酸性镀锡有何特点？

33. 什么叫晶纹镀锡？

34. 简述仿金镀层的性质和用途？

35. 简述铝及其合金阳极氧化膜的生成机理。

36. 硫酸溶液浓度对铝及其合金的硫酸阳极氧化膜的质量有何影响？

37. 简述铜及其合金的钝化原理。

38. 什么是铜及其合金的氧化？

39. 简述钢铁件磷化过程的电化学成膜理论。

40. 铝的化学性质如何？铝件为何不容易电镀？

41. 铝件的脱脂和浸蚀与钢铁件有什么不同？

42. 为何二次浸锌获得的浸锌层比一次浸锌的质量好？

43. 铝件电镀前需要进行特殊处理，常用的特殊预处理工艺有哪些？

44. 铝及铝合金电镀的典型工艺有哪几种？

45. 铝及铝合金电镀操作需要注意哪些细节？

46. 不锈钢为何不容易电镀？

47. 去除不锈钢表面氧化皮的方法有哪些？

48. 常用的不锈钢浸蚀液有哪几种类型？

49. 不锈钢电镀前活化和预镀的方法有哪几种？

50. 锌合金压铸件的表面有何特点？

51. 锌合金压铸件磨光和抛光时应当注意什么？

52. 锌合金压铸件电镀的工艺过程如何？常用的预镀工艺有哪些？

53. 粉末冶金零件表面有何特点？

54. 粉末冶金零件为何镀前要封孔？封孔的方法主要有几种？

55. 钢铁铸件有何特点？

56. 钢铁铸件电镀需要注意哪些方面的问题？

57. 玻璃和陶瓷上电镀可采用渗银后再电镀的方法，简述其工艺。

58. 什么是象形阳极?

59. 简述一种实现互相屏蔽保护的方法。

60. 简述涂蜡保护实现局部电镀的特点。

61. 简述胶带保护方法的优缺点。

62. 通用挂具由哪几部分组成?

63. 挂具挂钩一般有哪两种形式?

64. 简述设计内孔镀铬专用挂具时应注意的主要事项。

65. 简述设计体积较大工件用的镀铬专用挂具时应注意的主要事项。

66. 简述分析操作中应注意的操作要点。

67. 简述系统误差的产生原因和减免方法。

68. 何为酸碱滴定分析法请列举 4 种酸碱标准溶液。

69. 简述沉淀滴定法和其中的银量法。

70. 简述用直接法配制标准溶液的基准物质必须具备哪些条件。

71. 简述什么叫电流效率及其常用的表示方法。

72. 简述电镀液常规维护的几个环节。

73. 简述阴极电流效率对电镀的影响。

74. 简述采用霍尔槽实验法分析、排除电镀故障的主要过程。

75. 简述分散能力、覆盖能力的概念和区分分散能力和覆盖能力的方法。

76. 用目力观察镀件的外观形貌可将镀件分为哪三类?

77. 钢铁材料氧化膜外观观察不合格的样品是如何判断的?

78. 钢铁材料磷外膜外观观察不允许有哪些疵病?

79. 镀件废品包括什么?

80. 检验镀层结合力的主要常用方法有几种?

81. 热震试验用于检验镀层的什么性能?

82. 简述测量镀层厚度有哪几种主要方法?

83. 简述计时液流法测量镀层厚度的基本原理。

84. 采用溶解法测量镀层厚度时表示镀层的平均厚度的两种方法是什么?

85. 一般对镀层厚度进行仲裁时用什么方法？

86. 阳极溶解库仑法的测量误差是多少？

87. 进行镀层孔隙率试验时如何准备试样？

88. 贴滤纸法的适用范围如何？

89. 测量金属化学保护层的耐磨性可用什么仪器？

90. 测量镀层的钎焊性有什么方法？

91. 测量电镀液 pH 值常用的方法有哪两种？

92. 简述测量电镀液深镀能力的主要方法。

93. 简述测量电镀液分散能力的主要方法。

94. 什么是水处理中的化学沉淀法？

95. 污水调节池的工作原理是什么？

96. 污水处理站处理污水中有哪些项目？

97. 污水站为什么要投加药剂？

98. 砂滤罐的工作原理是什么？

99. 溶气罐为什么要投加压缩空气？

100. 污水站投加什么药？

101. 水泵产生振动主要有哪些原因造成？

102. 水泵抽不上水主要有哪些原因造成？

103. 斜管沉淀池为什么要定期抽污泥？

104. 污水处理站采用哪些处理工艺？

105. 什么是水处理中的化学沉淀法？

106. 污水站气浮池的工作原理是什么？

107. 污水的 pH 值和酸度是否一样？

108. 什么叫缓冲溶液？

109. 污水站停运会造成什么危害？

110. 斜管沉淀池的工作原理是什么？

111. 什么是化合反应？

112. 污水站化验控制指标有哪些？

113. 如何提高斜管沉淀池的处理效果？

# 技能要求试题

## 一、配制氰化镀银溶液 10L

1. 准备要求

（1）主要工具　大、小容器，天平，搅拌工具，过滤设备，防毒用具等。

（2）主要材料　氰化银，氰化钾，氢氧化钠，添加剂，蒸馏水等。

2. 考核内容

（1）考核要求

1）配制前的准备工作。

2）配制过程。

3）配制后的调整、试镀。

（2）考核时间　3h。

（3）安全文明生产

1）正确执行有毒药品的安全操作规程。

2）做到生产现场整洁，工具摆放整齐。

3. 考核配分及评分标准表（表1）

表　1

| 序号 | 作业项目 | 考核内容 | 配分 | 评分标准 | 考核记录 | 得分 |
|------|----------|----------|------|----------|----------|------|
| 1 | 配制前的准备工作 | 基本知识、准备过程 | 20 | 一项不合格扣5分 | | |
| 2 | 配制过程 | 各种所需成分的计算、称量、稀释、液面控制、搅拌、温度控制、配制的先后顺序、过滤 | 40 | 一项不合格扣5分 | | |

（续）

| 序号 | 作业项目 | 考 核 内 容 | 配分 | 评 分 标 准 | 考核记录 | 得分 |
|------|---------|------------|------|------------|---------|------|
| 3 | 配制后 | 溶液调整、试镀 | 10 | 一项不合格扣5分 | | |
| 4 | 安全文明生产 | 遵守有毒物品的安全操作规程，正确使用各种器具、设备 | 20分 | 一项不合格扣5分 | | |
| | | 生产现场整洁、卫生 | 10分 | 酌情减分 | | |
| 5 | 分数总计 | | 100分 | | | |

## 二、为某镀硬铬工件设计、制作工装夹具

1. 考核工件

考核图样见图1（也可由考核单位自行选择类似零件）。

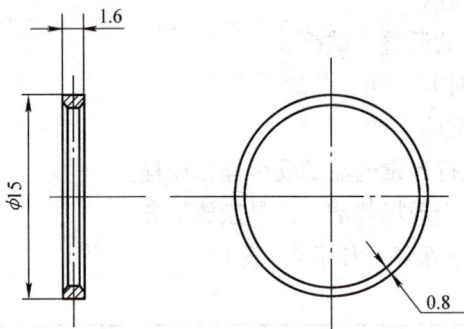

图  1

技术要求：对环的外表面镀硬铬。

2. 准备要求

（1）主要工具：设计、制作工装夹具所必须的设备和工具。

（2）主要材料：铜丝、铁丝、铁板等。

3. 考核内容

（1）考核要求

1）制作前的准备工作。

2）制作过程。

3）制成后的检查、试用。

（2）考核时间 4h。

（3）安全文明生产 做到现场整洁，工具的摆放整齐。

4. 考核配分及评分标准（参考表1，由考核单位自行编制）

## 三、为某铝合金复杂壳体的内孔面进行硬质阳极氧化

1. 考核工件

考核图样见图2（也可由考核单位自行选择类似零件）。

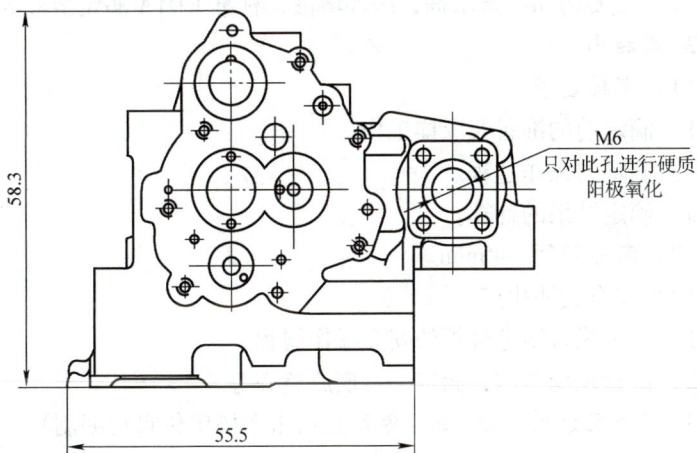

图 2

技术要求：只对 M6 孔进行硬质阳极氧化。

2. 准备要求

准备的主要工具有：阳极氧化整套设备，工装夹具，剪刀、钳子、胶带、蜡等。

3. 考核内容

（1）考核要求

1）硬质阳极氧化前的准备工作。

265

2）硬质阳极氧化的过程。

3）硬质阳极氧化膜的检验。

（2）考核时间　由考核单位根据实际情况制定。

（3）安全文明生产

1）正确执行硬质阳极氧化的安全操作规程。

2）做到生产现场整洁，工具摆放整齐。

4. 考核配分及评分标准（参考表1，由考核单位自行编制）

## 四、进行锌酸盐镀锌溶液中含锌量分析

1. 准备要求

（1）主要工具　锥形瓶，移液管，烧杯，量筒，滴定管等。

（2）主要药品　指示剂，缓冲溶液，标准 EDTA 滴定溶液等。

2. 考核内容

（1）考核要求

1）滴定前的准备及取样工作。

2）滴定的操作过程。

3）滴定结果的计算。

（2）考核时间　40min。

（3）安全文明生产

1）正确执行滴定分析的安全操作规程。

2）做到现场整洁，滴定工具摆放整齐等。

3. 考核配分及评分标准（参考表1，由考核单位自行编制）

## 五、编制一份某工件局部镀铜的工艺规程

1. 考核图样

考核图样见图3（也可由考核单位自行选择类似零件）。

技术要求：$\phi$10mm 内孔镀铜，其余部位不镀铜。

2. 考核内容

（1）考核要求

1）工艺规程应是电子版本。

2）根据零件的材料选出正确的工艺流程。

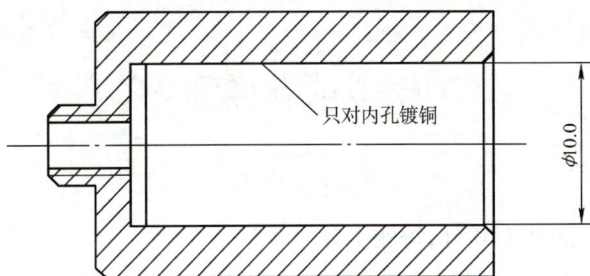

只对内孔镀铜

φ10.0

图 3

3）根据设计要求对局部保护的位置给出合理的保护方法。

4）能正确计算出被镀表面的面积，给出合适的电流。

5）根据所要求的镀层厚度给出合适的镀铜时间等参数。

（2）考核时间　60min。

（3）安全文明生产

1）正确执行安全操作规程。

2）做到现场整洁，工具摆放整齐等。

3. 考核配分及评分标准（参考表1，由考核单位自行编制）

# 模拟试卷样例

## 一、判断题（10 分，每题 1 分）

1. 一些导体依靠离子的移动来导电，称为离子导体或第一类导体。（　　）

2. 阴极电流密度越大，阴极极化作用也越大，镀层结晶越细致紧密。（　　）

3. 添加剂能够吸附在阴极表面，提高阴极极化，使得晶核的生长速度大于晶核的生成速度，从而获得晶粒细小而平滑的镀层。（　　）

4. 对细长形零件电镀，多采用横挂的方法，但为了让电解液更好地落下，最好采用纵斜挂法。（　　）

5. 铝件浸锌时，常在浸锌溶液中加入少量的三氯化铁，锌和铁共沉积可改善镀层结合力和提高耐蚀性。（　　）

6. 使用保护阴极是为了减少或防止镀件边缘部分出现毛刺、结瘤等疵病。（　　）

7. 由于分析人员的粗心大意导致的误差属于偶然误差。（　　）

8. 配制电镀溶液时，一般要先将主盐溶解在镀槽中，然后再加入络合剂、导电盐、光亮剂等。（　　）

9. 非破坏性测厚是指不用破坏镀覆层，直接用仪器测量其厚度的方法。（　　）

10. 某种物质完全燃烧后生成物的总重量等于，该物质的质量。（　　）

## 二、选择题（30 分，前 10 题为单选题，每题 1 分；后 10 题为多选题，每题 2 分）

1. 没有电流通过时，可逆电极所具有的电极电位叫做（　　）。

A. 非平衡电位　　　　　　　　B. 平衡电位

C. 稳定电位　　　　　　　　　D. 非稳定电位

2. 电镀时,(　　)会降低电化学极化作用。

A. 加入络合剂　　　　　　　　B. 加入添加剂

C. 升高溶液的温度　　　　　　D. 提高溶液的浓度

3. 硫酸盐镀铜溶液中加入硫酸,其主要作用就是(　　)。

A. 光亮剂　　　B. 导电盐　　　C. 络合剂　　　D. 缓冲剂

4. 在卧式滚桶中,工件装料量应占桶容积的(　　)较为合适。

A. 1/3　　　　B. 1/2　　　　C. 2/3　　　　D. 80%

5. 铝及其合金件的阳极氧化挂具应采用(　　)材料制作。

A. 聚氯乙烯塑料板　　　　　　B. 钢铁

C. 铝及其合金或钛　　　　　　D. 铜及其合金

6. 为了去除含铜的铝件经脱脂或碱浸蚀后残留在其表面上的灰黑色膜,常常在体积比为(　　)的溶液中出光。

A. 1:1 盐酸　　　　　　　　　B. 1:1 硝酸与氢氟酸的混合酸

C. 1:1 硝酸　　　　　　　　　D. 体积分数为 20% 硫酸

7. 下列材料中(　　)镀前不能采用喷砂处理。

A. 锌合金压铸件　　　　　　　B. 铝合金

C. 不锈钢　　　　　　　　　　D. 粉末冶金零件

8. 镀厚铬时工件边缘出现毛刺,最好采取下列哪种措施?(　　)

A. 减少电流密度　　　　　　　B. 使用保护阴极

C. 增大阳极面积　　　　　　　D. 使用辅助阳极

9. 当有(　　)通过时,阳极的电极电位向正方向偏移的现象,称为阳极极化。

A. 阳离子　　　　　　　　　　B. 阴离子

C. 电流　　　　　　　　　　　D. 金属的水化离子

10. 要想提高整个电极过程的速度,必须首先采取措施提高(　　)的反应速度。

A. 速度控制步骤　　　　　　　B. 液相传质步骤

C. 电子转移步骤　　　　　　　D. 新相生成步骤

11. 镀铬时辅助阳极材料常用下列哪几种材料?(　　)

A. 铅丝　　　　　　　　　　　B. 铅管

269

C. 镀铅的铁阳极　　　　　　　D. 铜棒

E. 铁板

12. 下列化学药品不可以用玻璃器皿盛放的是(　　)。

A. 盐酸　　　B. 碳酸钠　　　C. 氢氟酸　　　D. 浓 NaOH

13. 铝件电镀前常用的特殊预处理工艺有(　　)。

A. 浸锌　　　B. 阳极氧化　　　C. 电镀铬　　　D. 盐酸侵蚀

14. 通用挂具上哪几部分具有导电部位?(　　)

A. 支杆　　　B. 主杆　　　C. 吊钩　　　D. 提杆

E. 挂钩

15. 使用辅助阳极设计可以(　　)。

A. 使镀层各处的厚度均匀

B. 改变电流极性

C. 使电流在被镀工件上分布均匀

D. 增加溶液导电性

16. 下列哪几种材料适合制做挂具吊钩(　　)。

A. 铅　　　B. 黄铜　　　C. 纯铜　　　D. 钢

17. 测定电镀液深镀能力可用下面哪些方法?(　　)

A. 直角阴极法　B. 内孔法　　　C. 弯曲阴极法　D. 凹穴试验法

18. 镀层外观检验时，以下哪种情况能直接判断为有疵病的镀件?(　　)

A. 需重新抛光的镀件

B. 需退除不合格镀层而重新电镀的镀件

C. 有机械损坏的镀件

D. 过腐蚀的镀件

19. 钢铁氧化后下面哪种外观为不合格?(　　)

A. 局部淬火等部位色泽有差异　B. 表面有未氧化部位

C. 工件表面有过腐蚀　　　D. 外观为浅灰色

20. 测定铜和铜合金基体上铬及镍镀层孔隙率时，可选用下列哪些方法。(　　)

A. 贴滤纸法　　　B. 浸渍法　　　C. 涂膏法　　　D. 金相法

270

### 三、计算题(30 分,每题 10 分)

1. 已知镀铬电镀液的电流效率为 13.9%,通电电流为 40A,在阴极上析出铬的质量为 3.6g。试求:需用的电镀时间(铬的电化当量 $0.324g/(A \cdot h)$)?

2. 阳极库仑法测量镀铜(密度为 $8.9g/cm^3$,电化当量为 $0.329mg/(A \cdot s)$)层厚度,电流密度为 $1.5A/dm^2$,溶解时间为 5s,被溶解面积为 $0.5dm^2$,电流效率为 100%。试计算镀层厚度。

3. 污水站每小时投加 $4m^3$ 质量分数为 1% 的聚合氯化铝溶液。试求污水站每天需要加入多少公斤聚合氯化铝?

### 四、简答题(30 分,每题 10 分)

1. 何谓电化学电极和浓差极化?

2. 如何选择电镀添加剂?

3. 选择镀层的依据是什么?

271

# 答 案 部 分

## 一、判断题

1. × 　2. √ 　3. √ 　4. √ 　5. × 　6. √ 　7. × 　8. √ 　9. ×

10. × 　11. × 　12. √ 　13. × 　14. × 　15. √ 　16. √ 　17. √

18. √ 　19. × 　20. √ 　21. × 　22. × 　23. √ 　24. × 　25. ×

26. × 　27. × 　28. √ 　29. √ 　30. √ 　31. × 　32. √ 　33. √

34. √ 　35. × 　36. √ 　37. × 　38. × 　39. √ 　40. √ 　41. √

42. √ 　43. × 　44. √ 　45. √ 　46. √ 　47. √ 　48. √ 　49. ×

50. × 　51. √ 　52. × 　53. √ 　54. √ 　55. √ 　56. √ 　57. ×

58. √ 　59. √ 　60. × 　61. × 　62. √ 　63. × 　64. √ 　65. ×

66. × 　67. √ 　68. × 　69. × 　70. √ 　71. √ 　72. √ 　73. √

74. × 　75. × 　76. √ 　77. × 　78. √ 　79. √ 　80. × 　81. √

82. √ 　83. √ 　84. × 　85. × 　86. × 　87. √ 　88. √ 　89. ×

90. × 　91. × 　92. √ 　93. √ 　94. √ 　95. √ 　96. √ 　97. ×

98. × 　99. × 　100. √ 　101. √ 　102. √ 　103. × 　104. ×

105. √ 　106. × 　107. √ 　108. √ 　109. √ 　110. √ 　111. ×

112. × 　113. √ 　114. √ 　115. √ 　116. √ 　117. × 　118. ×

119. √ 　120. √ 　121. √ 　122. √ 　123. × 　124. √ 　125. √

126. √ 　127. √ 　128. √ 　129. √ 　130. √ 　131. √ 　132. √

133. √ 　134. × 　135. √ 　136. × 　137. × 　138. √ 　139. √

140. × 　141. × 　142. √ 　143. √ 　144. × 　145. × 　146. ×

147. √ 　148. √ 　149. × 　150. √ 　151. √ 　152. √ 　153. √

154. √ 　155. × 　156. × 　157. √ 　158. × 　159. √ 　160. ×

161. × 　162. × 　163. √ 　164. √ 　165. × 　166. × 　167. √

168. × 169. × 170. √ 171. √ 172. √ 173. × 174. √
175. × 176. × 177. √ 178. √ 179. × 180. × 181. √
182. √ 183. × 184. √ 185. √ 186. × 187. × 188. √
189. √ 190. × 191. √ 192. √ 193. √ 194. × 195. √
196. × 197. √ 198. √ 199. √ 200. √ 201. √ 202. ×
203. × 204. √ 205. √ 206. √ 207. × 208. × 209. ×
210. × 211. √ 212. √ 213. × 214. × 215. √ 216. ×
217. √ 218. √ 219. × 220. ×

## 二、选择题

1. C  2. A  3. B  4. B  5. C  6. D  7. C  8. D  9. B
10. D  11. A  12. B  13. C  14. B  15. D  16. A  17. B
18. A  19. D  20. C  21. B  22. C  23. C  24. C  25. D
26. B  27. B  28. B  29. D  30. B  31. A  32. B  33. A
34. C  35. C  36. C  37. A  38. B  39. C  40. B  41. C
42. A  43. C  44. D  45. A  46. C  47. A  48. C  49. D
50. B  51. A  52. C  53. A  54. B  55. C  56. B  57. A B D
58. B C D  59. C  60. C  61. D  62. D  63. B  64. A
65. C  66. D  67. A  68. B  69. A，C  70. A  B  C  71. B
72. A  73. B C  74. B  75. A  76. B  77. B C  78. D
79. C E  80. A  81. B C  82. A  83. C  84. D  85. A
86. B  87. C  88. A  89. C  90. A  91. D  92. B C
93. A B C D  94. A B C  95. B C  96. C D  97. A
98. C  99. B  100. A  101. D  102. D  103. B  104. C
105. A  106. C  107. B  108. A B  109. B C  110. B C
111. A  112. A  113. B  114. B  115. B D  116. A
117. C D  118. A  119. A C  120. B  121. B C  122. A C
123. A B D  124. C  125. A  126. B  127. B  128. C
129. A  130. B  131. C  132. A  133. B  134. A  135. A
136. A  137. C  138. C  139. A  140. C  141. B  142. C
143. A  144. A  145. B  146. C

### 三、计算题

1. 解　由：$\eta_k = \dfrac{m}{Itk} \times 100\%$

可知：$m = \eta_k Itk = 0.85 \times 1.5 \times 15 \times \dfrac{40}{60} \times 1.095\,g = 13.96\,g$

镀层厚度 $= \dfrac{13.96}{8.8 \times 1000 \times 15}dm = 0.000106\,dm = 0.0106\,mm$

答　所得镀层的厚度是 0.0106mm，即 10.6μm。

2. 解　由：$\eta_k = \dfrac{m}{Itk} \times 100\%$

可知：$t = \dfrac{m}{\eta_k Ik} \times 100\% = \dfrac{3.6}{0.139 \times 40 \times 0.324}h = 2h$

答　需要的时间为 2h。

3. 解　查表 8-2 得 $\delta t = 0.952\,μm/s$，镀层厚度 $= \delta t \times 12 = 0.952\,μm/s \times 12s = 11.4\,μm$

4. 解　镀层厚度 $= \delta \times 10^4/(A\rho) = 0.4g \times 10000/(80cm^2 \times 8.9g/cm^3) = 5.6\,μm$。

5. 解　镀层厚度 $= kIt\eta \times 10/(A\rho) = 0.329 \times 1.5 \times 5 \times 100\% \times 10/(0.5 \times 8.9)\,μm = 5.5\,μm$。

6. 解　氧化膜厚度 $= 40p = 40 \times (13 - 12.67)\,μm = 13.2p\,μm$。

7. 解　分散能力 $T = \dfrac{\delta_B/\delta_A + \delta_C/\delta_A + \delta_D/\delta_A}{3}\% (4.3/8.3 + 7.2/8.3 + 6.5/8.3)/3 = 72.3\%$

8. 解　$1000kg \times 1\% = 10kg$

答　需加 10kg 氯化铝。

9. 解　$3m^3 \times 24 = 72m^3$

答　每天需要质量分数为 1% 的聚合氯化铝溶液 72m³。

10. 解　$H/H_2O = 2/18 \times 100\% = 11\%$

答　水分中氢原子的含量是 11%。

11. 解　$100 \times 1\% \div 0.5\%\,kg - 100kg = 100kg$

答　需加 100kg 的水。

12. 解　$4 \times 1\% \times 24 \times 1000 = 960 \text{kg}$

13. 解　$40 \div 40 \div 1 = 1 \text{mol/L}$

## 四、简答题

1. 答　所谓电极指的是第一类导体与电解质溶液所组成的整个体系,任何金属浸在它的盐的电解质溶液中即组成电极。

当电流通过电极时,在两类导体的界面上必然要有电荷的传输,即发生得电子或失电子的化学反应。这种在两类导体界面间进行的有电子参加的化学反应,叫做电极反应(也叫电化学反应)。

2. 答　由于双电层的存在,电极与溶液界面间存在着电位差,称为电极电位。

标准氢电极(标准氢电极是由分压为 1 个大气压的氢气饱和的镀铂黑的铂电极浸入 $\alpha_{\text{H}}^{+} = 1$ 的溶液中构成的)为负极组成的原电池的电动势,称为该电极的氢标准电极电位(也叫标准电极电位),简称电极电位。

3. 答　没有电流通过时,可逆电极所具有的电极电位叫做平衡电极电位,简称平衡电位。不可逆电极在没有电流通过时所具有的电极电位称为非平衡电位。非平衡电位一般随着电极过程的进行而变化,如果最后达到一个完全稳定的数值,则该非平衡电位叫做稳定电位。

4. 答　当电极上有电流通过时,其电极电位偏离其起始的电位,这种现象叫做极化。

5. 答　浓差极化是由于反应物或反应产物在溶液中的扩散过程受到阻滞而引起的极化。

电化学极化是由于电极过程中电化学反应受到阻滞而引起的极化。

在电镀中,使阴极发生较大的电化学极化作用,有助于获得高质量的细晶镀层。而浓差极化使阴极电流密度范围减小,当阴极电流密度超过极限电流密度时,还会形成不合格的镀层。

在一些电镀液中加入络合剂和添加剂,以及在一定的范围内提高它们的浓度,都会不同程度地增加阴极的电化学极化作用;而升

275

高电镀液的温度，却会降低电化学极化作用。

采用机械搅拌或压缩空气搅拌电镀液可加强电镀液的对流，可以减低浓差极化，从而提高极限电流密度，扩大允许使用的电流密度范围。

6. 答　通常将电流通过电极与溶液界面时所发生的一连串变化的总合，称为电极过程。电极过程主要包括三个单元步骤：

反应物粒子自溶液内部或自液态电极内部向电极表面附近输送的单元步骤，称为液相传质步骤。

反应物粒子在电极与溶液两相界面间得电子或失电子的单元步骤，称为电子转移步骤。

产物粒子自电极表面向溶液内部或向液态电极内部疏散的单元步骤(这是一个液相传质步骤)，或者是电极反应生成气态或晶态的产物(例如形成金属晶体、析出氢气)，称为新相生成步骤。

7. 答　速度控制步骤限制了整个电极过程的反应速度，改变速度控制步骤的速度，就可以改变整个电极过程的速度，所以在电极过程中找出它的速度控制步骤，显然具有很重要的意义。

为了使电极过程得以在我们所要求的速度下进行，必须增加对电极过程的推动力，即需要一定的过电位。

8. 答　金属的阴极过程一般应包括以下几个单元步骤：反应物粒子由溶液内部向电极表面附近传送——液相传质步骤；反应物粒子在电极表面上得电子的反应——电子转移步骤；产物形成新相——电结晶步骤。

金属本性的影响、溶液组成的影响，包括有机表面活性物质、络合剂、溶剂性质、局外电解质的影响。

9. 答　金属的电结晶过程：首先是水化的金属离子失去部分水化膜，在晶面的任意地点与电子结合，形成部分失水并带有部分电荷的吸附原子(或叫吸附离子)——电子转移步骤。随后是吸附原子进行表面扩散，到达生长点或生长线，失去剩余的水化膜并进入晶格。

提高金属电结晶时的阴极极化作用，可以提高晶核的生成速度，便于获得结晶细致的镀层。

10. 答　随着阳极电流密度的增大，会出现阳极钝化现象。金属自溶解也是阳极过程的一个特点。

影响阳极过程的主要因素有：金属本性、溶液成分、溶液酸碱性、工作条件、温度等。

11. 答　析氢易造成氢脆、镀层鼓泡、针孔。

减少析氢现象的办法有：在电镀开始时采用冲击电流，使阴极表面迅速镀上一层氢过电位较高的镀层；磨光、抛光零件；在电镀液中加入络合剂；提高电镀液的温度；加速电镀液的搅拌。

12. 答　影响镀层性能的因素主要有：添加剂、络合剂、缓冲剂、阳极去极化剂、导电盐、主盐等电镀液成分的影响；阴极电流密度；电镀液的温度及搅拌、电镀电源等工艺参数的影响。

13. 答　影响镀层分布的主要因素是：电镀液的阴极极化度、电导率、阴极电流效率、电极和镀槽的几何因素以及基体金属的表面状态等。

获得均匀镀层的措施主要有：选择理想的络合剂和添加剂，以提高阴极极化度；添加碱金属盐类或其他强电解质，以提高电镀液的导电性；加大镀件与阳极的距离；设计挂具时，使工件主要受镀面与阳极面对并且平行；采用象形阳极；采用辅助阳极和保护阴极；零件在镀槽中应均匀布置。

14. 答　电镀添加剂按其组成可分为无机添加剂和有机添加剂。无机添加剂包括导电盐、阳极活化剂、辅助络合剂、缓冲剂等；有机添加剂包括光亮剂、整平剂、润湿剂、应力消除剂、晶粒细化剂等。

电镀添加剂按其作用可分为整平剂、光亮剂、晶粒细化剂、应力消除剂、润湿剂、缓冲剂、阳极活化剂、辅助络合剂、导电盐等。

15. 答　导电盐多选用强电解质，它们在电镀液中完全电离，增加了电镀液中阴、阳离子浓度，迅速地完成电荷的传递过程，从而降低槽电压，促进电极反应的进行。

缓冲剂通常是弱酸、弱碱或弱酸、弱碱的盐，在电镀液中的电离程度比较小，存在包括 $H^+$、$OH^-$ 的电离平衡。pH 值发生变化时，$H^+$、$OH^-$ 的浓度发生变化，电离平衡被打破，向左或向右移动，从

而抵消 $H^+$、$OH^-$ 的浓度变化，在一定的范围内避免 pH 值的剧烈波动。

16. 答　有机添加剂对金属电解析出过程的影响，都是通过在金属/溶液界面上的吸附作用来实现的。添加剂的吸附使过电位增大，金属析出困难，从而达到细化结晶的目的。

17. 答　有机添加剂的整平原理为，在阴极局部位置吸附较多，而在其他部位吸附较少，造成局部的阴极极化增大，从而达到整平效果。通常在金属阴极的表面是不平整的，存在许多"峰"和"谷"，作为整平剂的有机添加剂，在"峰"上的吸附大于在"谷"上的吸附，使得在"峰"处的阴极极化大于"谷"处，因而降低了该处金属离子的电沉积反应速度，使析出的晶粒变细，促使"峰""谷"处的电流分布趋于均匀，使电镀液的均一性和整平能力得到改善，从而获得光亮、平整、细致的镀层。

润湿剂的原理为，在电镀过程中，或多或少的伴随着析氢反应，由于氢气泡在阳极表面滞留，造成镀层产生针孔、麻点等缺陷。为了克服这种缺陷，在电镀液中加入表面活性剂作为润湿剂，润湿剂一般是由两部分组成，一部分为疏水基团，另一部分为亲水基团。当表面活性剂在阴极表面吸附时，其亲水基团排列在阴极表面，达到润湿的目的；当氢气泡在阴极表面析出时，由于疏水基团对气体有良好的亲和力，使液-固界面上的张力减小，氢气泡难以滞留，从而减少了镀层针孔、麻点等缺陷。

18. 答　选择电镀添加剂时应遵循下列原则：所选的有机物质必须能被吸附在电极表面，有较宽的吸附电位范围；分子内的疏水、亲水部分应有适当的比例，使得在能溶于水的情况下有尽可能高的活性；最好是中性有机分子或有机阳离子；若采用高分子表面活性剂，其相对分子质量应适当，不宜过大。

19. 答　在使用和维护添加剂时，应当严格按照工艺规范来进行。补加添加剂时应当少加勤加、按比例添加或按照通过的电量（安时数）补加，有条件的可用霍尔槽进行试验，根据试验结果补加。

20. 答　保护层法是在金属表面覆盖一层保护层，使金属不和周围的介质接触，减小腐蚀作用，以达到保护的目的。

保护层包括金属保护层、非金属保护层和化学保护层。

为了达到保护的目的，保护层必须满足下列要求：

1）与基体金属结合牢固，附着力大。

2）保护层完整，孔隙率小。

3）良好的物理、化学及力学性能。

4）有一定的厚度，质地均匀。

21. 答　阳极性镀层是指在一定的条件下，镀层的电位负于基体金属电位的一种镀层。例如，大气条件下工作工作的铁制品的锌镀层，海洋条件下工作的铁制品的镉镀层。

阴极性镀层是指在一定条件下，镀层的电位正于基体金属电位的一种镀层。例如，大气条件下工作的铁制品的镀铜、镀镍、镀铬、镀金、镀银等镀层。

22. 答　选择镀层的依据是：

1）覆盖金属的种类和性质。

2）金属工件的结构、形状和尺寸公差。

3）金属工件的用途和工作条件（即使用环境和接触偶）。

4）镀层的性质和用途。

选择镀层的方法有：

1）按使用环境选择。

2）按镀层用途选择。

3）按基体材料选择。

4）按金属接触偶原则选择。

23. 答　氰化镀锌工艺的优点是：镀层结晶细致；镀液分散能力和覆盖能力较好；对钢铁设备无腐蚀作用。其缺点是：电镀液废水中有剧毒氰化物；排出的废水需经治理，否则将严重污染水质，造成公害；生产过程中逸出的液雾对操作人员的健康有很大危害。

24. 答　氰化镀锌时，阴极电流密度应控制在 $1 \sim 3 A/dm^2$。电流密度过低，锌镀层沉积慢；电流密度过高，锌镀层粗糙，工件边缘部位易烧焦，阴极电流效率下降。电镀液温度不宜超过 $35℃$。否则，会加速成氰化钠分解，降低阴极极化作用和分散能力。

25. 答　氰化锌镀层发脆，是由于电镀液中含有有机杂质。可过

279

滤电镀液或通电处理电镀液来排除。

电镀液分散能力差。其原因和解决方法有：锌离子浓度高，可采用不溶性阳极或减少阳极板来排除；氰化钠和氢氧化钠浓度低，可添加氰化钠和氢氧化钠来排除；电镀液温度高，可降低电镀液温度来排除。

26. 答　镀层附着性不好、表面产生气泡。其原因和解决方法有：氰化物不足，可按电镀液的化学分析结果补加氰化物；电镀液碱度过高，应补充镉盐或过滤电镀液；工件镀前处理不良，应加强镀前处理。工件在酸洗时吸有氢气，应注意淬火工件酸洗时间不能过长。工件电解脱脂时，先阴极处理后转阳极处理，阳极处理时间应稍短些。

27. 答　氰化镀铜时，电流密度正常，但阴极局部或全部无镀层。其原因和解决方法有：工件装挂不当，应改进挂具；游离氰化钠含量太高，应补充氰化亚铜；电镀液中六价铬杂质过多，可采用保险粉去除六价铬。

镀层呈暗红色、阳极附近电镀液呈浅蓝色。其原因是氰化钠含量不足，应分析电镀液，补充氰化钠。

28. 答　镀镍故障的原因往往是多方面的，首先应分清主次，在分析电镀液成分的基础上，排除次要因素，然后对主要因素逐个分析予以解决。例如，镀镍后镀铬层结合力不好。对此，第一步，取样分析检查电镀液的主要成分是否符合工艺要求；第二步，测量电镀液的 pH 值是否适当，检查镀前处理是否彻底。若这两个环节没有问题；进行第三步，检查移动装置、电流密度、电镀液温度、导电情况以及是否有中间断电现象等；第四步，进行电镀液杂质分析和处理，找出最终原因，解决故障。

29. 答　镀铬工作条件对镀硬铬的影响有如下几点：

1）镀硬铬工作后，应将阳极从镀槽中取出，防止其长时间浸在电镀液中生成铬酸铅，使电流难以通过。

2）对于特殊的工件镀硬铬，必须配用象形阳极和辅助阳极后进行电镀，以确保电镀质量。

3）电镀液温度和电流密度对铬镀层的性质起决定性作用，在不同的电镀液温度和电流密度下所镀得铬镀层的亮度、硬度不同，必须严格控制。

4）挂具(夹具)设计合理，选用适当，也是保证硬铬镀层质量的决定性条件之一。

30. 答　铬酐：是电镀液的主要成分，供给放电而析出铬镀层的铬酸根离子，其浓度一般为 150~400g/L 之间。铬酐浓度提高，电镀液的导电性提高，但阴极电流效率则下降。

硫酸：由于析氢，使 pH 值升高，生成胶体膜，只有当硫酸根存在时才与电镀液中的三价铬生成硫酸铬阳离子，这种阳离子移向阴极，促使碱式铬酸铬的薄膜溶解，使铬酸氢根能在阴极上放电而析出铬镀层。当硫酸根含量过高时，生成的硫酸铬阳离子过多，跑向阴极的硫酸铬阳离子多，胶体膜的溶解速度大于膜的生成速度，造成膜层不连续。大面积露出基体金属的地方电流密度较小，阴极极化小，不能析出铬镀层。只有在电流密度大的区域才能获得铬镀层，但有时铬镀层发花当硫酸根含量过低时，由于硫酸铬阳离子少，移向阴极的硫酸铬阳离子少，只有很小的局部阴极胶体膜被溶解而析出铬镀层，晶体在局部区域长大，因而得到的镀层粗糙、色灰、光泽差。

氟硅酸：氟硅酸起作用的部分是氟硅酸根离子，其作用与硫酸根相似。但以氟硅酸根代替部分硫酸根的电镀液，其深镀能力较普通铬电镀液好，即使在较低的阴极电流密度下也能获得光亮铬镀层。

31. 答　银镀层最大的缺点是易于与大气中的硫化物作用，生成黄色、褐色甚至黑色膜。它不仅影响零件或制品的外观质量和反光性能，更主要的是降低导电性能和钎焊性，从而影响产品质量，因此镀银后必须进行防银变色处理。

32. 答　酸性镀锡可在室温下进行操作，并且不需像碱性镀锡那样难于控制阳极；溶液稳定，分散能力好，电流效率高，阴阳极效率都接近 100%。酸性镀锡所沉积的锡是碱性镀锡沉积量的两倍。因此，酸性镀锡沉积速度快，工作电流密度大，从而生产效率高。特别是可以进行光亮电镀，可得到光滑细致、耐蚀性能好的镀层，这是酸性镀锡的最大特点。

33. 答　利用锡的三种同素异形体的特点，采用二次镀锡，使锡离子在不同的晶系沉积，从而获得有图案花纹、立体感强的锡镀层，然后涂上透明清漆，即可得到清亮的晶纹锡镀层，这种工艺称为晶纹镀锡，也称为冰花镀锡。

34. 答　仿金镀层，按铜、锌或铜、锌、锡成分比例，可获得光泽鲜艳柔和的金色镀层，常用作装饰镀层来代替镀金。适用于家用电器、灯具、钟表、工艺品、美术品、装饰五金、皮革五金和电工产品上，用途广泛。

35. 答　阳极氧化膜的生成机理，一般认为是由两种不同的化学反应同时进行的结果，即一种是电化学反应，铝与阳极析出的氧生成 $Al_2O_3$，构成氧化膜的主要成分；另一种是化学反应，电镀液将 $Al_2O_3$ 溶解。只有当生成速度大于溶解速度时，氧化膜才能顺利生长并保持一定厚度。

36. 答　当其他条件不变时，提高硫酸溶液浓度，氧化膜的生长速度减慢。这是因为生长中的氧化膜在较浓的硫酸溶液中溶解速度加快的结果。如果硫酸溶液浓度太低，导电性能将下降，氧化时间将延长，影响正常的氧化速度。在氧化膜的厚度相同时，硫酸溶液的浓度提高，所得的氧化膜孔隙多，吸附能力强，弹性好。因此，对于防护装饰性氧化膜，多采用允许浓度上限的硫酸溶液。为了获得硬而耐磨性好的氧化膜，应选用浓度下限的硫酸溶液。

37. 答　铜及其合金的钝化处理，是将工件浸入一种酸性溶液中，即可使其表面生成一层具有一定耐蚀性能的彩虹色或古铜色的钝化膜。

38. 答　铜及其合金的氧化，就是将铜工件浸入碱性溶液里，借助化学氧化或电化学氧化的方法，使工件表面生成一层氧化膜。

39. 答　磷化膜的生成是钢铁件在磷化溶液中其表面发生微电池作用的结果。钢铁件表面上的铁是微电池的阳极，而杂质或其他成分则是微电池的阴极，在微电池的阳极区，发生铁的溶解并随之生成难溶于水的磷酸盐形成磷化膜；在阴极区，则发生析氢反应。

40. 答　铝是两性金属，化学性质很活泼，与酸、碱均可发生反应。

　　铝件上电镀比在其他金属上电镀要困难得多，主要是镀层结合力不良。究其原因主要是：

　1）铝的化学性能活泼，表面总有一层氧化膜存在。

　2）铝是两性金属，没有适合直接电镀的电镀液。

　3）铝的化学性能活泼，能与许多金属发生置换反应。

　4）铝的线胀系数大。

　5）铝基体与镀层之间常有氢气存在，容易产生鼓泡。

　41. 答　由于铝是两性金属，所以脱脂溶液的碱性不应过高，化学、电化学脱脂一般不加氢氧化钠。铝的浸蚀剂可以用酸也可以用碱，除一般浸蚀外，还有光泽浸蚀、化学砂面处理等特殊的浸蚀工艺。酸浸蚀多用硝酸、氢氟酸。

　42. 答　第一次浸锌层粗糙多孔，结合力不良，铝基体表面还残留部分氧化膜。将第一次浸锌层在硝酸中退除，活化了机体表面，将残留的部分氧化膜溶解，第二次浸锌可生成均匀、致密的锌层。

　43. 答　铝件电镀前常用的特殊预处理工艺有喷砂、浸锌、盐酸浸蚀、磷酸阳极氧化、浸重金属等。

　44. 答　铝合金电镀的典型工艺有：浸锌合金、阳极氧化后直接电镀、化学镀镍、镀薄锌层、喷砂＋活化＋直接电镀、盐酸浸蚀＋预镀。

　45. 答　铝合金电镀时应注意：铝及铝合金经过浸蚀后的各道工序必须迅速进行，工序之间的间歇时间越短越好，以免表面氧化；铝件与挂具必须接触良好，材料宜用铝合金，氧化的挂具可用钛，其他挂具也可用铜；铝进入酸浸蚀之前应将水尽可能甩干，以免产生局部腐蚀现象；铝及铝合金二次浸锌时，第二次浸锌时间不宜长，以便生成一层结合力良好的均匀的薄锌层。水洗必须彻底，必要时要洗涤数次或浸一定时间，尤其不要将重金属离子带入电镀液之中；在热电镀液中电镀铝件时，铝件应在热水槽中进行预热处理；铝及铝合金化学镀镍时，为了获得良好的镀层结合力和耐蚀性，往往也需要二次浸锌并预镀镍。电镀过程中要防止中途断电；铝上电镀均需带电入槽，防止置换层的产生。

　46. 答　不锈钢表面有一层自然生成的氧化膜，此膜去除后又会迅速生成并使不锈钢表面钝化，因此按一般钢铁工件的电镀工艺不能获得附着力好的镀层。

47. 答　喷砂、喷丸等机械方法可以有效地去除不锈钢表面的氧化皮；若采用化学浸蚀方法，则应先松动氧化皮，再在酸性溶液中浸蚀，然后去除腐蚀残渣。

48. 答　常用的不锈钢浸蚀液有：盐酸-硫酸型、盐酸-硝酸型、硝酸-氢氟酸型、高铁盐型、硝酸-氢氟酸-盐酸型。

49. 答　不锈钢电镀前活化和预镀的方法有：不锈钢浸渍活化、不锈钢阴极电解活化、不锈钢同时活化和预镀、不锈钢分别活化和预镀、镀锌活化等方法。

50. 答　锌合金压铸件表面是一层致密的表层，而其下则是疏松多孔的结构。表面的不同部位存在富铝相或富锌相。

51. 答　锌合金压铸件在磨光和抛光时表层去除量不能过大，不要超过 $0.05 \sim 0.1$ mm，以免露出疏松的底层造成电镀困难。抛光时应注意少用、勤用抛光膏，因为抛光膏多时会使抛光膏粘在工件的凹处，给脱脂带来困难；抛光膏少时，会使工件表面局部过热而出现密集的细麻点，镀后麻点处易产生气泡。布轮抛光一般用整体布轮，抛光轮的直径不宜太大，转速也不宜太高。

52. 答　锌合金压铸件的电镀工艺过程为经过磨光和抛光、脱脂、浸蚀后进行预镀后，可在常规工艺下电镀所需镀层。预镀一般采用氰化镀铜与柠檬酸盐中性镀镍的方法，有时也采用氰化镀黄铜、焦磷酸盐镀铜或者 HEDP 镀铜。为可靠起见，还可采用先预镀氰化铜，再预镀中性镍的联合预镀方式。

53. 答　粉末冶金零件表面粗糙、疏松 多孔，基体内部均含油，不易清洗。

54. 答　粉末冶金零件表面的特点是疏松多孔，在脱脂、酸洗和电镀过程中，会渗入大量的酸、碱溶液或电镀液，造成镀后镀层泛点腐蚀，甚至造成镀层鼓泡脱落。因此，粉末冶金零件镀前必须封孔。封孔的方法主要有沸水封孔、石蜡封孔、硬脂酸锌封孔。

55. 答　钢铁铸件含碳量和含硅量较高，表面大都有较厚的氧化皮和残存硅砂等杂质，表面粗糙、基体疏松多孔。

56. 答　钢铁铸件经过脱脂、浸蚀等前处理工序后，即可直接电镀。电镀时，无论是镀何镀种均应采用2倍左右的电流密度冲击镀3~5min，再转入正常电流密度下电镀。

57. 答　将玻璃和陶瓷先在表面活性剂脱脂液中浸泡，清洗干净后，再在浓硫酸1000mL+重铬酸钾30g的溶液中浸渍处理3~5min，然后用清水洗净后涂银浆，涂覆银浆的玻璃制品先在80~100℃温度下预烘10min左右，然后按100~150℃/h的速度缓慢升温至200℃，保温15min，再继续升温至520℃，保温30min，然后随炉冷却至室温，渗银后的玻璃制品即可按常规电镀工艺镀覆其他金属。

58. 答　把阳极的形状尽量做得与阴极相似，使两极上各对应部位距离相等，两极间的电力线分布均匀，因而电流在阴极上变得均匀分布，这种阳极叫做象形阳极。

59. 答　将有尖端或突出部位的工件，通过装挂位置的安排，改善尖端和突出部位的电流密度分布，可以实现互相屏蔽保护。

60. 答　采用涂蜡保护的特点是蜡与工件的粘接性好，绝缘层的端边不会翘起，适合于对绝缘端边尺寸公差要求高的工件电镀，同时电镀后蜡剂容易去除，可以回收再利用。

61. 答　胶带保护的优点是实现容易，其缺点是形状复杂的工件包扎困难，而且包扎缝隙中容易残留电镀液，造成电镀工序间的污染。

62. 答　通用挂具由吊钩、提杆、主杆、支杆、挂钩五部分组成。

63. 答　一般按镀件与挂钩连接方式，将挂钩分为悬挂式和夹紧式两种。

64. 答　设计内孔镀铬挂具时，应注意使内孔与阳极同心，并保证内孔中气体和电镀液流的顺利流通。

65. 答　设计体积较大镀铬工件专用挂具时应有较多电接触点。

66. 答　分析操作中应注意以下四点：①标准溶液的配制要准；②滴定分析终点时看得要准；③溶液取样时要准；④计算数据要准。

67. 答　系统误差是指由于分析过程中某些经常性的原因所造成的误差。主要有以下几方面原因：①所使用的试剂或蒸馏水不纯；

285

②仪器精密度不够；③分析方法本身有缺陷；④分析人员的主观因素较差。

系统误差的减免方法有：①使用比较纯的试剂或做空白实验；②对分析中所使用的测量仪器进行定期校正，并将校正值运用到分析结果中；③选择合适的分析方法，或用标准样品做对照实验，得出校正系数，并将校正系数应用到分析结果中；④加强操作人员的基本功的训练，减少操作误差。

68. 答　酸碱滴定法是以酸碱中和反应为基础，利用酸或碱标准溶液进行滴定的一种滴定分析方法。

常用的酸碱标准溶液有：HCl 标准溶液、$H_2SO_4$ 标准溶液、NaOH 标准溶液、KOH 标准溶液等。

69. 答　沉淀滴定法是以沉淀反应为基础的一种滴定分析方法。银量法是利用生成难溶性银盐反应的一种测定方法。例如利用生成 AgCl 和 AgCNS 的沉淀反应，可以测定 $Cl^-$ 和 $CNS^-$ 的含量。

70. 答　用直接法配制标准溶液的基准物质必须符合以下四个条件：

1）该物质必须有足够的纯度，其杂质含量应少到滴定分析所允许的误差限度以下。一般可用基准试剂或者优级纯试剂。

2）该物质的组成与化学式应完全符合。若含结晶水，其含量也应与化学式相符。

3）该物质在环境中要稳定，不易吸潮，不吸收空气中的二氧化碳，不风化失水，不易被空气氧化等。

4）该物质容易溶解，并且具有较大的摩尔质量。

71. 答　电流效率是指当一定电量通过电镀液时，在阴极上实际获得的产物质量与通过同一电量时按理论所应获得的产物质量之比，常用 $\eta_k$ 来表示，其计算公式为

$$\eta_k = \frac{m}{Itk} \times 100\%$$

72. 答　电镀液的常规维护环节有：

1）定期分析电镀液，根据分析结果对电镀液进行调整。

2）电镀液使用过程中必须定期过滤，排除各种有害杂质。

3）光亮剂等添加剂的添加量可以用霍尔槽实验的方法或根据生产消耗定量添加。

4）为了减少阳极过量溶解对电镀液造成的污染，电镀过程中应使用用阳极套。电镀结束后，阳极板必须及时取出。

73. 答　阴极电流效率对电镀的影响有如下几点：

1）阴极电流效率影响到镀层的沉积速度，对于同一镀种，在相同的电流和相同的通电时间条件下，电流效率越高得到的镀层质量越多，说明沉积速度越快。

2）阴极电流效率对电镀液的分散能力也产生影响，其影响的程度主要取决于阴极电流效率随阴极电流密度的变化情况。

74. 答　采用霍尔槽实验法分析、排除电镀故障的主要过程是：

1）制取故障电镀液的镀层试片。

2）制取正常电镀液的镀层试片。

3）验证电镀液故障产生的原因。

4）对故障电镀液进行处理。

75. 答　分散能力是指电镀液使工件表面镀层厚度均匀分布的能力。

覆盖能力是指电镀液使工件深凹处沉积金属镀层的能力。

区分分散能力和覆盖能力的比较简单的方法是：分散能力是说明金属在阴极表面上分布均匀程度的问题，而覆盖能力说明的是镀层金属在工件表面深凹处是否沉积的问题。

76. 答　用目力观察镀件的外观形貌时，可将镀件分为合格、有疵病镀件和废品三类。

77. 答　钢铁材料氧化膜外观观察不合格是指工件表面有未氧化的部位、有未洗净的盐迹和红色附着物、出现过腐蚀。

78. 答　钢铁材料磷化膜外观观察不允许有未磷化部位、花斑、锈迹、损坏磷化膜完整性的擦伤碰伤、未洗净的沉淀物等疵病。

79. 答　镀件废品包括以下情况：①过腐蚀镀件；②有机械损坏的镀件；③具有大量孔隙，而且只能用机械方法破坏其尺寸才能消除孔隙的铸件、焊接件及钎焊件；④发生短路被烧坏的镀件；⑤不允许去除不合格镀层的镀件（如多层防护装饰电镀时的锌合金镀件、松孔镀铬时的活塞环等）。

80. 答　检查镀层结合力的主要常用方法有弯曲法，锉刀法，划痕法，热震试验法。

81. 答　热震试验主要用于检验镀层结合力。

82. 答　测量镀层厚度的方法主要有计时液流法，溶解法，阳极溶解库仑法，金相法。

83. 答　计时液流法是以一定速度的细流状试液溶解局部镀层，根据镀层溶解完毕所需要的时间来推算镀层厚度。

84. 答　采用溶解法测量镀层厚度时，镀层的平均厚度是用化学分析法和称重法测量的。

85. 答　一般对镀层厚度进行仲裁时是使用金相法。

86. 答　阳极溶解库仑法的测量误差是在 ±10% 以内。

87. 答　进行镀层孔隙率试验时，其受检试样应用有机溶剂或氧化镁脱脂，然后用蒸馏水洗净，再用滤纸吸干或放在洁净的空气中晾干。镀后立即进行检验的样品可不脱脂。

88. 答　贴滤纸法适用于检验钢件和铜合金上的铜、镍、铬、镍/铬、铜/镍、铜/镍/铬、锡等镀层的孔隙率检验。

89. 答　测量金属化学保护层的耐磨性可用落砂试验仪。

90. 答　测量镀层的钎焊性的方法有：流布面积法、润湿考验法和蒸汽考验法。

91. 答　测量电镀液 pH 值的常用方法是用 pH 值试纸法测量和酸度计测量。

92. 答　测量电镀液深镀能力的主要方法有：直角阴极法、内孔法和凹穴试验法。

93. 答　测量电镀液分散能力的主要方法有：远近阴极法、弯曲阴极法和霍尔槽试验法。

94. 答　就是往水中加入某些化学药剂，使水中溶解物质发生置换反应，生成难溶解的盐类沉淀，从而降低水中溶解物质含量的办法。

95. 答　污水调节池的作用是储存调节污水流量，当污水排水量大于污水处理站处理水量时，多余的水量储存于水池内；当污水排

水量小于污水站处理水量时，调节池内所储存水可补充不足部分，保证污水处理工作正常运行。

96. 答　污水站主要处理污水中所含的油脂、悬物和 COD。

97. 答　因为污水中含有大量的油脂，投药后可使水中的油脂聚结成大颗粒物质，通过气浮池去除，使污水得到净化。

98. 答　水通过砂滤罐时，水中的杂质被截留在砂层内，砂滤罐出水变清，从而污水达到回用标准。

99. 答　往溶气罐送水的同时还往溶气罐送压缩空气，从而使溶气罐出水中含有大量的气体，以满足气浮池的需要。

100. 答　污水站投加聚合氯化铝，聚合氯化铝是一种高分子化合物，具有较高的絮凝作用。

101. 答　水泵产生振动的主要原因有：地角螺栓松动；水泵轴与电动机轴不同心。

102. 答　水泵抽不上水的主要原因有：底阀堵塞，使水泵夹气造成真空。

103. 答　斜管沉淀池在运行中，不断有大颗粒杂质沉淀在池底，如果沉积污泥过多会直接影响斜管沉淀池的运行效果，所以要定期抽污泥。

104. 答　污水站是采用沉淀、加药、气浮的工艺。

105. 答　就是往水中加入某些化学药剂，使水中溶解物质发生置换反应，生成难溶解的盐类沉淀，从而降低水中溶解物质含量。

106. 答　在往溶气罐内送水的同时加入压缩空气，使水中含有大量的气体，这些水与处理水混合后，使处理水中细小的油滴和杂物粘附在气泡上，随气泡一起上浮到水面形成浮渣去除掉。

107. 答　污水的 pH 值是指水中氢氧离子的负对数，pH 值的大小影响许多化学反应和生化反应；酸度是指水中含有能与强碱作用的所有物质的含量。

108. 答　具有保持 pH 值相对稳定性能的溶液。

109. 答　因调节池水位太低而使污水站停运会造成以下危害：

1）控制不好调节池的水位，造成污水站溢流。

2）水站起动后，初运水不合格，会造成污水站 1～2h 内出水均匀不合格。

110. 答　当水进入斜管底部沿斜管向上流动，清水即流出斜管池，水中的杂质则沿斜管壁沉淀下来，沉淀下来的杂质应定期抽出。

111. 答　一种物质与另一种物质相反应，生成一种新物质的反应过程叫做化合反应。

112. 答　污水站化验控制的出水指标有：油脂 9.8mg/L；悬浮物 99mg/L；COD75mg/L。

113. 答　提高斜管沉淀池处理效果的措施有：

1）定期抽斜管沉淀下来的污泥。

2）调节进水量，使每个斜管沉淀池的进水量相等。

3）定期清洗斜管沉淀池，防止污垢吸附在斜管的管壁上。

## 附　录

# 部分电镀知名企业科技信息

### 一、北京长空机械有限责任公司热表处理厂

联系地址：北京市朝阳区安翔里 1 号

邮　　编：100101

联 系 人：任　玮

电　　话：010-64886238

传　　真：010-64865051

该厂隶属于中国航空二集团，主要为航空发动机等相关产品进行电镀加工服务，同时借助军工优势也承揽各种外协产品。主要镀种有：电镀锌（氰化），电镀锌（钾盐），电镀镉（氰化），电镀铜（氰化），电镀铜锡合金（氰化），电镀银（氰化），刷镀银，电镀铬，电镀亮镍，电镀暗镍，电镀锡，发蓝，氧化，磷化，不锈钢钝化，不锈钢电抛光，铜合金钝化，塑料件稳定处理，铝合金化学氧化，硬质阳极化，硫酸阳极化，铬酸阳极化，瓷质阳极化，铝氧化电着色，化学着色等，尤其以铝合金硬质阳极化和功能性电镀银、防护性电镀镉见长。

### 二、北京蓝丽佳美化工科技中心

联系地址：北京市昌平区北七家望都 5-1-501 号

邮　　编：102209

联 系 人：李家柱

电　　话：010-89753095

传　　真：010-69756843

该中心为依托国内著名大学和科研机构的高科技企业，主要从

事表面处理技术咨询、技术转让和技术服务；同时也销售自产的电镀、表面处理添加剂以及从美国、日本和台湾地区引进的产品，包括国内外品牌的过滤机等电镀设备和测试仪器等。其主要产品有：三价铬电镀浓缩液，三价铬各色钝化剂，绿色环保 BG-98 型代铬锡钴合金电镀工艺，无氰常温中性 BT-01 型镀层电解退镀剂，碱铜99A 型高效氰化镀铜光亮剂，BCA-99 型镀镍高效走位除杂剂（固体），BAG-2002 型镀银光亮剂，无六价铬镀银镀锡防变色剂，无六价铬铜和铜合金防变色剂，环保型化学镍浓缩液，酸性镀锡光亮剂，氯化钾镀锌添加剂等。

### 三、北京爱尔姆斯化工技术开发有限公司

联系地址：北京市海淀区清缘西里 6 号楼 107 室

邮　　编：100085

联 系 人：胡卫东经理

电　　话：010-59870401、59870402、59870405、59870406

手　　机：13801005004

网　　址：www.enthusiasmbj.com

　　　　　E-mail info@ enthusiasmbj.com

该公司是集科研、生产、销售于一体的高新技术企业。其产品有：脱脂、除锈、磷化、氧化、防锈、防腐、机械加工冷却液、废水处理、脱漆脱塑等化工产品，共计 90 余种。产品说明书及相关技术资料，请与该公司联系索取和咨询。

### 四、广州市达志化工科技有限公司

联系地址：广州经济技术开发区永和经济区田园东路 1 号

邮　　编：511356

联 系 人：蔡先生

法人代表：蔡志华

该公司是一家大型电镀化学品生产企业，自有 6 万 $m^2$ 工业园区，专业生产电镀中间体，电镀添加剂，并代理德国科佐电化学有限公司酸铜中间体、酸铜添加剂、碱铜中间体、碱铜添加剂、三价

铬镀铬添加剂、锌镀层三价铬钝化剂。产品说明书及相关技术资料，请与该公司联系索取和咨询。

### 五、东莞长安霄边金晖电镀厂

联系地址：广东省东莞市长安霄边第一工业区第三栋
邮　　编：523851
联 系 人：林泓丰总经理
电　　话：0769-85533033
传　　真：0769-85536039

该厂是香港金晖电镀厂有限公司于 1987 年在国内开设的一家大型的专业从事表面处理和五金制造的企业，是中国大陆表面处理行业首家通过 ISO 国际质量管理体系认证的企业，工厂严格推行全面质量管理，是国家电镀行业标准起草单位之一，对各国的标准甚为了解和熟识，并将 ISO、ASTM、MIL、AMS 及 JIS、DIN 等标准贯彻于生产之中。工厂主要提供高品质的电镀产品和五金制品，覆盖汽车、铭牌、家电、灯饰、厨具、通信、光纤、手机、航空、计算机、微电子及装饰品等行业和领域，成为美国、日本等国家和欧洲、东南亚、香港及台湾等地区著名品牌的指定供应厂商，同时与国内著名科研院所保持着良好的合作伙伴关系。

# 参 考 文 献

［1］电镀手册编写组. 电镀手册[M]. 2版. 北京：国防工业出版社，1993.
［2］曾华梁，吴仲达，秦月文，等. 电镀工艺手册[M]. 2版. 北京：机械工业出版社，1992.

# 读者信息反馈表

感谢您购买《电镀工(高级)》一书。为了更好地为您服务，有针对性地为您提供图书信息，方便您选购合适图书，我们希望了解您的需求和对我们教材的意见和建议，愿这小小的表格为我们架起一座沟通的桥梁。

| 姓　名 | | 所在单位名称 | |
|---|---|---|---|
| 性　别 | | 所从事工作(或专业) | |
| 通信地址 | | 邮　编 | |
| 办公电话 | | 移动电话 | |
| E-mail | | | |

1. 您选择图书时主要考虑的因素：(在相应项前面√)
   (　　)出版社　(　　)内容　(　　)价格　(　　)封面设计　(　　)其他
2. 您选择我们图书的途径(在相应项前面√)
   (　　)书目　(　　)书店　(　　)网站　(　　)朋友推介　(　　)其他

希望我们与您经常保持联系的方式：
□　电子邮件信息　　□　定期邮寄书目
□　通过编辑联络　　□　定期电话咨询

您关注(或需要)哪些类图书和教材：

您对我社图书出版有哪些意见和建议(可从内容、质量、设计、需求等方面谈)：

您今后是否准备出版相应的教材、图书或专著(请写出出版的专业方向、准备出版的时间、出版社的选择等)：

非常感谢您能抽出宝贵的时间完成这张调查表的填写并回寄给我们，您的意见和建议一经采纳，我们将有礼品回赠。我们愿以真诚的服务回报您对机械工业出版社技能教育分社的关心和支持。

请联系我们——
地址　北京市西城区百万庄大街22号　机械工业出版社技能教育分社
邮编　100037
社长电话　(010)88379080，88379083；68329397(带传真)
E-mail　jnfs@ mail. machineinfo. gov. cn